上海交通大学学术出版基金资助项目

番茄野生资源

赵凌侠　编著

上海交通大学出版社

内 容 提 要

本书是对番茄资源的深入解读。通过对各种类型番茄的基因、生长环境、生长特点等进行分析，让读者对番茄资源有一个全面，深入的了解。

本书适用于大学生作为教材使用，也可由番茄研究工作者，番茄爱好者参考使用。

图书在版编目(CIP)数据

番茄野生资源/赵凌侠编著. —上海：上海交通大学出版社，2011

ISBN 978-7-313-07978-7

Ⅰ. 番...　Ⅱ. 赵...　Ⅲ. 番茄—野生种—研究
Ⅳ. S641.203

中国版本图书馆 CIP 数据核字(2011)第 249996 号

番茄野生资源

赵凌侠　编著

上海交通大学出版社出版发行

(上海市番禺路 951 号　邮政编码 200030)

电话：64071208　出版人：韩建民

浙江云广印业有限公司 印刷　全国新华书店经销

开本：787mm×960mm 1/16　印张：14.25　字数：267 千字

2012 年 9 月第 1 版　2012 年 9 月第 1 次印刷

ISBN 978-7-313-07978-7/S　定价：48.00 元

前　　言

番茄(*Solanum lycopersicum* L. 1737,以前 *Lycopersicon esculentum* Mill. 1754,2n=2x=24)是茄科(*Solanaceae*)植物中最重要的世界性经济作物之一,特别是在蔬菜供给和加工领域中占有举足轻重的地位,全球的需求量和种植面积逐年上升。

栽培番茄祖先——樱桃番茄(*S. lycopersicum* var. *cerasiforme*)从起源地南美向中美和欧洲传播过程中,由于现代育种"瓶颈"限制,其遗传多样性大量丧失,DNA 水平遗传多样性还不及近缘野生种的 5%,番茄目前甚至缺乏必要的育种资源。番茄遗传资源研究鼻祖 Rick 曾说过,依靠欧洲资源对番茄进行遗传改良毫无意义;而近缘野生种丰富的遗传多样性是番茄进行遗传改良如品质、抗病虫和抗逆取之不竭的基因库,具有潜在的应用价值。

茄科植物包括 2 000 多个种,是被子植物中最大科之一。番茄是茄科茄属(*Solanum*)的一个进化枝(Clade),包括 1 个栽培种和 16 个近缘野生种。番茄因其基因组较小,在遗传操作和转化方面具有优势,特别是番茄及其近缘野生种在生殖生物学方面具有丰富遗传多样性,目前已成为研究果实和生殖发育的模式植物,为茄科植物果实发育和生殖生物学机制阐明提供了很好的模式系统。

据作者所知,目前公开出版和较全面论及"番茄野生资源"的专著甚少,随着对番茄研究和遗传改良要求的不断提高,对野生资源研究、了解和利用更加迫切。作者和同仁深切地感受到遗传资源对番茄进行遗传改良的重要性和对于番茄发育等科学问题研究的限制。作者与对番茄遗传学、现代育种技术和分子生物学研究有很好理解的同仁达成共识,针对目前有一定研究基础的 14 个番茄近缘野生种,在概括、总结和综述近年所取得新成果和动态基础上,集结同仁们多年研究成果编著了《番茄野生资源》一书,使番茄育种家和研究学者对目前番茄野生资源研究现状有个较全面和深入的了解;达到"知之愈深,用之越当"的目的,以期提高番茄遗传改良野生资源利用精准性和对某些科学问题的阐释作一些必要的前期准备工作,这将对提升我国番茄育种野生资源的利用和研究水平具有重要意义。

基于上述考虑,作者与来自 8 所大学或科研院所的 9 名专家着手编著本书,本书共15章;其中第1章是对番茄起源、传播、分类和野生资源总体概括;其余14章分别对番茄14个近缘野生种的起源、生物学特性、分子生物学研究进展和在番茄遗传改良中应用加以阐述,以期使读者对番茄特别是野生资源研究动态和新进展有全局的把握;同时,也对番茄野生种的特性和习性的细微之处进行了阐述,可以为有志于从事番茄野生资源基础研究和育种实际应用研究者和学者提供有价值的参考。第1章概论和第13章类番茄茄(*Solanum lycopersicoides*)由赵凌侠编著;第2章细叶番茄(*Solanum pimpinellifolium*)由李柱刚编著;第3章秘鲁番茄(*Solanum peruvianum*)、第6章克梅留斯基番茄(*Solanum chmielewskii*)和第12章多腺番茄(*Solanum corneliomuelleri*)由孟凡娟编著;第4章多毛番茄(*Solanum habrochaites*)由王富编著;第5章潘那利番茄(*Solanum pennellii*)由贾承国和郭庆勋编著;第7章小花番茄(*Solanum neorickii*)由李文丽编著;第8章里基茄(*Solanum sitiens*)和第10章樱桃番茄(*Solanum lycopersicum* var. *cerasiforme*)由柴友荣编著;第9章智利番茄(*Solanum chilense*)由崔丽洁编著;第11章契斯曼尼番茄(*Solanum chessmaniae*)由陈玉辉编著;第14章胡桃叶茄(*Solanum Juglandifolium*)和第15章赭黄茄(*Solanum ochranthum*)由开国银编著。

《番茄野生资源》在内容上力求新颖、全面和实用;在结构体系上体现了基础研究和应用研究的一脉相承——传统遗传学和现代分子生物学的有机结合的学术思想。在写作特点上力求简明扼要、通俗易懂,以期达到科学严谨性和研究深度的统一。本书适于以番茄为研究对象但并不限于此的科学工作者、教师和研究生及相关专业大学生阅读、参考和使用。番茄作为一种世界性经济作物、特别是最近已成为植物分子生物学研究的模式植物之一,随着其栽培面积扩大、消费者对番茄品质等性状改良要求日益提高及其植物科研究的深入,使番茄野生资源的研究日益迫切,《番茄野生资源》对满足人们的这一社会需求具有积极作用。

由于编者能力和知识所限,在编写过程中错漏之处恳请读者和同仁给予批评指正!

赵凌侠

2012年1月4日　于上海

目　录

1 概论

1.1 番茄产量及其在人们生活中的地位

番茄(*Solanum lycopersicum* L. 1737,以前 *Lycopersicon esculentum* Mill. 1754,2n=2x=24)是一种世界性经济作物,在南纬45°至北纬65°均有种植(沈德绪 1957),遍及全球160余个国家或地区。同时,番茄可以鲜食、熟食和作为果酱原料,富含维生素C、番茄红素和胡萝卜素,其营养成分如表1-1所示,具有抗氧化的功能,可以延缓衰老和预防癌症。因而,番茄的食用价值备受关注,需求量也不断上升。

表1-1 番茄果实营养成分(100g可食部分含量)[a]

热量(J)	水分(g)	蛋白质(g)	脂肪(g)	碳水化合物		钙(mg)	钠(mg)	磷(mg)	铁(mg)	维生素				
				糖类(g)	纤维(g)					A效力(I. U)	B1(mg)	B2(mg)	烟碱酸(mg)	C(mg)
138	90.5	1.3	0.3	6.9	0.4	3	3	18	0.2	130	0.08	0.03	0.8	20

a:引自余诞年等,1997。

据联合国粮农组织(Food and Agricultural Organization,FAO)统计,全球1961年番茄种植总面积为1 680.452千公顷,至2005年增至4 534.686千公顷,是1961年的2.7倍,如图1-1所示;1961年全球番茄年总产量为27 617.54千吨,2005年总产量为122 311.756千吨,在1961年基础上增加了4.43倍,如图1-2所示。在我国,番茄也是最重要的蔬菜种类之一,1961年种植面积为302.63千公顷,占世界总种植面积的18%,2005年种植面积为1 305.053千公顷,占全球番茄总种植面积的28.78%,是1961年的4.31倍,如图1-1所示。1961年,我国番茄年产量为4 825.89千吨,占世界番茄总产量的17.47%,2005年我国番茄年产量达31 644.04千吨,占全球番茄总产量的25.87%,是1961年的6.56倍,如图1-2所示。可见,随着时间推移,番茄种植面积和产量均有较大程度的提高,显示了番茄在全球和我国经济发展和食物供给中占有重要地位。

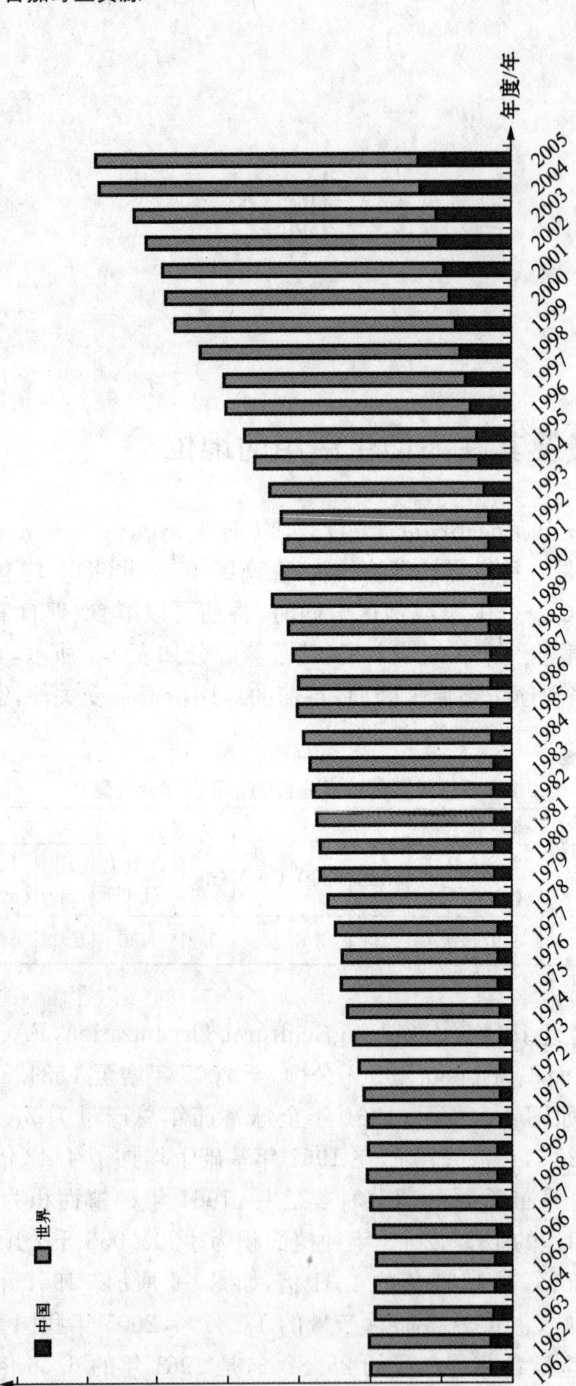

图1-1 番茄种植面积动态变化(1961~2005年)

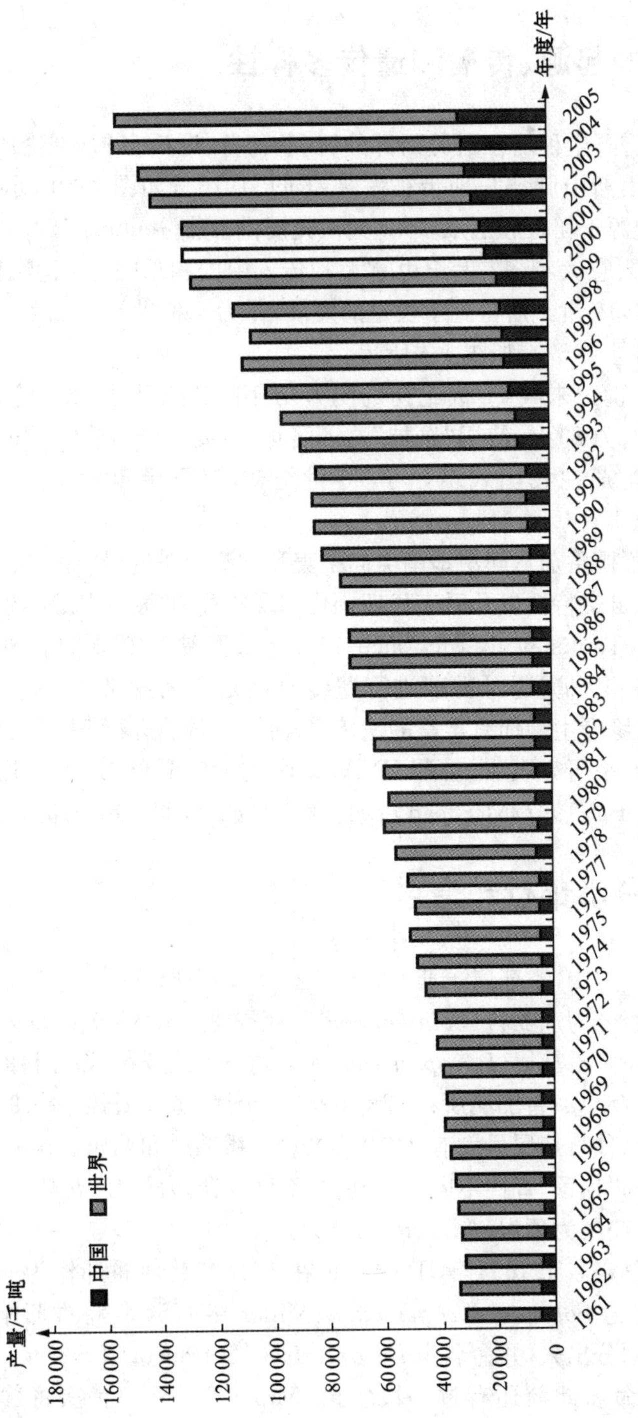

图1-2 番茄产量动态变化(1961~2005年)

1.2 番茄的起源、传播和遗传多样性

番茄的所有野生种均在南美西部的智利、秘鲁、厄瓜多尔、哥伦比亚和玻利维亚所包围的安第斯山脉狭长地带被发现(Rick 1978),如图 1-3 所示。Jenkins 考证,栽培番茄起源于秘鲁和厄瓜多尔,其祖先樱桃番茄(Jenkins 1948)为 16 世纪从原产地秘鲁传入意大利,17 世纪由意大利传入中国和爪哇,18 世纪传入英国、法国、北美和日本,19 世纪后得到了长足的发展,作为一种世界性蔬菜在世界各地广为种植(沈德绪等 1957),如图 1-4 所示。

番茄在 16 世纪末或 17 世纪初的明万历年间传入我国,最早记载在佩文斋的《广群芳谱》(1708)上,使用"蕃柿"这一名称,主要用于观赏。据园艺学家吴耕民教授考证,番茄在我国栽培始于 20 世纪初,有百余年栽培历史(沈德绪等 1957)。

番茄祖先樱桃番茄从起源地南美向中美和欧洲传播过程中由于遗传多样性大量丢失,再加之自交特性以及后来长期驯化和现代育种"瓶颈"效应,使番茄的遗传背景越发狭窄(Tanksley & McCouch 1997),甚至缺乏必要的育种资源。正如 Rick 所言,依靠欧洲资源对番茄进行遗传改良是毫无意义的(Rick & Chetelat 1995)。番茄近缘野生种拥有丰富的遗传多样性,是番茄进行遗传改良取之不竭的基因库。分子水平研究表明,番茄 DNA 水平的遗传多样性还不及近缘野生种的 5%(Tanksley et al 1997,McClean et al 1986,Rick & Holle 1990)。

1.3 番茄分类地位和命名

在植物学分类中,番茄属于茄科。茄科有 90 多个属(D'Arcy 1979),依胚胎发育形状卷曲与否分为茄亚科(*Solanoideae*)和亚香树亚科(*Cestroideae*)。番茄作为一个独立的属——番茄属(*Lycopersicon*)此前划归于茄亚科,该亚科的共同特点是染色体数均为 $X=12$;番茄属所在茄族中有 18 个属,番茄属最小仅 9 个种(8 个野生种和 1 个栽培种),茄属最大有 2000 多个种。番茄属和茄属亲缘关系较近,其主要区别在于花药"顶颈"育性不同,番茄属为不育,茄属为可育;花药开裂方式不同,番茄属为侧裂,茄属为顶裂(Atherton 1989)。

番茄属最早定名于 1694 年,Linnaeus 在 1737 年曾将番茄作为一个种划归于茄属,并定种名为 *Solanum lycopersicum*;Miller 在 1754 年将番茄作为一个独立的属从茄属中划分出来,并命名为 *Lycopersicon*(Lefrancois 1993)。

普通番茄命名此前还有过一段争论,Miller于1768年首次将普通番茄名为

图 1-3 番茄起源地——南美西部安第斯山脉

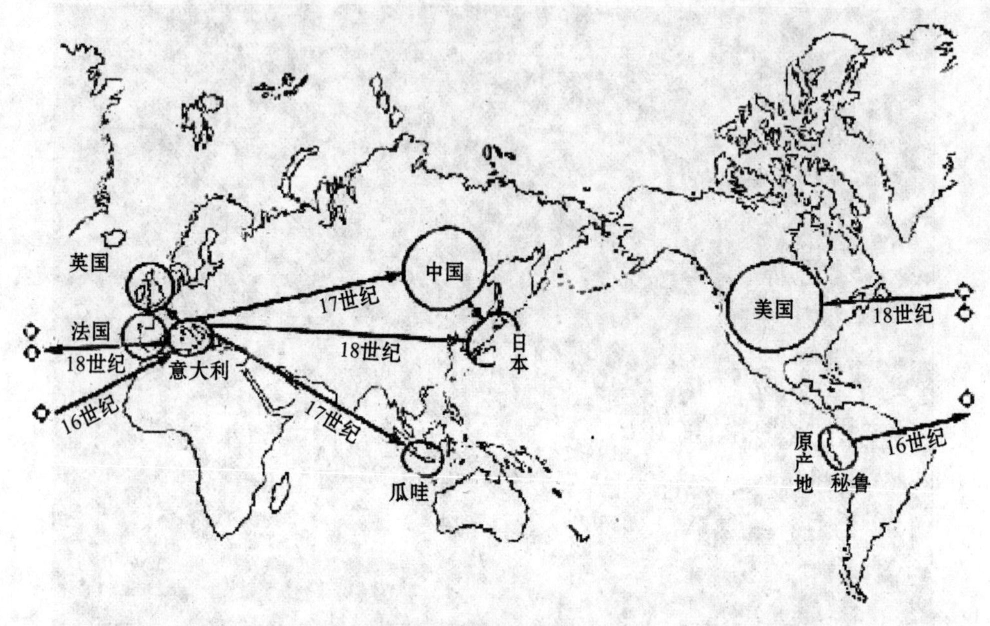

图 1-4 番茄的起源和传播

Lycopersicon esculentum, Karsten 在 1900 年提出普通番茄的拉丁名应该采用 *Lycopersicon lycopersicum*，这种争论持续了将近一个世纪，直到 1983 年由 Broome, Terrell 和 Reveal 认为 *Lycopersicon esculentum* 使用时间长，应作为普通番茄学名予以保留，这就是目前我们普遍采用的普通番茄学名(Atherton 1989)。

最后，Rick et al(1990)对番茄属分类又进行重新修订。其分类依据和修订结果如下：

1. 成熟果实为红色

2. 果实直径大于 1.5 cm，叶边缘一般为锯齿状的

3. 果实直径大于 1.5 cm，2 至多个心室 ……………………………………………… *L. esculentum* (*Solanum lycopersicum*)

3. 果实直径 1.5～2.5 cm，2 心室 …………………………………………… *L. esculentum* var. *cerasiforme* (*Solanum lycopersicum* var. cerasiforme)

2. 果实直径小于 1.5 cm，一般为 1 cm，叶边缘一般缺刻或全缘………………………………………… *L. pimpinellifolium* (*Solanum pimpinellifolium*)

1. 成熟果实为非红色

4. 成熟果实黄色或橙色；种子小于 1.0 mm

5. 叶片极细，节间短，密被绒毛，花萼比成熟果实短 …………………………………………………… *L. cheesmanii* Riley (*Solanum cheesmaniae*)

5. 叶片极细，节间短，密被绒毛，花萼比成熟果实长 ……………………………………………………… *L. cheesmanii* f. *minor* (*Solanum galapagense*)

4. 成熟果实绿色或白色，种子大小变化很大

6. 合轴叶片 2～3 片

7. 合轴叶片 2 片

8. 花序鲜有或不带有苞叶(“minutum” complex 亚属)

9. 花小(花冠直径小于 1.5 cm)；种子小于 1 mm …………………………………………………… *L. parviflorum* (*Solanum neorickii*)

9. 花大(花冠直径大于 2 cm)；种子大于 1.5 mm …………………………………………………… *L. chmielewskii* (*Solanum chmielewskii*)

8. 花序带有大苞叶

10. 花粉囊相互粘着成筒状，侧裂(“*peruvianum*” complex 亚属)

11. 植株直立，花梗长超过 15 cm；花序紧密；花粉囊管直立整齐 ……………………………………… *L. chilense* (*Solanum chilense*)

11. 植株蔓生，花梗短于 15 cm；花排列疏松，花粉囊管更倾向于末梢 ………………………… *L. peruvianum* (*Solanum peruvianum*)

10. 花粉囊独立，孔裂 …………… *L. pennellii* (*Solanum pennellii*)

叶和茎被有光泽的微柔毛 ……………………………… *L. pennellii* var. *puberulum*

7. 合轴叶片 3 片，大灌木，叶片和茎有毛或无毛，花粉囊顶端形成长和细尾部 ……………………………… *L. hirsutum* (*Solanum habrochaites*)

12. 叶和茎不着生绒毛 …………………………………………… *L. hirsutum* f. *glabratum* (*Solanum habrochaites* f. *glabratum*)

12. 叶和茎密被绒毛 ……………………………………………… *L. hirsutum* f. *typitum* (*Solanum habrochaites* f. *typitum*)

6. 合轴叶片多于 3 片

13. 花药白色到乳白色，叶边缘深裂

14. 叶和茎有绒毛，果实紫绿色，直径约 1 cm，成熟时为浆果 ……………………………… *S. lycopersicoides* (*Solanum lycopersicoides*)

14. 叶和茎无绒毛，接近肉质，果实黄绿色，一般大于 1 cm，成熟时像纸质地 ……………………………… *S. sitiens* (*Solanum sitiens*)

13. 花粉囊黄色，全缘叶，小叶椭圆形到披针形

15. 小叶较宽，表面粗糙，一般有 2 对横向的小叶，果实 2～3 cm …… ……………… *S. juglandifolium* (*Solanum juglandifolium*)

15. 小叶较狭窄，表面平滑柔软，果实大，主要为多室 ………………

………………………………… *S. ochranthum*（*Solanum ochranthum*）

表 1-2 番茄组种的新命名

序号	新种名	原种名	分布区域
1	*Solanum juglandifolium*	*Lycopersicon juglandifolium*	分布在哥伦比亚中部到南秘鲁(阿普瑞马克省)海拔1900～4100m的山林
2	*Solanum ochranthum*	*Lycopersicon ochranthum*	分布在哥伦比亚东北(坦桑德省)到厄瓜多尔南部所有的3个南美(北美)安第斯山脉，在厄瓜多尔南部的páramo有时也发现有，海拔1200～3100m，一般生长在森林边缘空旷地和开阔区域
3	*Solanum sitiens*	*Lycopersicon sitiens*	分布在北智利安第斯(Andes)山脉海拔2350～3500m的西坡，多生长在岩石山坡或干旱山涧
4	*Solanum lycopersicoides*	*Lycopersicon lycopersicoides*	分布在南秘鲁到北智利安第斯山脉西坡，海拔多在2900～3600m，生态环境多为干旱岩石山坡
5	*Solanum pennellii*	*Lycopersicon pennellii*	分布在北秘鲁到北智利塔拉帕卡(Tarapaca)多岩石、干旱和沙漠地带，海拔高达3000m
6	*Solanum habrochaites*	*Lycopersicon hirsutum*	分布厄瓜多尔中部到秘鲁中部500～2500m海拔的丘陵到干旱森林中，是一个森林变种
7	*Solanum* "*N peruvianum*" (4 geographic races: humifusum, lomas, Marathon, Chotano-Yamaluc)	Part of *Lycopersicon peruvianum* (incl. var. humifusum and Marathon races)	分布在北秘鲁海岸和安第斯山脉流域，海拔100～2500m，发现生长在洛马斯(阿根廷东部的一城镇)干旱山涧和岩石斜坡
8	*Solanum* "*Callejon de Huaylas*"	Part of *Lycopersicon peruvianum*	分布在秘鲁安卡什省(Ancash)峡谷的印加古道岩石斜坡和临近里奥·福塔来萨，海拔1700～3000m
9	*Solanum neorickii*	*Lycopersicon parviflorum*	分布在南秘鲁阿普瑞马克省(Apurimac)到厄瓜多尔南部(阿苏艾省)海拔1950～2600m安第斯山脉内部的干旱区域，常常在漫延的岩石岸边和路旁
10	*Solanum chmielewskii*	*Lycopersicon chmeilewskii*	分布在南秘鲁阿普瑞马克省(Apurimac)到玻利维亚索拉塔海拔2300～2880m的极度干旱的安第斯山流域

（续表）

序号	新种名	原种名	分布区域
11	*Solanum corneliomuelleri* (1 geographic race: Misti nr. Arequipa)	Part of *Lycopersicon peruvianum* *Lycopersicon glandulosum*	分布在秘鲁中部（接近利马）到南部的中、高海拔安第斯山脉西坡，有时也在火山岩边缘南部低坡也有发现，海拔在 1 000～3 000 m
12	*Solanum peruvianum*	*Lycopersicon peruvianum*	在秘鲁中部到北智利海岸沙滩和洛马斯（阿根廷东部的一个城镇）均有发现，海拔为 600 m，在江河流域田野边缘也时有发现
13	*Solanum chilense*	*Lycopersicon chilense*	分布在南秘鲁塔克纳省到北智利安第斯山脉西坡，在海拔 2 000 m 以下极度干旱多岩石平原和海岸沙漠区域
14	*Solanum cheesmaniae*	*Lycopersicon cheesmaniae*	加拉帕戈斯陆龟[象龟]岛和厄瓜多尔所特有，主要分布在海拔 500 m 以下
15	*Solanum galapagense*	Part of *Lycopersicon cheesmaniae*	加拉帕戈斯陆龟[象龟]岛所特有，特别是西部和南部岛屿，大多分布在海岸火山岩到海拔不足 1 m 潮汐海水喷溅区域（极度耐盐），但在内陆的伊萨贝拉和费尔南迪纳火山斜坡也有发生
16	*Solanum lycopersicum*	*Lycopersicon esculentum*	众所周知的唯一栽培种，以多个变种生活在人类或动物的栖息地
17	*Solanum pimpinellifolium*	*Lycopersicon pimpinellifolium*	分布在厄瓜多尔中部到智利中部，海拔 0～500 m

引自 http://www.sgn.cornell.edu/help/about/solanum_nomenclature.html。

1.4 番茄系统进化

茄科（包括茄属番茄组）的进化方向是从自交不亲和种（Self-Incompatible，SI）向自交亲和种（Self-Compatible，SC），自交不亲和种是祖先，并且是不可逆转的（Igic et al 2003）。原来的番茄属有 9 个种按进化程度，可分成 3 组：①自交不亲和组：柱头外露，有 *L. chilense*，*L. peruvianum*，*L. pennellii* 和 *L. hirsutum*；②中间类型组：柱头外露，但自交亲和，有 *L. chmielewskii*，*L. pimpinellifolium*（是自交和异交混合类型，大部分材料柱头外露）；③自交亲和组：柱头不或微外露，有 *L. esculentum*，*L. parviflorum*，*L. cheesmanii*（Chen & Tanksley 2004）。番茄与同属的 8 个野生种均能成功杂交，但难易程度存在很大差别，并呈现出渐进式的变化（Lerfrancois et al 1993）。*S. lycopersicoides* 柱头外露，属于自交不亲和。

作者依据对番茄属9个种43份材料的随机扩增多态性DNA(Random Amplified Polymerphic DNAS,RAPD)研究结果,将番茄属分为4个类群。对不同类群遗传丰度、遗传离散度、基因杂合度和Shannon表型多样性指数分析结果显示,遗传多样性均有野生类群大于普通番茄类群的趋势,说明野生类群中存在着更为丰富的可用于番茄遗传改良遗传变异类型。同时,基于RAPD和形态标记,对番茄属的9个种(43份材料)和5份类番茄茄的亲缘关系进行了研究,结果表明类番茄茄与番茄属遗传距离介于0.304~0.406之间。

1.5 番茄野生种质资源的收集和保存

国外早在1778年就开始了番茄遗传资源的收集工作,近十多年来国际植物遗传资源委员会(International Board for Plant Genetic Resources,IBPGR)又先后多次对番茄遗传资源进行了大规模的收集。据IBPGR在1987年报道,全世界共收集到的番茄种质材料32 000份,到1990年已超过40 000份,主要收藏于11个单位。统计截至2006年10月29日,亚洲蔬菜研究发展中心(Asian Vegetable Research & Development Center,AVRDC)收藏了4 165份,其中番茄8个野生种收藏547份,普通番茄收藏3 445份,其余的为普通番茄与野生或半野生杂交种(http://www.avrdc.org/resources.html)。美国农业部(US Department of Agriculture,USDA)收藏10 612份(见附录),其中东北区植物引进站(Northeast Regional PI Station,NRPI,New York)收藏5 964份,分布在原番茄属12个种的17个分类单位(taxa)中;国家遗传资源保存中心(National Center for Genetic Resources Preservation,Colorado,NSSL)收藏1 297份,主要是普通番茄种;番茄遗传贮存中心(Tomato Genetic Resource Center,TGRC)收藏包括番茄属和茄属两个属的15个种的22个分类单位共3 385份,其中野生材料分布在14个种20个分类单位,共有1 078份。

我国从80年代中期先后组织了两次大规模的番茄遗传资源收集工作,现在共收集番茄遗传资源1 922份,占我国蔬菜遗传资源28 765份的7%,仅次于菜豆(3 244份,11.82%)和萝卜(1 966份,7.17%)居第三位。截至1995年底全国入库的蔬菜资源28 765份,现将部分蔬菜种类收集情况列于表1-3中。

表1-3 我国主要入库蔬菜种类及份数[a]

种类	学名	入库份数	占入库总数%	起源地
萝卜	*Raphanus sativus* L.	1966	7.17	地中海沿岸、中国、日本

（续表）

种 类	学 名	入库份数	占入库总数%	起源地
菜豆	*Phaseolus vulgaris* L.	3 244	11.82	美洲热带
番茄	***Lycopersicon esculentum* Mill.**	**1 922**	**7.00**	**南美洲**
辣椒	*Capsicum frutescens* L.（Syn. *C. annuum* L.）	1 899	6.92	中南美洲
大白菜	*Brassica campestris* L. ssp. *pekinensis* (Lour) Olsson	1 620	5.90	中国
长豇豆	*Vigna unguiculata* W. ssp. *sesquipedalis* Verd.	1 642	5.99	非洲亚洲中南部
茄子	*Solanum melongena* L.	1 452	5.29	亚洲东南
黄瓜	*Cucumis sativus* L.	1 439	5.24	印度
白菜和乌塌菜	*B. campestris ssp. chinensis* (L.) Makino var. *communisTsen et Lee.*, var. *rosulars Tsen et lee*	1 321	4.81	中国
叶用芥菜	*Brassica juncea Coss.* var. *foliosa* Bailey	967	3.52	中国
茎用莴苣	*Lactuca sativa* L. var. *angustana* Irish	497	1.81	在中国演化
丝瓜	*Luffa cylindrica* Roen., *L. acutangula* Roen.	458	1.67	亚洲、热带
毛豆	*Glycine max* (L.) Merr	448	1.63	中国
苋菜	*Amaranthus mangostanus* L.	418	1.52	中国
胡萝卜	*Daucus carota var. sativa* DC.	404	1.47	亚洲西部
莲藕[b]	*Nelumbo nucifera* Gaertn	456		中国、印度

a：选自戚春章 1997；b：水生蔬菜。

1.6 番茄野生资源的生殖特性

番茄野生资源生殖特性和与普通番茄杂交障碍种内或种间的远缘杂交的特性如表 1-4、表 1-5 所示，其在一定程度上限制其在番茄遗传改良中的应用。

表 1-4 番茄组不同种生殖特性

种	中文名称	体细胞染色体数	生殖特性[a]
Solanum lycopersicum	普通番茄	24	SP
S. pimpinellifolium	醋栗番茄	24	SP+CP
S. cheesmaniae	契斯曼尼番茄	24	SP

（续表）

种	中文名称	体细胞染色体数	生殖特性[a]
S. neorickii	小花番茄	24	SP
S. chmielewskii	克梅留斯基番茄	24	CP
S. pennellii	潘那利番茄	24	SI
S. habrochaites	多毛番茄	24	SF. SI
S. chilense	智利番茄	24	SI
S. peruvianum	秘鲁番茄	24	SI

a：SP为自花授粉，CP为异花授粉，SF为自交可孕，SI为自交不亲和。

表1-5 番茄组种内或种间杂交障碍[a,b]

Female/Male	普通番茄	醋栗番茄	契斯曼尼番茄	小果番茄	多毛番茄	秘鲁番茄	智利番茄	潘那利番茄
普通番茄	+	+	+	+	+	EA	EA	+
醋栗番茄	+	+	?	+	+	EA	EA	?
契斯曼尼番茄	+	?	+	?	?	?	?	?
小果番茄	+,UI,EA	+,UI	?	SI	EA	EA	EA	?
多毛番茄	+,UI	+,UI	?	+,UI	+,SI,UI	EA	EA	?
秘鲁番茄	UI	UI	+	UI	UI	SI	EA	+
智利番茄	UI	UI	+	UI	?	EA	SI	?
潘那利番茄	UI	?	+	?	?	?	?	SI

a：引自 Lefrancois(1993)；b：+为无严重障碍，SI为自交不亲合，UI为单方向不合，EA为胚败育，?为尚无研究结果。

因而，利用无性途径，如组织培养、无性系变异、人工诱变和体细胞杂交(Handley et al 1986)和基因工程手段，对番茄抗病(Lee et al 2003，Cillo et al 2004，Goggin et al 2004)、抗虫(Castagnoli et al 2004)、抗逆(Dombrowski 2003，Scippa et al 2004)、代谢途径(Roessner-Tunali et al 2003)和品质(Kalamaki et al 2003)等的遗传改良也进行了大量的研究，并有许多成功的报道。

1.7 野生种在番茄遗传改良中的作用

番茄野生资源或近缘野生种是番茄遗传改良取之不竭的基因库；在过去的100年里，番茄育种所取得的重大进展主要得益于野生资源的利用，番茄育种家们对此已取得了共识。

据统计，危害番茄的病害已有42种在野生种中找到了抗原，至少有20种抗原被成功转育到栽培番茄种中(Rick 1995)；同时，番茄野生资源除具有抗病特性外，还具有耐旱、耐盐、耐低温和高可溶性固形物等许多优良农艺性状(Rick 1995，Chetelat 1995)。

1.7.1 番茄野生资源抗病性及抗性基因转育

自1940年Bohn和Tucker将醋栗番茄枯萎病抗性基因成功地转育到栽培番茄的70年来，野生资源用于番茄抗病、抗虫、抗逆、改善品质、提高产量和其他特性(如转育雄性不育)等的改良均取得了很大进展(Rick 1990，Chetelat 1997)。

表1-6 番茄野生种及其抗病性[a]

序号	种	抗病性
1	醋栗番茄	枯萎和黄萎、斑枯、叶霉、根腐、晚疫、细菌性萎蔫、细菌性溃疡和烟草花叶病毒
2	秘鲁番茄	斑枯、叶霉、根腐、烟草花叶病毒、卷叶病毒、番茄蚀纹病、斑萎病毒和根结线虫
3	多毛番茄	枯萎、斑枯、叶霉、早疫、细菌性溃疡、番茄蚀纹病、蛲虫、马铃薯甲虫、蜘蛛螨、蚜虫和美甜瓜斑潜蝇
4	多毛番茄、无毛	根腐、烟草花叶病毒、卷叶病毒、玉米穗蛾、蛲虫、天蛾、叶螨、美甜瓜斑潜蝇、冻、霜
5	交种多腺番茄	斑枯和根腐
6	契斯曼尼番茄	碱和盐
7	潘那利番茄	叶螨、蚜虫和干旱条件
8	智利番茄	卷顶病毒

a：引自Kallo 1988。

1. TMV抗性基因转育

烟草花叶病毒(Tobacco mosaic virus，TMV)抗性基因转育是番茄利用野生资源进行抗病育种最成功的例子，目前所使用的抗TMV番茄材料，如特洛皮克(Tropic)、强力米寿(T_{m-1})、玛拉佩尔(Manapal)(T^{nv}_{m-2})、Ohio MR-12和MH-1(T^{a}_{m-2})所携带的抗性基因，均系从番茄近缘野生种如秘鲁番茄、多毛番茄和智利番茄中转育而来，我国近二十年来所育成的抗TMV番茄品种大都含有上述材料的血统。

2. 根结线虫抗性基因转育

1941年Bailey报道秘鲁番茄(PI128561)第6条染色体上的单显基因Mi对根

结线虫(*Meloiologyne incognita*)有抗性,通过回交方法成功地将该 *Mi* 转育到栽培番茄,*Mi* 基因还赋予其他 3 个线虫种(*M. javanica*, *M. acrita*, *M. arenaria*)的抗性;1944 年 Smith 通过胚培方法成功地获得了秘鲁番茄(PI128657)与栽培番茄种间杂种,并成功地培育了两个抗线虫品种"Anahu"和"VFN8"(周长久 1995, Kalloo1988, Atherton 1989)。

表 1-7 从野生种转移到栽培番茄中抗性基因[a]

基因来源	病 害	病原菌
樱桃番茄	叶霉病	*Cladospoium fulvum*
	果炭疽病	*Colletotrichum coccodes*
	斑枯病	*Septoria lycopersici*
	黄萎病	*Verticillium dahliae*
醋栗番茄	枯萎病	*Fusarium oxysporum* ssp. *lycopersia*
	晚疫病	*Phytophthora infestans*
	细菌性溃疡病	*Corynebacterium michiganense*
	青枯病	*Pseudomonas solanacearum*
	斑萎病毒病	SWV
秘鲁番茄	根结线虫病	*Meloidogyne incognita*
	烟草花叶病毒病	T. MV
秘鲁番茄蔓生变种	卷叶病毒病	C. T. V.
秘鲁番茄矮化变种	卷叶病毒病	C. T. V.
多毛番茄	细菌性溃疡病	*Corynebacterium michiganense*

a:引自 Kalloo 1988。

3. 镰刀菌枯萎病和叶霉病抗性基因的转育

早在 1940 年前后,由于镰刀菌(*Fusarium oxysporum*)侵染导致番茄枯萎病,给全球番茄生产带来了毁灭性打击。自从将醋栗番茄——"Missouri160"所携带的抗性基因Ⅰ(对镰刀菌免疫)转育到栽培番茄并培育出抗病品种"Pan America"后,局面才得到了控制。随后又在醋栗番茄"PI126915、PI472 和 PI124039"中分别发现了抗镰刀菌小种 2 和 3 的抗性基因Ⅰ-2 和Ⅰ-3,并培育出了携带抗Ⅰ-2 基因的品种"Walter"(Kalloo 1988)。

4. 其他抗病基因转育

醋栗番茄对叶霉病(Tomato Leaf Mould, *Cladosporium fulvum*)高抗或免疫,以 PI112215 作母本所培育的改良贝州(Improved Bay State)和魏尔姆(Waltham)是番茄高抗叶霉病品种;醋栗番茄除高抗叶霉病外,对番茄枯萎病和叶斑病(Tomato Grey Leaf Spot, *Stemphylium solani*)也有较强抗性。潘那利番茄是 Sierra Sweet 的亲本之一，该品种抗镰刀菌小种Ⅰ、根结线虫和裂果。多毛番茄和醋栗番茄正被用于开发一个抗卷叶病毒的番茄品种。

1.7.2 番茄野生资源抗虫性

番茄野生种中拥有丰富的抗虫资源，多毛番茄和潘那利番茄是番茄抗虫育种极具价值的抗源材料(Atherton 1989)。多毛番茄中的 2-十三烷酮含量是普通番茄的 72 倍，多毛番茄的无毛变种(*S. habrochaites* f. *galbratum*)富含天然的杀虫剂 2-十三烷酮和 α-番茄素；作者曾在潘那利番茄(L0705)叶片表皮上也观察到与番茄抗虫特性有关的大量表皮毛和腺毛，现将番茄野生种的抗虫资源归纳整理，如表 1-8 所示。

表 1-8 番茄野生种的抗虫性[a]

害 虫	抗 原	番茄野生种
跳甲(*Epitrix hirtipennis*)	PI126449	多毛番茄无毛变种
马铃薯长管蚜(*Macrosiphum euphorbiae*)	PI129145 等	秘鲁番茄
叶螨(*Tetranychus telarius L.*)	Anahu	普通番茄
朱砂叶螨(*Tetranychus nnabarinus*)	几个品种	多毛番茄
马铃薯甲虫(*Leptinotarsa decimlineata*)	PI134417	多毛番茄
番茄蠢蛾(*Keiferia lycopersicella*)	PI127826	多毛番茄
潜叶蝇(*Liriomyza munda*)	PI126445，PI126449	多毛番茄无毛变种
棉铃虫(*Heliothis zea*)	PI126449	多毛番茄无毛变种
烟草天蛾(*Manduca sexta L.*)	PI134417	多毛番茄无毛变种
温室粉虱(*Trialeurodes vaporariorum*)	IVT74453，IVT72100	多毛番茄无毛变种

a：引自 Bassett 1988。

1.7.3 番茄野生资源番茄遗传改良中应用和潜力

番茄育种家已不满足将单基因或寡基因控制的抗病或抗虫基因转育到番茄中，开始对受多基因控制的数量性状如品质、抗逆等的改良更感兴趣。如醋栗番茄富含抗坏血酸(Vc)；利用加拉帕戈斯岛的小型绿果番茄改良栽培番茄，获得了抗坏血酸高达 40～50 mg/100 g、含干物质 7%～8%、含糖 3.9%～4.5%的番茄品种(Kalloo 1988)。从多毛番茄和秘鲁番茄中获得了两个单性结实系 IVT1 和 IVT2；克梅留斯基番茄中可溶性固形物含量达 10%，约是普通番茄(5%～6%)的两倍，近年已着手对番茄可溶性固形物改良进行研究，并取得了很好的进展(Chetelat

1995）。潘那利番茄的抗盐特性利用也已从分子标记辅助育种和体细胞杂交等全面展开。

参考文献

[1] 沈德绪，徐正敏. 番茄研究[M]. 北京：科学出版社，1957：1-102.

[2] Atherton J G，Rudich J. 番茄[M]. 郑光华，等译. 北京：北京农业大学出版社，1989：1-131.

[3] Castagnoli M，Caccia R，Liguori M，et al. Tomato Transgenic Lines and Tetranychus Urticae：Changes in Plant Suitability and Susceptibility [J]. Exp Appl Acarol，2003，31(3-4)：177-189.

[4] Chetelat R T，Cisneros P，Stamova L，et al. A Male-fertile *lycopersicon esculentum* × *Solanum lycopersicoides* Hybrid Enables Direct Backcrossing to Tomato at the Diploid Level [J]. Euphytica，1997，95：99-108.

[5] Chetelat R T，De Verna J W，Bennett AB. Introgression into Tomato（*Lycopersicon esculentum*）of the *L. chmielewskii* Sucrose Accumulator Gene（sucr）Controlling Fruit Sugar Composition [J]. Theor Appl Genet，1995，91：327-333.

[6] Cillo F，Finetti-Sialer M M，Papanice M A，et al. Analysis of Mechanisms Involved in the Cucumber Mosaic Virus Satellite RNA-mediated Transgenic Resistance in Tomato Plants [J]. Mol Plant Microbe Interact，2004，17(1)：98-108.

[7] Goggin F L，Shah G，Williamson V M，et al. Developmental Regulation of Mi-mediated Aphid Resistance is independent of Mi-1.2 Transcript Levels [J]. Mol Plant Microbe Interact，2004，17(5)：532-536.

[8] Handley L W，Nickeks R L，Cameron M W，et al. Somatic Hybrid Plants between *lycopersicon esculentum* and *Solanum lycopersicoides* [J]. Theor Appl Genet，1986，71(5)：691-697.

[9] Jenkins J A. The Origin of the Cultivated Tomato [J]. Economic Botany，1948：379-392.

[10] Kalamaki M S，Powell A L，Struijs K，et al. Transgenic Overexpression of Expansin Influences Particle Size Distribution and Improves Viscosity of Tomato Juice and Paste [J]. J Agric Food Chem，2003，51(25)：7465-7471.

[11] Lerfrancois C，Chupeau Y，Bourgin J P. Sexual and Somatic Hybridization in Genus *Lycopersicon* [J]. Theor Appl Genet，1993，86：533-546.

[12] Mcclean P E，Hanson M R. Mitochondrial DNA Sequence Divergence among *Lycopersicon* and Related *Solanum* species [J]. Genetics，1986，112：649-667.

[13] Monforte A J，Asins M J，Carbonell EA，et al. Salt tolerance in *Lycopersicon* Species. Ⅳ. Efficiency of Marker-assisted Selection for Salt Tolerance Improvement [J]. Theor Appl Genet，1996，93：765-772.

[14] Rick C M，Holle M. Andean *Lycopersicon esculentum var. cerasiforme*：Genetic

Variation and its Evolutionary Significance [J]. Econ. Bot., 1990, 44(3) supplement: 69-78.

[15] Rick C M, Chetelat R T. Utilization of Related Wild Species for Tomato Improvement [J]. Acta Hort. 1995, 412: 21-38.

[16] Roessner-Tunali U, Hegemann B, Lytovchenko A, et al. Metabolic Profiling of Transgenic Tomato Plants Overexpressing Hexokinase Reveals that the Influence of Hexose Phosphorylation Diminishes During Fruit Development [J]. Plant Physiol, 2003, 133(1): 84-99.

[17] Tanksley S D, McCouch S R. Seed Banks and Molecular Maps: Unlocking Genetic Potential from the Wild [J]. Science, 1997, 277: 1063-1066.

2 细叶番茄
(*Solanum pimpinellifolium*)

2.1 细叶番茄的起源和分类

细叶番茄(*S. pimpinellifolium*,2n=2x=24),又称醋栗番茄,是番茄的一个近缘野生种。此前,将番茄 9 个种分为秘鲁番茄复合体(*Peruvianum*-Complex,PC 复合体)和普通番茄复合体(Esculentum—Complex,EC 复合体)(Warnock 1998)。细叶番茄是普通番茄复合体中的一个种,这个物种原来的学名为 *Lycopersicon pimpinellifolium*,后来依据分子证据将该种归于茄科茄属,并更名为 *Solanum pimpinellifolium*,不过 *Lycopersicon pimpinellifolium* 的名称也一直沿用,但是此名称使用有越来越少的趋势。

细叶番茄起源于南美洲(Warnock 1991),分布于秘鲁北部、智利中部和厄瓜多尔等南美大陆,其生长的环境范围在海拔 0~500 米之间,在海拔较低的地方很容易见到。细叶番茄多生长在潮湿地域和耕地周围或路边,分布范围相当广泛;在厄瓜多尔和秘鲁北部人类没有开垦的地方,也有细叶番茄大群落存在(Rick et al 1977,Caicedo et al 2004)。也有报道,细叶番茄可以生长在干旱的海边,在海拔 1 400 米的地方也有生长,甚至被移植到加拉帕戈斯群岛。

2.2 细叶番茄的生物学特性

细叶番茄为一年或多年生草本或偏草本性灌木,属无限生长型,茎细长,叶片小,果实很小,呈圆形,直径为 1 cm、重约 1~2 g,呈鲜红或黄色,每穗可生12~15 果,味酸甜,籽多,可食用,一般不作食用栽培。细叶番茄还具有药用功能,果肉可以防止皮肤灼烫伤和防晒,根熬成药可治牙痛、头痛和风湿,其生态环境和植物学特征如图 2-1 所示。

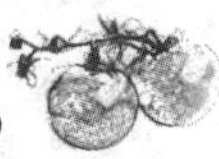

图 2-1　细叶番茄生态环境和植物学特征

A 和 B:细叶番茄生态环境;C～F:细叶番茄叶片、花序、花和果实

2.2.1 细叶番茄植物学特征

细叶番茄属于一种较大的藤蔓植物，可攀附至植被3米或更高处生长。细叶番茄茎基部直径为8～11毫米，为绿色，通常着生少量腺毛状香毛簇，香毛簇有多种，其中最常见的是一种简单香毛簇混合物与浓密软毛结合在一起。叶为三叶丛生，节间长2～8厘米。奇数羽状的叶片连接在一起，约4～12厘米长、1.5～8厘米宽，叶面呈绿色，叶片表面分布着浓密单列香毛簇和无腺体的香毛簇。小叶有2～4对，有近三分之一叶片为全缘或圆锯齿状，叶缘顶端是圆形、缓尖或急尖。顶生小叶长2.5～5厘米，宽1～3.5厘米，小叶柄长0.5～2厘米。侧生小叶长为1.5～3.5厘米，宽为1～2厘米，小叶柄长0.5～0.7厘米，通常自基部沿着茎向下生长。少有次生或再生小叶，插入小叶也不常见，一般插入小叶1～4对，长0.5～1.2厘米，宽0.2～0.7厘米，通常无柄或是仅有0.2厘米长的小叶柄，侧生小叶和插入小叶之间长度变化很大，一般在0.5～2厘米之间。叶柄长1.5～5厘米，没有假托叶。

花序长4～25厘米，总状花序，偶尔出现一次分枝，一个花序上着生7～30朵花，无苞；花梗长2～5厘米，外被浓密的软毛(与茎上的相同)，也有丰富的腺状香毛簇。胞囊柄长1～1.3厘米，在远端一半处分节。花芽长0.5～1.2厘米，伸长呈锥形，在开花前从花萼的2/3或3/4处伸出花冠。

花有花萼管，长0.05～0.1厘米，圆裂片长0.25～0.5厘米，宽0.1～0.25厘米，呈矛尖形，与花序一样，浓密的软毛上有单列香毛簇。花冠直径为1.2～3厘米，呈星形，为浅黄色或亮黄色，管长0.1～0.25厘米，其余部分的圆裂片长1～1.5厘米，宽为0.2～0.4厘米，在顶端有浓密的乳头状突起，在开花期下弯。雄蕊花柱长0.7～1厘米，直径为0.5毫米，在基部三分之一处有浓密的白色软毛，伸出花粉囊顶点0.5～1毫米，柱头系头状花序，呈绿色。花丝长0.5～1毫米，花粉囊长0.5～0.7厘米，顶端附属物长0.3～0.4厘米。子房是圆锥形的，无毛。

果实直径近1厘米，为球形，成熟时为鲜红色，有2个小室，稀疏地分布着一些小的约0.5毫米长的单列香毛簇，成熟时具有多细胞和单细胞的头部。果实花梗长1.5～2厘米，呈直体状或在节点处是弯的。果实中的花萼长1～1.2厘米，宽0.25～0.4厘米，随着花梗而弯折。

种子长2～3毫米，宽1～2.3毫米，厚0.5～0.8毫米，倒卵形，顶部狭小，基布较尖，浅棕色，外种皮的细胞壁侧部长有像头发一样的软毛，这些软毛使种皮表面形成了柔滑的外表。

2.2.2 细叶番茄生长发育习性

细叶番茄叶片呈窄披针形，花冠为星状、黄色，总状花序，无萼刺，每序着生超过20朵花。在相同栽培条件下,细叶番茄比栽培番茄开花早;细叶番茄属于常异交植物,既可自花授粉也可异花授粉,异花授粉率较高,但以自花授粉为主。细叶番茄中也存在完全自花授粉、完全异花或近完全异花授粉和前两者中间类型(Rick et al 1977)。细叶番茄自花授粉类型在每个花序上花数和花粉囊的不育比例上要比其他类型少,在花瓣、花粉囊、柱头长度和可育花粉长度方面,自花类型要比其他类型小些。但在花的其他部分萼片和子房上,自花授粉类型和其他类型差别不大(Georgiady & Lord 2002)。

2.2.3 细叶番茄与番茄杂交的特性

番茄远缘杂交往往在不同程度上存在杂交不亲和的障碍,即远缘种之间杂交,通常表现不能受精结实(更确切地说,应为不能获得能长成杂种苗株的发育健全的种子)或结籽率极低的现象。欲获取远缘杂种,必须先了解远缘杂交亲和性,即是说,要研究杂交亲和程度,并分析可能的不亲和原因等一系列基础理论问题。因此,杂交亲和性的研究是开展远缘杂交育种工作的必要前提。

吴定华等先后对番茄属8个野生种番茄与栽培番茄杂交亲和性进行了研究。其中,栽培番茄(粤农二号)与细叶番茄、克梅留斯基番茄之间,当栽培番茄作父本时,表现杂交亲和,反交不亲和;栽培番茄作母本,与秘鲁番茄、智利番茄和多腺番茄之间杂交亲和性极低,人工杂交,虽可得到42%～66%的结果率,但果内99.9%以上的"种子"中空无胚,反交不结果。细叶番茄和普通番茄可以相互杂交(Schauer et al 2004),亲缘较近,也是唯一表现出可以与普通番茄有天然渐渗现象的野生种;上述两种情况都说明了细叶番茄在栽培番茄的进化中发挥着重要作用,并且目前栽培的番茄品种与它均存在着密切的亲缘关系,容易回交。

2.2.4 细叶番茄主要园艺学特征

细叶番茄拥有一些重要的优良园艺学特性如抗病性、抗旱性,在其果实的形状和大小的遗传控制方面研究也比较深入(Knaap et al 2004)。不同番茄品种对溃疡病的抗性存在差异,目前对番茄抗溃疡病的研究尚不多见。Francis 等和 Kabelka 等从与栽培番茄有亲缘关系的野生种中,均发现了一些对溃疡病具有中度抗性的材料,如细叶番茄。在番茄野生种中,醋栗番茄被认为是栽培番茄的最近缘野生种,易与栽培番茄杂交,且高抗蕨叶病、根结线虫病、较抗花叶病和条斑病;在抗逆方面具有较强的抗热特性,是番茄耐热育种中一个极好的抗性种质材料。细叶番茄还携带有抗番茄黄化曲叶病毒基因(*Ty*-1),最近已找到了与 *Ty*-1 紧密连锁标记(Castro et al 2007)。细叶番茄 TO-937 具有抗白粉虱和抗黄化曲叶病毒特性。细叶番茄 L3708 抗番茄晚疫病(Kim et al 2006),LA1478 对马铃薯 Y 病毒表现出了高抗(Boissot et al 2008);番茄抗枯萎病(*Fusarium oxysporum* f. sp. *lycopersici*) I-2 基因源自醋栗番茄。细叶番茄是栽培番茄遗传改良的重要育种材料,人们发现了它还具有抗二斑叶螨(Alba et al 2009)、抗盐碱(Villalta et al 2008)、抗番茄细菌性斑点病(Rose et al 2005)和抗番茄叶霉病(Caicedo & Schaal 2004)等许多抗病特性。

野生番茄中醋栗番茄、智利番茄和栽培种中小果型圣女、一串红、圆球等均具有较高的 Vc 含量(柳李旺等 2001)。一般番茄果实中番茄红素的含量约为 3～8 mg/100 g,而某些细叶番茄品种果实的番茄红素含量高达 40 mg/100 g。尽管番茄野生种与栽培种可溶性固形物含量差别不大,但仍以野生种中的醋栗番茄、智利番茄含量较高;可见醋栗番茄和智利番茄是番茄品质改良重要的遗传资源。醋栗番茄具有良好的抗病性,总体来看,小果型番茄在抗病和耐热方面优于大型果,这可能与它们多为半野生型具有丰富的遗传多样性有关,也是番茄进行改良的重要遗传资源。酸度是衡量番茄果实品质的一个重要指标,糖酸比决定着番茄果实的风味,也会影响到番茄果实加工过程的酸度。酸度主要为数量遗传性状,在控制酸度的多效基因中,一个源于细叶番茄的基因对提高番茄果实可滴定酸发挥着重要作用。

同时,细叶番茄对臭氧敏感,可作为检测环境污染的指示植物(Iriti et al 2005)。Heal 等人从细叶番茄叶片中分离到了一种新型糖苷生物碱番茄素,作为佐剂在诱导抗原特异性 CD8+T 细胞反应中发挥着重要作用(Heal et al 2001)。

2.3 细叶番茄分子生物学的研究现状

DNA 水平的分子标记相对于传统性状、细胞和同功酶等遗传标记具有可检测标记多、受环境因素小和可以在整个基因组范围内搜索,特别是对发现数量性状基因座(Quantitative Trait Loci,QTL)和数量性状遗传规律研究方面具有优点,使之应用越来越广泛。分子标记主要用于遗传图谱的构建、重要基因标记与定位、基因图位克隆、生物种质资源遗传多样性、比较基因组及物种进化研究等领域。目前,番茄遗传研究中经常使用的 DNA 分子标记主要包括限制性片段长度多态性(Restriction Fragment Length Polymorphism,RFLP)、RAPD、DNA、扩增片段长度多态性(Amplification Fragment Length Polymorphism,AFLP)、简单重复序列(Simple Sequence Repeat,SSR)和单核苷酸多态性(Single Nucleotide Polymorphism,SNP))等(Gao Lan & Li Haoming 2003)。Zuriaga 等(2009)用 10 个微卫星(microsatellite)标记对起源自厄瓜多尔、秘鲁的 248 份细叶番茄和普通番茄进行了分析,结果显示起源不同的细叶番茄之间和普通番茄之间遗传多样性存在差异很大;这可能与不同供试材料的地理和气候不同有关。SNP 也经常被用于番茄研究,对番茄 12 个变种和 1 个细叶番茄进行 SNP 检测,在 1487 个 SNP 位点中检到了 302 个多态位点(Sim et al 2009)。

果实液泡转化酶(Fruit Vacuolar Iinvertase)基因序列多态性证据支持了栽培番茄(*Solanum lycopersicum*)的近缘野生种(*Solanum pimpinellifolium*)的种群传播历史。基因多态性的地理分布显示,细叶番茄起源于秘鲁北部,然后逐步向太平洋沿岸转移;不过,该野生种一直受到来自人类活动的威胁。基于 DNA 序列,番茄组的 3 个种契斯曼尼番茄(*S. cheesmaniae*),普通番茄(*S. lycopersicum*)和细叶番茄约在 100 万年前起源于共同祖先(Nesbitt et al 2002),它们的共同祖先被认为是马铃薯的一个分支(Weese et al 2007)。同时,分子证据也表明,秘鲁番茄复合体可分为秘鲁番茄和智利番茄 2 个分支;普通番茄复合体可分为红果(契斯曼尼番茄、细叶番茄和普通番茄)和绿果的自交亲和种(克梅留斯基番茄和小花番茄)和自交不亲和(潘那利番茄和多毛番茄)(Egashira et al 2000)。

利用栽培番茄和细叶番茄构建作图群体,番茄许多重要数量性状(QTL)基因得以定位。用携带抗番茄晚疫病基因 *ph*-1,*ph*-2 和 *ph*-3 细叶番茄 L3708 为父本,感病栽培番茄品系 04968 为母本创建了包括 260 个 F_2 单株的作图群体。依据 AFLP 和 SSR 结果和进行遗传分析,构建了包含 12 个连锁群的分子遗传图谱,包括 3 个 SSR 标记和 149 个 AFLP 标记;连锁图总长度 1 443. 07 cM,标记的平均图距 9. 50 cM。检测到了 5 个与抗性基因簇 *ph*-3 相关的 QTL 位点,其中 *Qph* 3-1 位于第 3 连锁群上,可以解释的表型变异为 26. 59%;*Qph* 3-2 位于第 1 染色体上,可以解释的表型变异为 54. 86%;*Qph* 3-3、*Qph* 3-4 和 *Qph* 3-5 位于第 9 连锁群上,可以解释的表型变异分别为 9. 24%、10. 27%和 36. 49%;QTL 遗传效应表现为加性和显性(黄晓梅等 2009)。利用栽培番茄 Sun1642 和细叶番茄 LA1589 杂交群体,采用染色体步移法找到了控制果实形态基因 *sun* 两侧的插入文库,并且 *sun* 被定位于 7 号染色体短臂上。利用荧光原位杂交技术确定了控制果实形态基因位于细叶番茄 LA1589 的一段 38 kb 的 DNA 区域上,*sun* 位点位于两个重叠群之间,说明等位基因变异可能是由于基因插入或缺失事件造成的,同时也说明 *sun* 基因位于番茄基因组高变异区域(Knaap et al 2002)。

利用细叶番茄和栽培番茄变种 Giant Heirloom 所构建了作图群体,通过 QTL 分析和定位,发现控制果实大小的 6 个 QTLs 位点位于 1、2、3 和 11 号染色体上,它们解释果实大小变异高达 67%。作为控制番茄果实大小的 *fw* 2. 2 基因已被克隆,它主要通过控制心皮和果实腔室数目多少而控制果实大小。控制果实大小的 QTL 位点 *fw* 11. 3 和控制腔室数目位点 *lcn* 11. 1 定位于 11 号染色体的底部,而 *fw* 2. 1 和 *lcn* 2. 1 位点定位于 2 号染色体(Lippmanl & Tanksley 2001)。利用细叶番茄LA1589和栽培番茄构建作图群体，4个与果实形状相关的QTLs被定位于2、3、7和11号染色体上，分别是*ljfs*2，*ljfs*3和*ljfs*11；其中，*ljfs*7控制果皮的延长(Knaap et al 2002)。作为位置不育基因*ps*-2被定位于番茄4号染色体短臂上，与标记T0958和T0635遗传距离为仅1.65 cM(Gorguet et al 2006)。同时，以表型差异较大的栽培和细叶番茄杂交创建的142个F_2单株为作图群体，应用SSR标记构建了番茄的遗传连锁图谱，并初步定位了3个性状。该图谱共包含112个标记，总长度为808.4 cM，标记平均间距7.22 cM。利用区间作图法在第5和第11染色体上检测到2个与番茄的始花节位有关QTLs，在第2和第5染色体上检测到2个与每序花数有关QTLs；同时，在第1、2、3、9和12染色体上还检测到了5个与果重有关的QTLs。

细叶番茄抗叶霉病基因*Cf-ECP*1和*Cf-ECP*4已被定位在番茄1号染色体短臂上(Eleni et al 2007)。普通番茄与醋栗番茄杂交，再用普通番茄回交获得的119个自交一代群体，对115个RFLP标记进行分析发现，番茄耐盐基因分别位于第1、2、5、7、9和12染色体上(Foolad & Stoltz 1997)。

从细叶番茄克隆的番茄抗细菌性斑点病基因*Pto*和对杀虫剂倍硫磷敏感的*Fen*基因是等位基因，并且都与信号传导途径相关(Jia et al 1997)。番茄抗叶霉病*cf*-9基因是通过图位克隆法克隆自细叶番茄(Wulff et al 2004)；并且发现在细叶番茄中，*cf*-2至少有26个同源基因存在(Caicedo & Schaal 2004)。*Cf*-2和*Cf*-5基因与番茄抗叶霉病(*Cladosporium fulvum*)有关，两者均被定位于番茄第6染色体的一个复合基因座上。*Cf*-5已被分离并被预测编码一个超大的胞外蛋白，该蛋白质包含32个富含亮氨酸重复单位(LLR)，和先前被分离的含38个LRR的*Cf*-2基因类似。通过对来自普通番茄、细叶番茄和樱桃番茄*S. lycopersicum* Var. *cerasiforme*的该基因座的3个单体型比较和对*Cf*-5的5个附加同系物进行测序发现，所有的同系物均包含广泛高度同源序列，特别是在被预测蛋白质的C末端。*Cf*-2/*Cf*-5基因家族的7个同系物中有6个在LRR拷贝数上有明显变化，变化幅度居于25个LRR到38个LRR之间。*Cf*-5和一个相邻的类似物间仅有2个LRR的差异。在LRR重复区，导致LRR拷贝数变化或重组可以为不同配体新特异性的识别提供一个机制。目前，*Cf*-2和*Cf*-5基因座之间的重组断裂点被描述，并且位于基因内部(Dixon et al 1998)。

细叶番茄抗性蛋白CF-9属于胞外蛋白，富含亮氨酸重复单位(eLRR)的一个大类植物蛋白。eLRR蛋白质在植物防御和发育中扮演着重要角色，主要作为蛋白质或激酶类似受体，与植物病原菌和植物激素识别有关。在对eLRR蛋白大范围的结构和功能分析基础上，针对Avr9识别活性和蛋白质稳定性对*Cf*-9的66个定点突变全部进行分析，它们符合Avr9/*Cf*-9模型(Hoorn et al 2005)。

2.4 细叶番茄在番茄遗传改良中的应用

细叶番茄在番茄育种中是颇具吸引力的种子资源，细叶番茄所携带的镰刀菌枯萎病和细菌性斑点病抗性基因已成功转育到栽培番茄中。通过花粉管通道法，将细叶番茄的总DNA导入到栽培番茄，已经成功培育耐盐新品系1个。用细叶番茄UVP16991为亲本，已将抗番茄黄化曲叶病毒（Tomato Yellow Leaf Curl Virus）基因转育到栽培番茄中，并获得4个高抗品系(Castro et al 2007)。镰刀菌(*Fusarium oxysporum*)引起的番茄枯萎病在世界许多番茄产区危害相当严重，为了解决这一问题，早在20世纪40年代，就将细叶番茄—"missouri160"携带的对镰刀菌免疫抗性基因I转育到栽培番茄，并培育出了抗病品种"Pan America"，使枯萎病得到了有效的控制；随后在细叶番茄中又发现了抗镰刀菌小种2(I-2)和小种3(I-3)的抗性材料"PI126915"、"PI472"和"PI124039"，将"PI126915"携带的抗性基因转育到栽培番茄中，并培育出了带抗(I-2)基因的品种"Walter"。细叶番茄对叶斑病(*Stemphylium solani*)和叶霉病(*Cladosporium fulvum*)也表现出抗性或免疫，用细叶番茄PI12215作母本培育了高抗叶霉病的改良贝州和魏尔姆等番茄品种。同时，以细叶番茄果皮坚硬类型作为亲本，培育了货架期不同的番茄杂交后代，为培育长货架期的番茄品种奠定了基础(Pratta et al 2003)。

2.5 细叶番茄在番茄遗传改良中的应用潜力

目前，番茄育种家已不满足于将单基因或寡基因控制的抗病基因转育到番茄中，对受多基因控制的数量性状如品质、抗逆性等的改良上更感兴趣。Foolad等(2001)以对盐适度敏感的普通番茄和耐盐的细叶番茄杂交的BC_1群体为研究对象，通过基因型选择，利用RFLP对番茄耐盐相关QTLs进行定位，对耐盐番茄分子标记辅助选择和克隆抗盐相关基因具有潜在应用价值。同时，也对番茄种子萌发过程中耐旱性进行了遗传学分析和QTLs定位，认为番茄种子萌发的耐旱性可以通过定向选择或分子辅助选择育种加以改良(Foolad et al 2003)。

Bernacchi等(1998)用高世代回交群体QTL分析方法(Advanced Backcross QTL Analysis)，同时对番茄7个数量性状进行了分析与改良，并且成功地将醋栗番茄和多毛番茄的有益基因导入到普通番茄中，得到了一批可溶性固形物比对照高6%～22%的番茄材料。这种方法将QTL发现和番茄育种相结合，并同时对多个性状进行改良，可以加速番茄育种进程。

尽管番茄被广泛用于数量性状基因连锁图构建和遗传分析研究，不过多以非永久性群体(如 F_2 或回交)为材料,很少用纯合、永久的群体。所创建的一组来自普通番茄E6203和细叶番茄LA1589的近交回交系IBLs(Inbred Backcross Lines)弥补了该缺陷。同时,还发现了大量与重要农业艺性状相关的QTLs,其中包含果实形状、果实颜色、疤痕大小、种子和花数、植物发育、丰产和花期等。为了提高IBL群体利用率,可使用MapPop软件选择提供最大均一的基因组覆盖率的100个品系的亚型和图谱分辨率。IBL群体图谱、表型数据和种子可在网上获得,可以为番茄遗传学者和育种家提供绘图、基因发现和育种遗传资源(Doganlar et al 2002)。

特别是,细叶番茄有很多栽培番茄所不具备的抗病、抗虫和抗逆境基因,而且很容易通过有性途径杂交而实现与栽培番茄间遗传物质转移。迄今为止,人们对细叶番茄在起源、进化和分子生物学等方面均进行了较深入地研究;因而,可以确信细叶番茄在栽培番茄遗传改良和品种选育上的潜力十分巨大。

参考文献

[1] Alba J M, Montserrat M, Fernández-Muñoz R. Resistance to the two-spotted spider mite (*Tetranychus urticae*) by acylsucroses of wild tomato (*Solanum pimpinellifolium*) trichomes studied in a recombinant inbred line population [J]. Exp Appl Acarol, 2009, 47: 35-47.

[2] Bemacchi D, Beck-Bunn T. Advanced backcross QTL analysis of tomato. Ⅱ. Evaluation of near-isogenic lines carrying single-donor introgressions for desirable wild QTL-alleles derived from *Lycopersicon hirsutum and pimpinellifolium* [J]. Theor Appl Genet, 1998, 97: 170-180.

[3] Boissot N, Urbino C, Dintinger J, et al. Vector and graft inoculations of Potato yellow mosaic virus reveal recessive resistance in *Solanum pimpinellifolium* [J]. Annals of applied biology, 2008, 152(2): 263-269.

[4] Caicedo A L, Schaal B A. Heterogeneous evolutionary processes affect R gene diversity in natural populations of *Solanum pimpinellifolium* [J]. PNAS, 2004, 101(50): 17444-17449.

[5] Caicedo A L, Schaal B A. Population structure and phylogeography of *Solanum pimpinellifolium* inferred from a nuclear gene [J]. Molecular ecology. 2004, 13(7): 1871-1882.

[6] Castro A P, Díez M J and Nuez F. Inheritance of Tomato yellow leaf curl resistance derived from *Solanum pimpinellifolium* UVP16991 [J]. Plant disease, 2007: 879-885.

[7] Dixon M S, Hatzixanthis K, Jones D A, Harrison K and Jones J D G.. The Tomato *Cf*-5 Disease Resistance Gene and Six Homologs Show Pronounced Allelic Variation in Leucine-Rich Repeat Copy Number [J]. The Plant Cell, 1998, 10: 1915-1925.

[8] Doganlar S, Frary A, Ku H M, et al. Mapping quantitative trait loci in inbred backcross lines of *Lycopersicon pimpinellifolium* (LA1589). Genome, 2002, 45(6): 1189-1202.

[9] Egashira H, Ishihara H, Takashina T, et al. Genetic diversity of the *peruvianum*—complex (*Lycopersicon Peruvianum* L.) Mill. And (L. Chilease Dun.) revealed by RAPD analysis [J]. Euphytica, 2000, 116: 23-31.

[10] Eleni S, I Michael I, Laetitia C, et al. The *Solanum pimpinellifolium Cf-ECP* 1 and *Cf-ECP* 4 genes for resistance to *Cladosporium fulvum* are located at the Milky Way locus on the short arm of chromosome 1 [J]. Theoretical and Applied Genetics, 2007, 115(8): 1127-1136.

[11] Foolad M R, Stoltz T. Mapping QTLs conferring salt tolerance during seed germination in tomato by selective genotying [J]. Molecular Breeding. 1997, 3: 269-277.

[12] Foolad M R, Zhang L P, Subbiah P. Genetics of drought tolerance during seed germination in tomato: inheritance and QTL mapping [J]. Genome, 2003, 46(4): 536-545.

[13] Gao Lan, Li Haoming. The Application of DNA Molecular Marker on Tomato Breeding [J]. Hereditas (Beijing), 2003, 25(3): 361-366.

[14] Georgiady M S, Whitkus1 R W and Lord E M. Genetic Analysis of Traits Distinguishing Outcrossing and Self-Pollinating Forms of Currant Tomato, *Lycopersicon pimpinellifolium* (Jusl.) Mill [J]. Genetics, 2002, 161: 333-344.

[15] Heal K G, Sheikh NA, Hollingdale MR, et al. Potentiation by a novel alkaloid glycoside adjuvant of a protective cytotoxic T cell immune response specific for a preerythrocytic malaria vaccine candidate antigen. Vaccine [J]. 2001, 19(30): 4153-4161.

[16] Van der Hoorn RA, Wulff BB, Rivass, Durrant MC, et al. Structure-Function Analysis of *Cf*-9, a Receptor-Like Protein with Extracytoplasmic Leucine-Rich Repeats [J]. The Plant Cell, 2005, 17, 1000-1015.

[17] Iriti M, Belli L, Nali C, et al. Ozone sensitivity of currant tomato (*Lycopersicon pimpinellifolium*), a potential bioindicator species [J]. Environmental Pollution, 2006, 141: 275-282.

[18] Jia Y, Loh Y T, Zhou J, et al. Alleles of *Pfo* and *Fen* occur in Bacterial Speck-Susceptible and Fenthion-Insensitive Tomato Cultivars and Encode Active Protein Kinases [J]. The Plant Cell, 1997, 9: 61-73.

[19] Kim M J, Mutschler M A. Characterization of late blight resistance derived from *Solanum pimpinellifolium* L3708 against multiple isolates of the pathogen *Phytophthora infestans* [J]. Journal of the American Society for Horticultural Science, 2006, 5.

[20] Knaap E, Sanyal A, Jackson S A, et al. High-Resolution Fine Mapping and Fluorescence *in Situ* Hybridization Analysis of *sun*, a Locus Controlling Tomato Fruit Shape, Reveals a Region of the Tomato Genome Prone to DNA Rearrangements [J]. Genetics, 2004, 168: 2127-2140.

[21] Knaap E, Lippman Z B, Tanksley S D. Extremely elongated tomato fruit controlled by four quantitative trait loci with epistatic interactions [J]. Theor Appl Genet, 2002, 104: 241-247.

[22] Knapp S and Jarvis C E. The typification of the names of New World *Solanum* species described by Linnaeus [J]. J Linn Soc, Bot. 1990, 104: 325-367.

[23] Lippman Z and Tanksley S D. Dissecting the Genetic Pathway to Extreme Fruit Size in Tomato Using a Cross Between the Small-Fruited Wild Species *Lycopersicon pimpinellifolium* and *L. esculentum* var. Giant Heirloom [J]. Genetics, 2001, 158: 413-422.

[24] Pratta G, Zorzoli R and Picardi L A. Diallel analysis of production traits among domestic, exotic and mutant germplasms of *Lycopersicon* [J]. Genetics and molecular research, 2003, 2(2): 206-213.

[25] Rose L E, Langley C H, Bernal A J, et al. Natural Variation in the *Pto* Pathogen Resistance Gene Within Species of Wild Tomato (*Lycopersicon*). I. Functional Analysis of *Pto* Alleles [J]. Genetics, 2005, 171: 345-357.

[26] Sim S C, Robbins M D, Chilcott C, et al. Oligonucleotide array discovery of polymorphisms in cultivated tomato (*Solanum lycopersicum* L.) reveals patterns of SNP variation associated with breeding [J]. *BMC Genomics* 2009, 10: 466-475.

[27] Villalta I, Reina-Sánchez A, Bolarín M C, et al. Genetic analysis of Na^+ and K^+ concentrations in leaf and stem as physiological components of salt tolerance in Tomato [J]. Theor Appl Genet, 2008, 116: 869-880.

[28] Weese T and Bohs L. A three-gene phylogeny of the genus *Solanum* (Solanaceae) [J]. *Syst Bot*. 2007, 33: 445-463.

[29] Wulff B B H, Thomas C M, Parniske M and Jones J D. Genetic Variation at the Tomato *Cf-4*/*Cf-9* Locus Induced by EMS Mutagenesis and Intralocus Recombination [J]. Genetics, 2004, 167: 459-470.

[30] Zuriaga E, Blanca J M, Cordero L, *et al*. Genetic and bioclimatic variation in *Solanum pimpinellifolium* [J]. Genet Resour Crop Evol, 2009, 56: 39-51.

3　秘鲁番茄
(*Solanum peruvianum*)

3.1　秘鲁番茄的起源

秘鲁番茄(*S. peruvianum*)起源于秘鲁南部及智利北部沿海地区海拔 300～2 000 m 的高山上;生物学特征与普通番茄相比,有很大差异;果实颜色为白绿色或紫色,直径约 2 cm;酸味、苦味较重,一般不能食用。秘鲁番茄(2n=2x=24)此前被置于茄科番茄属的秘鲁番茄复合体(*peruvianum*-complex);目前将番茄、番茄野生种和原茄属的 4 个近缘野生种统一划归茄科、茄属番茄组,特别是将原来的秘鲁番茄(*Lycopersicon peruvianum* L.)分成 4 个种,即北方种、海岸种、多腺番茄和普通秘鲁番茄。

3.2　秘鲁番茄的生物学特性

3.2.1　秘鲁番茄的植物学特性

1. 秘鲁番茄的植株学特性

秘鲁番茄为多年生匍匐性草本植物,茎易弯曲,表面平滑或带有丛密、短而白色茸毛或嫩黄色的茸毛,基部比顶端多。叶缺刻深、叶边缘平滑,叶表面着生茸毛;叶长 20～25 cm,宽 10～12 cm,在叶柄基部带有不正的托叶。裂片有 3～5 对(普通为 4 对),呈椭圆形或卵圆形、钝尖或渐尖状,基部呈不规则图形,裂片长 3～5 mm。秘鲁番茄花序属于单总状或卷尾状,较短,长为 5～9 cm;每个花序由 6～12 朵花组成。花序基部带有卵形或心脏形的苞片,花萼小,5 枚;花冠呈鲜橙黄色,长 10～13 cm,花瓣 5 枚;雄蕊短,长为 6～9 cm,尖圆形。花药长 4～6 cm,粗 1.5～2 cm;柱头头状,子房有茸毛。果实呈圆形或近圆形,直径为 1～2 cm,2 心室,带有茸毛;种子扁平,表面光滑,呈灰褐色,如图 3-1 所示。

图 3-1　秘鲁番茄生态环境和植物学特征

A 和 B:秘鲁番茄生态环境;C 和 D:秘鲁番茄叶、花和果实

2. 秘鲁番茄的形态变异

秘鲁番茄组成比较复杂,表现出较大的形态变异。秘鲁番茄分布的最南方是智利的阿里卡省(秘鲁南方卡马纳流域,南纬 17°)。有一个小种与其他秘鲁番茄有显著差异,果实直径约 3 cm,是秘鲁番茄中果实最大的类型,其不同寻常的大果实,在番茄野生种中只有樱桃番茄(果实直径为 1.5～2.5 cm)才能与之相媲美。同时,在秘鲁番茄中的北部小种,是矮生秘鲁番茄类型,发现于卡哈马卡(Cajamarca)地区(南纬 7°,西经 78.5°附近)。北部小种群体与典型秘鲁番茄种相比,具有短而密、细而无腺毛的匍匐茎,并具有细小且结构简单的叶子。秘鲁番茄北部小种叶子是只有 2 对主要裂叶和 1 个顶端叶裂,几乎没有细小的裂叶。花序也很简单,不分枝,苞片很小。用典型秘鲁番茄给矮生秘鲁番茄授粉,胚发育受阻,种子小且经常无生命力。两者相互杂交时,存在严重的杂交障碍从而致使胚或胚乳坏死,种子呈扁平状,成熟后不具发芽能力。

秘鲁番茄矮生变种——北部小种柱头外露，几乎都自交不孕，属异交类型，随着授粉受精及合子发育，果实可以膨大到直径 12 mm；成熟时，果实为白色并有少数的紫色条纹；种子小，表面无毛并略呈竭色。不过，有一个秘鲁番茄小种，一般被认为是北方的一类小种是自交能孕的，并表现为天然自交性；花小，分枝较多，头也比矮生秘鲁番茄品系外露得少一些，这种自交能孕的群体很容易和矮生秘鲁番茄杂交；不过，这并不代表它们属于相同种的类型，这是秘鲁番茄复合体在自然条件下唯一例外的类型，也是北方小种趋向减少变异水平的顶点。其余的秘鲁番茄小种大体上可以划归 2 个如下极端的群体。

1）海岸小种

秘鲁番茄中明确地属于海岸小种的数目不多，不过沿着窄条海岸却分布很广。花序的分枝更加复杂，植株茎较粗，节间较长，海岸小种大多数叶具有较大的细裂片，顶端裂叶也比其他种大。

2）山区小种

秘鲁番茄山区小种包括一大批有明显不同形态特征的小种类型。每一类型都有其集中分布区，其中许多小种具有每条河流系统的特征，它们在地理上彼此是隔离的，因此具有自己独特的属性。其中，多腺番茄与秘鲁番茄海岸小种差异之大，以致有一段时间曾被认为是一个独立野生番茄种。多腺番茄茎细，并有密而短的腺毛和很窄的裂叶。多腺番茄通常生长在秘鲁中部山区，海拔达 3 000 m，有的多腺番茄可以经受 4～8℃低温。

3. *秘鲁番茄生长发育习性*

秘鲁番茄比普通番茄容易异花受粉，在短日照下植株结果较多，而长日照下常常单性结实，夜间低温有利于结果和果实发育。

当土壤水分不足和空气干燥时，植株生长缓慢而逐渐变成萎凋状态，其开花也不好，几乎不结果；当土壤过分潮湿时，同样植株之生长不良。瘠薄的土壤会延缓秘鲁番茄营养器官的生长发育进程，并且植株对施肥反应也很不敏感，即使施加了大量的氮肥，其生长量也不会显著增加，这种现象在番茄或其他野生种中很少见。秘鲁番茄果实成熟前即自然脱落，控制果实成熟机制不同于其他番茄野生种。

3.2.2　秘鲁番茄的杂交特性

在番茄野生种中，研究和利用最多的应首推秘鲁番茄，主要原因就在于其拥有丰富的抗性资源；不过，秘鲁番茄严格自交不亲和性以及与普通番茄种间杂交不亲和性的生殖障碍，严重地制约了其在番茄育种工作中的应用。秘鲁番茄与普通番茄种间杂交不亲和性主要表现在杂种幼胚早期死亡和难以获得种间杂种，即使获得种间杂种也不能进行自交。以栽培番茄作母本与秘鲁番茄进行人工杂交，虽结果率可高达42%～66%，但果实内99.9%以上“种子”中空无胚，只有不到0.1%的种子有细小、发育不健全的胚，这种胚在人工离体培养下，部分可长成杂种植株；以秘鲁番茄作母本与栽培番茄杂交，不结果。种间杂种在发育过程中胚败育原因主要是由于胚乳细胞发育缓慢和稀少以及株被绒毡层细胞增殖所造成的。

早在1950年，Mc Guire用普通番茄与秘鲁番茄进行远缘杂交发现了杂交一代自交不亲和程度并不亚于其野生亲本秘鲁番茄本身；因而，用普通番茄与种间杂种回交难度与秘鲁番茄与普通番茄的远缘杂交一样。为了克服杂种后代自交不亲和障碍，通过株间交方法，顺利地获得了杂种二代种子。继续对 F_2 代和 F_3 代结实研究发现：虽然杂交后代可以获得具有种子的果实，但自然自交无法排除群体内株间“杂交”。为了验证上述实验结果，对部分 F_2 和 F_3 代植株套袋，通过人工辅助授粉进行完全自交，结果在这些隔离自交的单株上仅能获得很少的无种子果实。自交不亲和性是因所携带的相同等位基因相互排斥为基础，而群体(如品系)内的株间则可能存在等位基因的差异，正是由于这种差异存在使得高度自交不亲和的秘鲁番茄通过株间交配可以克服自交不亲和性而保持种性；种间杂种也可以用相同方式来克服自交不亲和性。表3-1为徐鹤林等(1988)利用栽培番茄“北京早红”与秘鲁番茄为试材，对杂种后代与双亲部分性状进行了分析比较。结果显示，以栽培种番茄作母本所获得 F_1，只有继续以 F_1 作为母本与秘鲁番茄进行回交，才能获得种子，且后代能育，但性状酷似秘鲁番茄；反之，以杂交种 F_1 作为父本，与栽培番茄进行回交，只有通过胚拯救才有可能获得少量杂种，但回交杂种一旦获得，育性也逐渐恢复。

表3-1 北京早红×秘鲁番茄种间杂种后代与双亲部分性状比较[a]

品种	观察株数	正常结果株数	生长型		花序类型		
			有限	无限	单花序	复花序	单复花序
F_1	1295	287	1008	287	11	89	0
F_2	1360	1349	150	1219	5	75	20
北京早红		—	—		100	0	0
秘鲁番茄		—			0	100	0

品种	始花节位	花序间隔节数	单株结果数	单果重(g)	单果种子数	千粒重(g)	发芽率(%)
F_1	11.9	2	32.7	3.9	195	1.6	65.3
F_2	8.1	2.3	20.5	5.8	14.3	1.7	59.8
北京早红	7	1～2	15	100	80～100	30	95
秘鲁番茄	13	8	50	1.1	31	1.1	80

a：引自吴鹤鸣等，1988。

秘鲁番茄与栽培种番茄杂交会表现不亲和性的特点，不过与多腺番茄、智利番茄杂交，容易获得杂种植株。对秘鲁番茄、智利番茄、多腺番茄三者之间进行正反交，杂种一代表现为生长旺盛，结果力强，座果率为46%～68%，单果重为3～5 g，成熟的果为淡绿带紫色，单果结种子37～56粒，并且具有较高的育性。不过，秘鲁番茄与多毛番茄或醋栗番茄直接进行杂交，无论正交或反交，均表现为杂交不亲和。为了克服秘鲁番茄与醋栗番茄和多毛番茄杂交不孕性，首先利用栽培番茄与这些番茄野生种杂交获得杂交种，作为"居间媒介"，起到"桥梁"作用，试验结果证明，这个方法是有效的。通过这个居间途径，可以获得醋栗番茄×(东粉×齿叶秘鲁番茄，F_1)及(东粉×齿叶秘鲁番茄，F_1)×多毛番茄两种杂交苗株，从而使齿叶秘鲁番茄的遗传性与醋栗番茄的或与多毛番茄的互相结合在一起。尽管秘鲁番茄与其他番茄野生种在杂交特性方面表现不同；不过，通过核苷酸的多态性检测以及重组率测定，认为番茄的某些野生种与秘鲁番茄间存在较近的亲缘关系，甚至有可能源于秘鲁番茄。

3.2.3　秘鲁番茄的园艺学特征

1. 秘鲁番茄的抗病性

秘鲁番茄蕴藏番茄遗传改良丰富的抗性资源，包括抗虫、抗病毒、抗病等多种优良特性。大量研究表明秘鲁番茄对早疫病(*Alternaria solani*)、叶霉病、斑枯病、晚疫病、青枯病、烟草花叶病毒病、根结线虫和马铃薯蚜虫(*Macrosiphum euphorbiae*)、白粉病(*Oidium neolycopersici*)、菜豆的金花花叶病毒(Begomovirus)、马铃薯Y病毒(Potyvirus)等都具有免疫性或较强的抗性(Ammiraju et al 2003，Takacs et al 2003，Pereira-Carvalho et al 2010)。广泛用于番茄抗线虫和生产中使用的抗线虫品种所含有的*Mi*基因就是来自秘鲁番茄(Doganlar et al 1997)；尤其是对南方根结线虫(写出该虫学名)，秘鲁番茄也是优良的抗性资源(Wu et al 2009)。目前，秘鲁番茄的抗病基因的定位分析正在进行中，相信不久将来会有重大突破(Anbinder et al 2009)。

2. 秘鲁番茄的抗逆性

秘鲁番茄除具有优良的抗病性以外，还具有较强的抗逆性。秘鲁番茄植株可以经受4～8℃低温，抗寒性较强，对秘鲁番茄与栽培番茄杂交后代耐冷性遗传分析已进行了较深入的研究(Venema et al 2005)。分别用NaCl 150 mmol/L处理秘鲁番茄和栽培番茄15天后，发现秘鲁番茄生物量积累的下降幅度明显低于栽培番茄，并且叶片含水量也基本保持不变，这说明秘鲁番茄对盐环境适应性强于栽培种。因而，利用番茄野生资源对番茄进行遗传改良，不仅可以拓宽栽培番茄的遗传基础，也是培育新的耐盐番茄的一种有效途径。

3. 秘鲁番茄的品质

秘鲁番茄果实干物质含量较高(w=12.75%)、富含维生素C(0.565～1.095 mg/g)、全糖量含量为2.47%(单糖为0.96%,双糖为1.5%),酸0.73%。秘鲁番茄果实内所含的蔗糖,在栽培番茄果实中含量极低或无,秘鲁番茄可溶性固形物含量是栽培番茄的两倍以上。作为番茄育种品质改良资源,秘鲁番茄具有较高的应用价值(Stommel et al 1992)。

3.3 秘鲁番茄分子生物学的研究现状

3.3.1 基因克隆及功能研究

目前,NCBI登录的以秘鲁番茄为材料克隆基因、EST或基因片段序列约有600余条,有三类研究的比较深入:一类是与秘鲁番茄自交不亲和性有关,由单一的多态性S位点所控制,产生自交不亲和特异性决定因子S-核酸酶(S-RNases),该酶进入花粉管通道后降解rRNA,使雌蕊的花柱中花粉管生长受到抑制。Lee等(1994)利用矮牵牛的反义*S*基因转化也证实了此观点。S-核酸酶对自交不亲和是必需的,独立、特异地介导着发生在花柱中自交不亲和性;因而,番茄自交不亲和也被称为基于S-核酸酶的自交不亲和(S-RNase-based self-incompatibility)。截至目前,约有20个S-核酸酶基因被克隆。Chung等(1994)对克隆自秘鲁番茄的cDNA(LPS11,LPS12和和LPS13)序列进行比较发现,这些cDNA序列特点主要表现为缺少5′末端和3′Poly(A)。Kim等(2003)分析从秘鲁番茄花粉中所获得了cDNA克隆(LpADF),发现其所编码的蛋白与肌动蛋白的解聚因子高度同源。Myung等(2001)利用秘鲁番茄S12Sa基因型材料,通过凝胶过滤和阳离子交换色谱法获得了大小分别为21 kDa和23.1 kDa的两个S-RNases,离体功能分析显示,ZnSO4和$CuSO_4$可以降低S-RNases活性。根据S-核酸酶的作用机制,通过对花粉生长抑制子S-RNases的处理,可以破坏秘鲁番茄配子体自交不亲和性系统,有望克服秘鲁番茄种内以及与栽培番茄种间杂种障碍,Kim等(2001)也证实了这一观点具有重要利用价值。

另一类研究较为深入的是秘鲁番茄抗病基因克隆和功能分析。Martin等从秘鲁番茄中克隆出抗细菌性斑疹病病菌(*Pseudomonas Syringae pv tomato*)的基因*Pto*,该基因编码的产物是色氨酸/苏氨酸激酶型的蛋白质,可与该非毒性基因产物作用,转*Pto*基因的番茄植株对细菌性斑疹病具有抗病性(Martin et al 1993)。Martin等(1991)认为*Pto*是第一个被克隆出的符合基因对基因学说的番茄抗细菌性斑点病基因,通过接种鉴定证明了转*Pto*番茄的抗病性。除此之外,秘鲁番茄中抗根结线虫基因的研究较为深入,目前在秘鲁番茄中被定位的*Mi*基因主要有*Mi*-3,并获得了与*Mi*-3距离为0.25 cM的共分离标记,为*Mi*-3的最终克

隆以及向栽培番茄的遗传转化奠定了基础。另一个对温度不敏感的基因 *Mi*-9(LA2157)已经被克隆(Ammiraju et al 2003)。

第三类在秘鲁番茄中研究较多的是编码蛋白酶抑制剂Ⅰ和Ⅱ的基因。现已克隆了蛋白酶抑制剂Ⅰ基因的全长序列(pDⅡ-4)(Vincent et al 1991)。研究发现当植物受到病害或虫害的侵害时,两种蛋白会在叶片中大量合成,而在未受到伤害时,未检测到这两种蛋白的存在;所以对这两种蛋白酶抑制剂的研究,将有助于番茄对真菌性病害以及各种虫害抗病机制的阐明。同时,研究还发现:蛋白酶抑制剂Ⅰ和Ⅱ在不成熟的秘鲁番茄叶片和果实中均含量较高,含量分别高于栽培番茄 2 mg/mL 和 0.8 mg/mL。这两种蛋白在栽培种番茄叶片中含量极低,果实含量也仅为野生番茄的 50%左右。通过免疫学方法,利用品种对蛋白酶抑制剂Ⅰ和Ⅱ在秘鲁番茄(LA107)果实中定位进行了研究;其中,蛋白酶抑制剂Ⅰ存在于除种子以外的所有果实组织中;利用免疫化学标记,通过光学显微镜观察发现,果皮软组织细胞中都有蛋白酶抑制剂Ⅰ和Ⅱ的存在(Vincent et al 1991)。

除上述基因外,在秘鲁番茄中还克隆了有转座子(Retrolyc1-1,3.3kbp)(Araujo 2001)、小颗粒淀粉合成酶基因部分序列(AY875626,1098 bp)、番茄缺水胁迫下正调节转录因子基因(*Asrl*)(Frankel et al 2003)和花叶病毒病(PepMV)的全长核苷酸序列(LP-2001),其中 LP-2001 与从番茄中克隆的 LE-2000 和 LE-2002 同源性分别为 95.6%和 96.0%(LÓpez et al 2005)。

3.3.2 热激蛋白研究

高等植物的热激蛋白(Heat Shock Proteins,HSP)研究起始于 20 世纪 80 年代初期;近年来,植物热激蛋白研究已取得重大进展,并成为生命科学研究中较为活跃而且发展迅速的领域之一,番茄也是植物热激蛋白研究的重要材料。HSP 是目前所发现最保守的蛋白质种类之一;依据分子量大小,可以将热激蛋白分为 HSP90 家族、HSP70 家族、HSP60 家族和小分子量 HSP 家族等 4 类,特别是小分子量 HSP 由于在热诱导(胁迫)后大量表达,已引起人们的广泛关注(Low et al 2000)。有研究表明,不同物种相同细胞器 HSP70 的同源性要高于同一物种不同细胞器的;不过,番茄 HSP70(定位于内质网)与其他植物相比同源性较低,同源性仅有 54.9%;而玉米、矮牵牛、拟南芥、大豆、豌豆、绿藻等细胞质 HSP70 氨基酸的同源性却高达 75.0%。热激因子(Heat Stress Factor,HSF)是 HSP 的主要调控因子,在秘鲁番茄中研究得较多(Klaus-Dieter 1990)。依据目前的研究结果,秘鲁番茄中发现的热激因子主要可以分为两种类型:A 和 B。Kapil 等(2000)根据 DNA 结合域氨基酸序列,将截至目前在秘鲁番茄中发现的热激因子与其他生物热激因子进行了聚类分析。A 型分为 A1、A2、A3 和 A4 4 种类型,而 B 型主要包括 B1、B2 和 B3 3 种类型，并对其功能结构进行了相应的分析，如图 3-2 所示。Anabel 等(2002)利用从秘鲁番茄中分离到的两个热激因子 Lp-HsfA1 和 Lp-HsfA2，以 *Ha hsp* 17.6 *G*1 作为启动子转化向日葵(*Helianthus annuus*)和酵母，结果表明，两个因子与 DNA 的结合域不同，其中 HsfA2 需要与 HsfA1 相互配合才能更有效地完成其核转运。

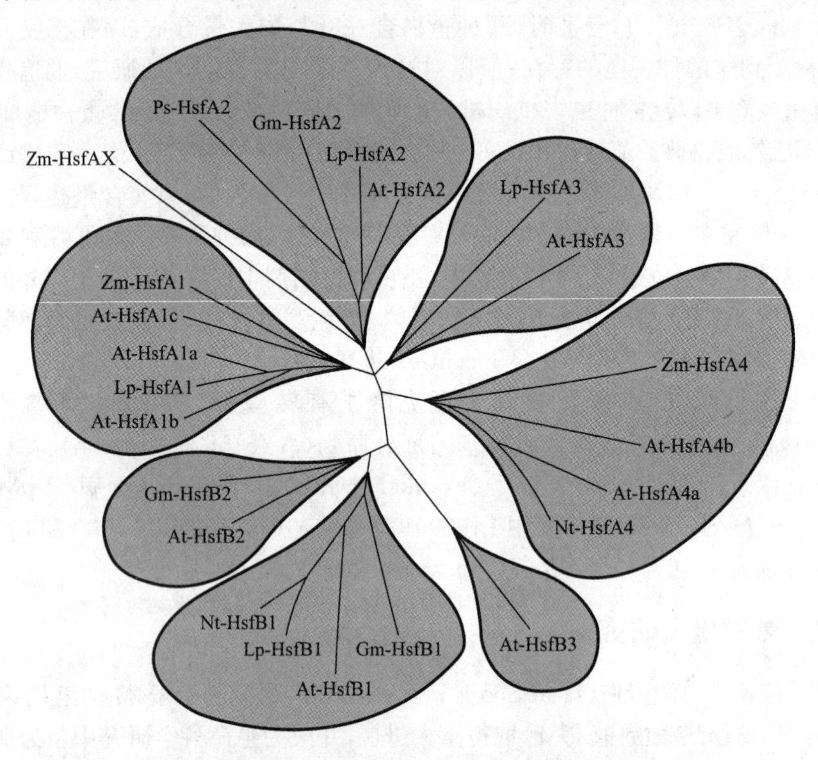

图 3-2 热激因子的亲缘关系图谱

(引自 Kapil et al 2000)

LP: *Lycopersicon peruvianum*; Nt: *Nicotiana tabaccum*; Ps: *Pisum sativum*; Zm: *Zea mays*; Gm: *Glycine max*; At: *Arabidopsis thaliana*

某些研究结果还表明，热激蛋白同时具有分子伴侣的作用，从而对于有效保护番茄对逆境胁迫的反应，以及防止蛋白错误折叠、降解及分布等发挥着重要作用。正常情况下，HSP 从 3 个方面来维持和保护新合成蛋白质的伸展状态，以期使其发挥功能：①防止新合成蛋白质错误折叠或聚集；②允许其穿过生物膜；③使蛋白质正确折叠并形成寡聚体。在应激状态下，HSP 还可防止其他蛋白质发生变性或解聚。

3.3.3 系统素研究

系统素是从番茄叶片中提取获得的、能够强烈诱导蛋白酶抑制剂(Proteinase

Inhibitor,PIs)及其抗性相关基因的表达,从而使植物对不利的胁迫或攻击产生抗性,是由18个氨基酸组成的一类多肽,在番茄防御虫害机制中发挥着重要作用(Pearce et al 1991)。不过,有关信号分子是如何相互作用而促进细胞间长距离信号传递目前还知之甚少。以秘鲁番茄悬浮细胞为材料进行研究发现:对于多肽信号系统素的原初反应是由介质的碱化作用和促分裂原活化蛋白激酶而引起,而这两种反应又可以通过紫外线-B的诱导产生。了解UV-B信号的感知以及是否存在特异的UV-B受体,是揭示UV-B信号如何能激活系统素在伤害反应中与其共存的基因和信号转导元件发挥作用机制的关键。目前已经发现并鉴定了UV-A和可见光的受体,尽管这些受体有可能共同调节UV-B信号转导途径,不过某些UV-B引起光形态建成反应不是通过这些受体介导的。迄今为止,尚未找到特定的UV-B受体,因此推测很有可能与动物细胞中UV-B反应通过细胞因子受体介导的情况类似,植物中高剂量UV-B引起的逆境反应也是一种非特异性的UV-B识别事件。最近,Yalamanchili等(2002)的实验证实了UV-B通过激活膜受体和其他逆境共选择信号转导途径。苏拉明是一种能抑制系统素和SR160结合的药物,在秘鲁番茄悬浮培养细胞中,苏拉明能够阻遏系统素、寡聚糖诱导子(OEs)和UV-B引起的碱化反应以及MAPK活性。当细胞用系统素或Ala-17系统素进行预处理时,系统素和UV-B诱导的MAPK反应被削弱,这表明受体暂时性地被系统素或Ala-17系统素所占据,会阻止其被UV-B激活及诱导UV-B信号转导途径。系统素受体SR160对于UV-B激活系统素信号转导途径中的元件是非常重要的,不过UV-B并非只特异地与系统素受体作用,它也可能与OEs等其他信号的细胞表面受体作用;不过,SR160或其他细胞表面受体是否为UV-B感应的原初目标目前还不清楚。在信号转导途径研究中,秘鲁番茄细胞悬浮培养不仅可以作为一种模式系统,除用于系统素的研究外,还可以用于有丝分裂原(细胞分裂剂)激活蛋白、伸展蛋白功能研究(Link et al 2002)。

3.3.4 分子标记研究

用于秘鲁番茄分类和系统进化研究的分子标记种类很多,如RAPD、简单重复序列(Simple Sequence Repeat,SSR)、单引物扩增反应(Single Primer Amplificatipn Reaction,SPAR)和扩增片段长度多态性(Amplified Fragment Length Polymorphism,AFLR)等。在通过胚培获得秘鲁番茄与栽培番茄种间杂种的基础上,从DNA水平上分析了亲本与杂交后代间的遗传多样性。用两个随机引物的RAPD指纹分析发现4个胚拯救的杂种植株具有相同的RAPD指纹,杂种带有双亲的特征谱带。随后又用19个随机引物、两对抗病基因同源序列(Resistance Gene Analogs,RGA)引物和1对SRAP引物进行PCR扩增,共获得319个标记位点,这些标记在双亲和杂种中分布呈现出6种不同模型。统计分析结果表明，种间杂种携带有栽培番茄和秘鲁番茄遗传信息；其中，杂种的230个位点中30.4%属于栽培番茄的特有信息、20.9%属于秘鲁番茄的特有信息和46.5%是两个亲本的共有信息；种间杂种与母本栽培番茄的基因组相似性达72.5%，而与秘鲁番茄的基因组相似性为50.8%，杂种明显偏向母本栽培番茄。Egashira等(2000)用RAPD技术对秘鲁番茄22份材料、智利番茄的12份材料和其他7个番茄种(契斯曼尼番茄、细叶番茄、普通番茄、克梅留斯基番茄、小花番茄、潘那利番茄和多毛番茄)的各2份材料进行了聚类分析，将秘鲁番茄复合体(*peruvianum*-complex，PC复合体)划分为秘鲁番茄和智利番茄2个分支，这与传统的分类结果一致。Zuriaga等(2009)利用AFLP技术和2个核酸序列对番茄的12个种进行系统进化分析，研究结果认为：多腺番茄属于秘鲁番茄复合体，同时绿色番茄亚种主要由秘鲁番茄和智利番茄构成，如图3-3、图3-4和图3-5所示；同时，对番茄起源也进行了重新的确定，如图3-6所示。

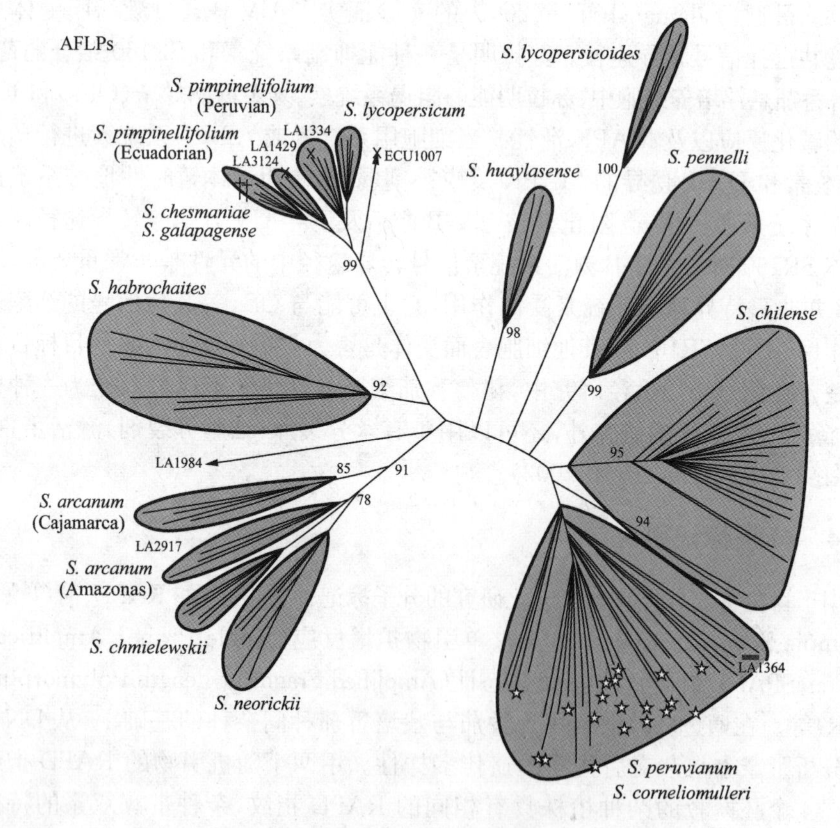

图3-3 基于AFLP技术绘制的12个番茄种的系统进化树

(引自Zuriaga et al 2009)

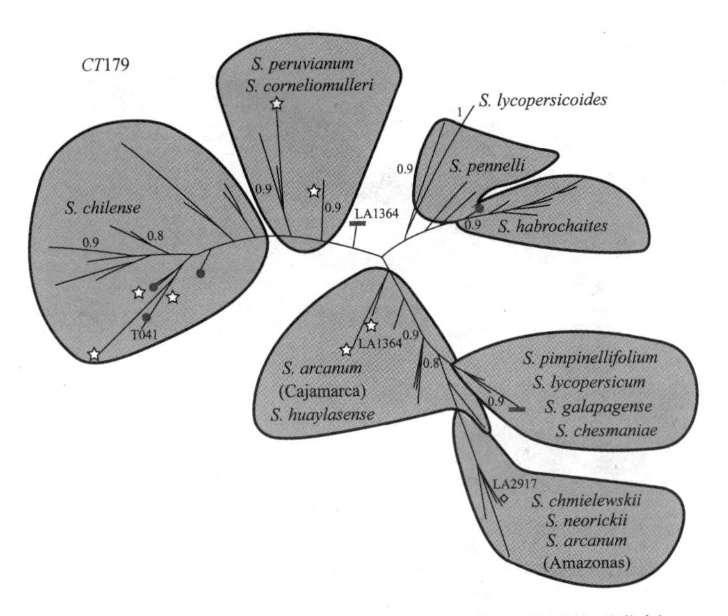

图 3-4 基于序列 CT179 绘制的 12 个番茄种的系统进化树

(引自 Zuriaga et al 2009)

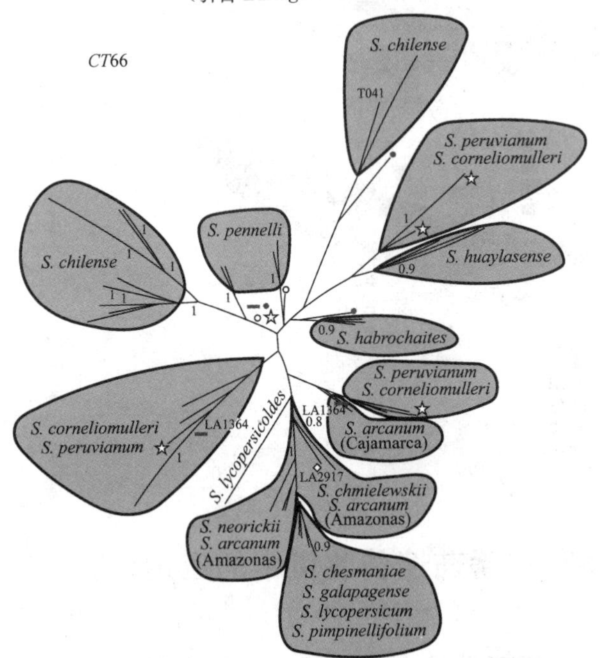

图 3-5 基于序列 CT66 绘制的 12 个番茄种的系统进化树

(引自 Zuriaga et al 2009)

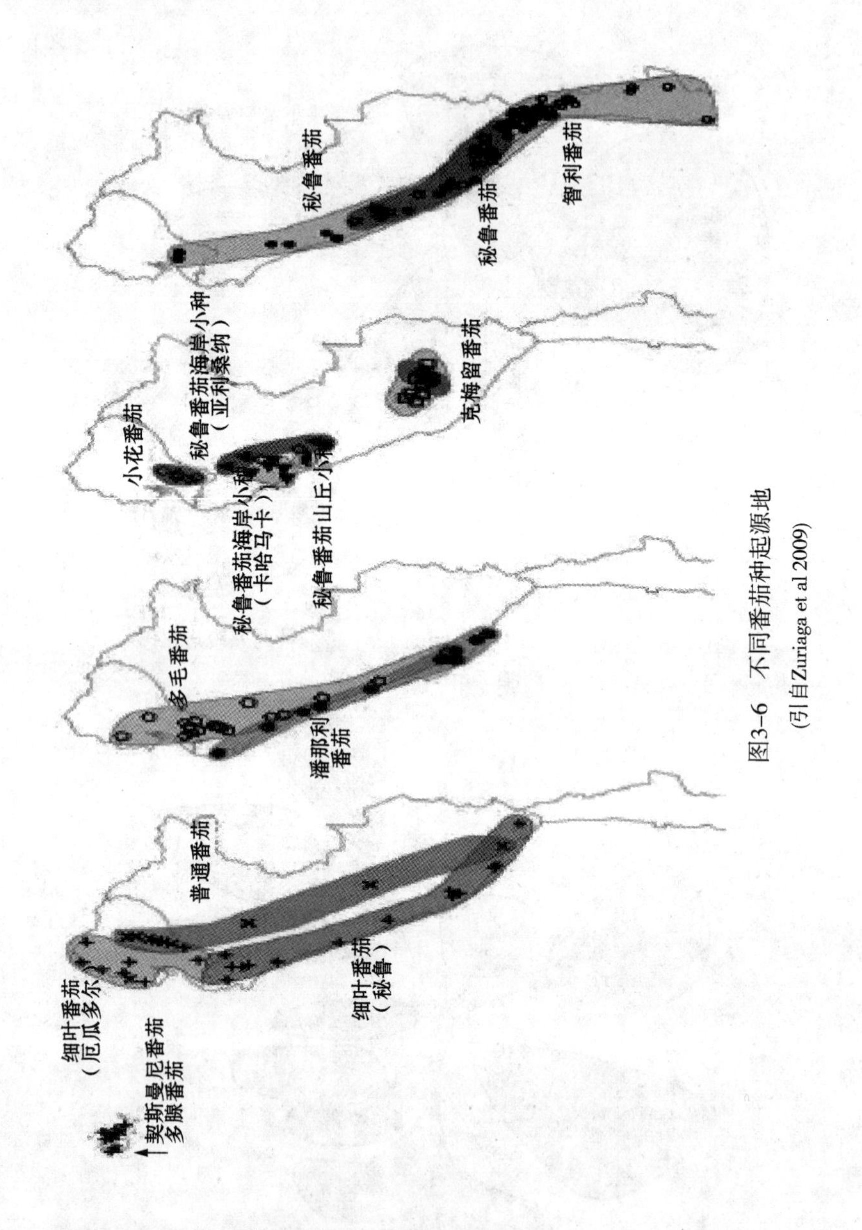

图3-6 不同番茄种起源地
(引自Zuriaga et al 2009)

3.4 秘鲁番茄在番茄遗传改良中的应用

3.4.1 秘鲁番茄在番茄抗病遗传改良中的应用

秘鲁番茄对根结线虫病、烟草花叶病毒病和细菌性斑疹病均表现为高抗，因而在番茄遗传改良中具有较高的应用价值。根结线虫病是危害番茄的主要病害之一,克隆自栽培番茄的 *Mi*-1,就是目前番茄中唯一可利用而且很有效的根结线虫抗性基因;通过功能鉴定,将该基因导入栽培番茄赋予了转基因番茄较强的抗病性。*Mi*-1 基因属于 R 基因的 NBS-LRR 系列,是编码抗性蛋白家族成员,被定位于番茄第 6 条染色体的短臂上。通过基因连锁标记分析,已构建了包含 *Mi*-1 位点的物理和基因图谱。尽管 *Mi*-1 是目前番茄中唯一可利用而且较为有效的抗根结线虫基因,并在过去 20 年里得到广泛应用,但由于 *Mi*-1 基因具有温敏性特点,即在土壤温度高于 28℃时便会失去功能,而从秘鲁番茄克隆的 *Mi*-9(LA2157)基因却弥补了这一缺陷,具有热稳定性,即便土壤温度高达 32℃,*Mi*-9 仍具有效抗性功能,因此 *Mi*-9 也被定位在第 6 条染色体的短臂上;同时,在秘鲁番茄上已经定位的 *Mi*-3 基因的抗性功能也对温度不敏感(Yaghoobi et al 2005)。目前要分离的所有的 *Mi* 基因具有高度同源性,为了提高抗根结线虫的有效性,有必要寻找新的抗源,秘鲁番茄中所发现的不同于 *Mi* 基因,因而为拓宽和创新番茄以及其他作物根结线虫抗性资源奠定了的基础,为番茄抗根结线虫的改良提供了重要基因资源。

研究还发现,携带 *Mi* 基因抗性资源,在某种程度上可以降低番茄细菌性枯萎病的发病程度,对与马铃薯蚜虫所传播的病也具有一定抗性。研究认为,抗马铃薯蚜虫病基因(*Meul*)与 *Mi* 紧密连锁,或者是 *Mi* 基因的一部分,这一发现提高了 *Mi* 基因的应用性(Deberdt et al 1999)。以美国为中心育成了许多抗根结线虫的番茄品种,大多是 Smith(1944)从秘鲁番茄(PI128657)和栽培番茄杂交后代中选育获得的。在夏威夷农业试验场,由 Frazier 等在 40 年代初期就开始抗线虫番茄品种选育,已选育出 HES4969、HES4846 抗虫品系。其中,Anahu 被日本东京农业试验场用作亲本培育了系列抗根结线虫和抗萎凋病番茄材料。

秘鲁番茄除具有优良抗根结线虫病基因外,目前在番茄育种中被广泛利用的还有 *Tm*-2 基因。据报道:在夏威夷大学农业试验场通地过秘鲁番茄,醋栗番茄和多毛番茄这 3 个番茄野生种复合杂交选育得到 HES2603 抗病品系,其中将基因 Clay-berg 定名为 Tm-2^{nv},该抗基因性为显性,并被定位在在第 9 条染色体上,与基因 *nv*(netted viresent)是连锁的;因此纯合的 Tm-2^{nv} 具有抗病、矮缩、黄化和生长缓慢的特性。日本引入含有该抗性基因的品种并育成番茄品种强力玲光;我国引入含有该抗性基因的品种相继育成早丰、早魁、西粉系列、苏抗系列、东农系列、浙杂系列和渝抗系列等番茄品种,对我国番茄抗烟草花叶病毒育种具有重要意义。Tm-2^{a} 的利用是来源于 Alexander(1963)从秘鲁番茄 PI128650×栽培番茄(*L. esculentum*)杂交后选育获得的 Alexander(Ohio MR-9,Ohio MR-12)抗病品系,并与 Tm-2^{nv} 处于同一基因座,但比 Tm-2^{nv} 抗病性更强。日本引入利用该基因育成了大型瑞光、强力秀光、瑞光、TVR-2 等。我国应用 Tm-2^{a} 基因育成了中蔬 5 号、中蔬4号、L402等。

3.4.2 用于秘鲁番茄在番茄遗传改良中的技术

秘鲁番茄具有许多可以用于番茄遗传改良的优良特征，同时也必须清楚地认识到，与栽培番茄的有性杂交障碍也严重地限制了秘鲁番茄在番茄遗传改良中的应用。为了克服秘鲁番茄与栽培番茄有性杂交障碍，特别是杂交后胚败育这一关键瓶颈，科研工作者开展了大量探究和研究工作，胚拯救和“种间桥”(选用一个中间种，可以与拟杂交的两个亲本进行有性杂交)是解决胚败育的有效方法(Doganlar et al 1997，Segeren et al 1993)。用携带抗根结线虫*Mi*-3基因的秘鲁番茄(*S. peruviunum*，LA 2823)作父本，与高代优良栽培番茄自交系为母本，授粉后20～30天摘取幼果。将从幼果中分离出的直径大于2 mm胚株置于营养分化培养基上培养。2～4周后胚芽、胚根分别从两端伸出，获得了杂种F_1；随后F_1通过大量人工辅助授粉获得了极少量自交果，座果率低于2%，果实成熟后为暗橙色，但无正常种子。而以栽培番茄为母本，通过回交导入栽培种番茄的血缘，与种间F_1为父本进行回交，取授粉后15～30天的幼果期继续进行幼胚挽救培养几代以后，才有希望获得有活力的种子。除采用胚拯救的方法外，为了恢复种间杂种育性，体细胞杂交、原生质体培养和真叶组织培养方法也被许多研究者尝试过，其中不对称原生质体杂交技术被认为是替代传统的有性杂交比较有效的方法(Wijbrandi et al 1990，Emets & Blium 2003)，可以获得可育的F_1代。采用秘鲁番茄茎段原生质体进行液体浅层培养，从多种培养基中筛选出了一种适宜于原生质体培养基、两种增殖培养基和两种分化培养基；并在此基础上，建立了秘鲁番茄原生质体再生成株技术体系，最短再生周期只需42～45天，共获得100多个再生植株，其中一部分定植到土壤中，可以正常生长、开花和结籽，从形态方面观察及染色体数目分析，均为正常的二倍体植株。以上技术为秘鲁番茄优良基因导入栽培番茄奠定了良好的技术基础。同时，随着分子生物学和生物工程技术的发展，将克隆自秘鲁番茄的某些优良基因，通过遗传转化(转基因技术)方法用于栽培番茄改良，可能是利用秘鲁番茄对番茄进行遗传改良的一种有效途径。

参考文献

[1] Ammiraju J S S, Veremis J C, Huang P X, et al. The heat-stable root-knot nematode resistance gene Mi-9 from Lycopersicon peruvianum is localized on the short arm of chromosome 6 [J]. Theor Appl Genet, 2003, 106: 478-484.

[2] Chung I K, Ito T, Tanaka H, et al. Molecular diversity of three S-allele cDNAs associated with gametophytic self-incompatibility in Lycopersicon peruvianum [J]. Plant Mol Biol.

1994, 26(2): 757-62.

[3] Doganlar S, Frary A S, Tanksley S D. Production of interspecific F_1 hybrids, BC_1, BC_2 and BC_3 populations between *Lycopersicon esculentum* and two accessions of *Lycopersicon peruvianum* carrying new root-knot nematode resistance genes [J]. Euphytica, 1997, 95 (2): 203-207.

[4] Deberdt P, QuénéhervéP, Darrasse A, et al. Increased susceptibility to bacterial wilt in tomatoes by nematode galling and the role of the Mi gene in resistance to nematodes and bacterial wilt [J]. *Plant Pathology* (1999) 48, 408-414.

[5] Emets A I, Blium Ia B. Microprotoplasts as an efficient technique for chromosome transfer between incompatible plant species [J]. Tsitol Genet, 2003, 37(2): 39-48.

[6] Egashira H, Ishihara H, Takashina T. Genetic diversity of the "*peruvianum*-complex" (*Lycopersicon Peruvianum* L.) Mill. And (*L. Chilease* Dun.) revealed by RAPD analysis [J]. Euphytica, 2000, 116:23-31.

[7] Frankel N, Hasson E, Iusem ND, et al. Adaptive evolution of the water stress-induced gene Asr2 in Lycopersicon species dwelling in arid habitats [J]. Mol Biol Evol. 2003, 20 (12): 1955-1962.

[8] Kerstin R, Wolfgang S, Thomas S. The Relationship of Nucleotide Polymorphism, Recombination Rate and Selection in Wild Tomato Species. Genetics 2005: 753-763.

[9] Kim M H, Kim Y S, Park S K, et al. A genotype-specific pollen gene associated with self-incompatibility in *Lycopersicon peruvianum* [J]. Mol Cells. 2003, 16(2): 260-265.

[10] Kim M H, Shin D I, Park H S, et al. In vitro function of S rnases in *Lycopersicon peruvianum* [J]. Mol Cells. 2001, 12(3)::329-335.

[11] Klaus-Dieter S, Sonja R, Wolfgang Z, et al. Three tomato genes code for heat stress transcription factors with a region of remarkable homology to the DNA-binding domain of the yeast HSF [J]. The EMBO Journal, 1990, 9(13): 4495-4501.

[12] Lee H S, Huang S, Kao T H. S proteins control rejection of incompatible in *Petunia inflata* [J]. Nature 1994, 367: 560-563.

[13] LÓpez C, Soler S, Nuez F. Comparison of the complete sequences of three different isolates of *Pepino mosaic virus*: Size variability of the TGBp3 protein between tomato and *L. peruvianum* isolates [J]. Arch Virol. 2005, 150: 619-627.

[14] Low D, Brandle K, Nover L, et al. Cytosolic heat-stress proteins Hsp17. 7 class I and Hsp17. 3 class Ⅱ of tomato act as molecular chaperones in vivo [J]. Planta, 2000, 211 (4): 575-582.

[15] Martin G B, Williams J G K, Tanksly S D. Rapid identification of markets linked to a pseudomonas resistance gene in tomato by using random primers and near-isogenic lines [J]. Proc. Natl. Acad. Sci. USA., 1991, 88: 2336-2340.

[16] Martin G B, Brommonschenkel S H, Chunwongse J, et al. Map-based cloning of a protein

kinase gene conferring disease resistance in tomato [J]. Science, 1993: 262, 1432-1436.

[17] Pearce G, Strydom D, Johnson S, et al. A polypeptide from tomato leaves induces wound-inducible proteinase inhibitor proteins [J]. Science. 1991, 253: 895-898.

[18] Pereira-Carvalho R C, Boiteux LS, Fonseca MEN, et al. Multiple Resistance to Meloidogyne spp. and to Bipartite and Monopartite Begomovirus spp. in Wild Solanum (Lycopersicon) Accessions [J]. Plant disease, 2010, 94(2): 179-185.

[19] Vincent P M Wingate, Vincent R. Franceschi, and Clarence A. Ryan. Tissue and Cellular Localization of Proteinase Inhibitors I and 11 in the Fruit of the Wild Tomato, *Lycopersicon peruvianum* (L.) Mill [J]. Plant Physiol. 1991, 97: 490-495.

[20] Venema J H, Linger P, van Heusden A W, et al. The inheritance of chilling tolerance in tomato (*Lycopersicon spp.*) [J]. Plant Biol (Stuttg), 2005, 7(2): 118-130.

[21] Wu W, Shen H, Yang W. Sources for Heat-Stable Resistance to Southern Root-Knot Nematode (Meloidogyne incognita) in Solanum lycopersicum [J]. Agricultural Sciences in China, 2009, 8(6): 697-702.

[22] Takacs A P, Kazinczi G, Horvath J, et al. Reaction of *Lycopersicon* species and varieties to Potato virus Y (PVY(NTN)) and Tomato mosaic virus (ToMV) [J]. Commun Agric Appl Biol Sci. 2003, 68(4): 561-565.

[23] Tansley S D, Martin G B. Gene conferring disease resistance in plants [J]. PcT Int Appl, 1995, 3(2): 78-82.

[24] Zuriaga E, Blanca J, Nuez F. Classification and phylogenetic relationships in Solanum section *Lycopersicon* based on AFLP and two nuclear genesequences [J]. Genet Resour Crop Evol. 2009, 56: 663-678.

[25] Yalamanchili R D, Stratmann J W. Ultraviolet-B activates components of the systemin signaling pathway in *Lycopersicon peruvianum* suspension-cultured cells [J]. J Biol Chem, 2002, 277(32): 28424-28430.

[26] Link V L, Hofmann M G, Sinha A K, et al. Biochemical evidence for the activation of distinct subsets of mitogen-activated protein kinases by voltage and defense-related stimuli [J]. Plant Physiol, 2002, 128(1): 271-281.

4 多毛番茄
(*Solanum habrochaites*)

4.1 多毛番茄的起源和分类

多毛番茄(*Solanum habrochaites*)(2n=2x=24)在植物学上分类属于茄科、茄属,番茄组(Peralta et al 2000,2001,Spooner et al 2005)。根据叶片和茎上着生绒毛的多少可分为有毛(*S. habrochaites f. typicum*)和无毛变种(*S. habrochaites f. glabrarum*)。

多毛番茄分布在厄瓜多尔到秘鲁的中部,纬度在13.5°,海拔在500~3 500 m,其生长环境的海拔比智利番茄要高。多毛番茄有毛变种比无毛变种分布范围更加广泛,通常在厄瓜多尔南部和秘鲁中北部河谷的上部海拔较高的地方。无毛变种是多毛番茄中分布最北的生物型,常在厄瓜多尔西南部、靠近赤道并接近秘鲁的边界处常有发现。在厄瓜多尔,多毛番茄无毛变种分布在南纬6°~7°之间,最南生长在秘鲁西北部,靠近马拉尼翁河(Rio Maranon)流域。

4.2 多毛番茄的生物学特性

多毛番茄是典型的高山原产植物,一般均生长在海拔2000~2500 m以上的区域,在海拔1100 m以下区域很少见。多毛番茄是短日照植物,在超过18 h光照条件下,开花很弱;在12 h光照条件下虽然开花茂盛,但不能座果;8~10 h的光照下比较适于多毛番茄的生长发育。

多毛番茄对温度要求较低,能耐较长期的低温(0~3℃),甚至到-2℃也不会冻伤。不过,高温和空气干燥对多毛番茄的生长十分不利。多毛番茄对土壤要求不严格,若施以氮肥,叶色则变浓、分枝和生长势亦强、开花也很旺盛,不过却不能结果。

多毛番茄最有价值的特性当属其对病害具有较高的抗性,因此可以作为选育某些病害免疫性品种的原始材料。

目前已知多毛番茄有两种类型,多毛番茄的典型特征是茎、叶和果多毛,花大而漂亮,与普通番茄及其相近的种花冠相比很少有深裂。

4.2.1 多毛番茄植物学特征

多毛番茄有毛变种为一年或多年生植物,茎初期直立,而后因本身的重量而下垂,表面着生有长的黄色茸毛为其主要特征,因而称为多毛番茄,茸毛长为 2.5~3.5 mm。在茎及侧枝上所着生的长茸毛中间还夹杂有短的黄色茸毛。叶片较大,呈狭长椭圆形,长为 20~30 cm,宽为 10~12 cm,基部带有形状不规则的托叶;叶柄短,间裂片很多,其上着生浓密茸毛。花序中等大小,长为 15 cm,单式或为卷尾状,有茸毛;每一花序包括 10~15 朵花,花基部带有成对的苞片;花萼小而短,萼片 5 枚。花瓣为黄色,一般为 5 枚,花药呈纺锤形,径粗 3~4 mm;花柱与雄蕊几乎等长,柱头成球杆状。果实直径为 1.5~2.5 cm,绿白色,有长的茸毛;种子为暗褐色,顶端光滑。果实在植株上以绿果的形式成熟,成熟时乙烯的产量与果实成熟度并不完全相关(Grumet et al 1981),如图 4-1 所示。

图 4-1 多毛番茄生态环境和植物学特征

A 和 B:多毛番茄生态环境;C 和 D:多毛番茄叶、花和果实

多毛番茄无毛变种(*S. habrochaites f. glabrarum*)是多毛番茄的另一个种类型,叶子和茎少毛,花冠较小。

4.2.2 多毛番茄生长发育习性

多毛番茄有毛变种的柱头外露,属异交植物。目前所收集的多毛番茄材料中,绝大多数是自交不亲和的。不过,仍有少数的多毛番茄通过人工授粉自交可孕,但在自然情况下自交的结果还是不孕。许多研究认为,控制多毛番茄自交不亲和特性的基因位于第1条染色体上。多毛番茄果实有毛,成熟时为灰绿色并有紫色条纹,种子呈褐色,种皮光滑,与普通番茄和细叶番茄灰色多毛的种子形成鲜明的对比。

多毛番茄无毛变种(*S. habrochaites f. glabrarum*)的叶片和茎上少毛,花冠较小,能够自交结实是该种的特性。此种群体可以自交,后代可孕。

多毛番茄的有毛变种比较整齐一致,均为自交不亲和,属配子体自交不亲和类型,这种自交不亲和性受柱头中RNase含量和活性控制。

4.2.3 多毛番茄与番茄杂交特性

Martin(1962)对多毛番茄种内以及多毛番茄与栽培番茄杂交亲和性进行了研究。结果表明,多毛番茄不同品系的自交亲和能力差别较大,Chillon Ⅰ和Cajamarca自交不亲和,而Chillon Ⅱ和Banos自交亲和并能够产生后代;多毛番茄不同品系间杂交亲和程度也存在差别,并且正反交差别很大,用Chillon Ⅰ和Cajamarca杂交,以Chillon Ⅰ做母本时,两者不亲和,而以Cajamarca做母本时,两者却能够亲和;其他品系之间杂交也存在类似现象。以栽培番茄做母本,多毛番茄做父本杂交时能够亲和;反之,则不能亲和,如表4-1所示。

表4-1 多毛番茄品系间及与栽培番茄杂交亲和性(Martin 1962)

母本 (Female parent)	父本(Male parent)				
	有毛变种			无毛变种	普通番茄
	Chillon Ⅰ	Cajamarca	Chillon Ⅱ	Banos	*S. lycopersicum*
Chillon Ⅰ	自交不亲和	0	0	0	0
Cajamarca	1	自交不亲和	0	0	0
Chillon Ⅱ	1	1	自交亲和	0	0
Banos	1	1	1	自交亲和	0
S. lycopersicum	1	1	1	1	自交亲和

利用栽培番茄"粤农二号"与多毛番茄杂交,F_1~F_4以及它们与栽培亲本的各个回交世代,可育性均较高。子一代植株生长旺盛,茎、叶和果实表面均着生密集

的腺毛，性状强烈倾向多毛番茄，座果率为28%～41%，单果重4～6 g，熟果为黄绿色，内有35～52粒瘦小但发育健全的种子。子二代分离出6∶1∶33的野生亲本型、栽培亲本型及偏向于野生亲本中间型植株；野生亲本型植株性状比子一代更酷似多毛番茄，植株上腺毛更多，单果重2～3 g，为熟果绿色；而栽培亲本型植株腺毛较少，单果重15～21 g，熟果为黄红色。植株性状在子三和四代仍继续分离，多毛番茄的叶形、多腺毛、特殊气味和果实颜色等性状都有较强的遗传力。同时，多毛番茄还可以与小花番茄、醋栗番茄、契斯曼尼番茄、克梅留斯基番茄、潘那利番茄等番茄野生种杂交。

4.2.4 多毛番茄主要园艺学特征

1. 抗虫特性

人们已经注意到野生的多毛番茄群体的抗虫性，并在实验室里也证明了其抗虫能力。

多毛番茄无毛变种的一个品系（PI126449）对两种棉红蜘蛛：朱砂叶螨和二玫叶螨具有高度的抗性（Gentile 1969），棉红蜘蛛被多毛番茄的腺毛分泌的成熟液粘住，腺毛的密度与棉红蜘蛛侵染呈负相关。普通番茄腺毛少，因此棉红蜘蛛侵害严重。

Williams等（1980）研究认为，多毛番茄之所以抗虫是由于螨类昆虫容易被多毛番茄的腺毛抓住，而大多数鳞翅目昆虫却能被具有抗性的多毛番茄无毛变种品系分泌的一种物质杀死，这种物质就是天然的杀虫剂十三烷酮。多毛番茄体内杀虫物质含量比普通番茄高72倍，蚜虫（*Aphis gossypii*）也能被这种杀虫剂所毒杀。多毛番茄对多种昆虫有抗性，因此是很有价值的抗虫育种种质资源。许多育种工作者利用多毛番茄特性去用于改良番茄抗虫性和创造抗虫种质资源。

多毛番茄对飞虱也具有很好的抗性，这种抗性表现在两个方面，一方面从植株表面的结构特征，另一方面它能够分泌出一种物质，杀死飞虱。

番茄中所含甲基酮对食草螨类也具有较强的毒杀作用。螨类与普通番茄腺毛接触80～90次将有50%螨类被杀死，而螨类只需与多毛番茄腺毛接触1～2次便有50%被毒杀（Chatzivasileiadis et al 1999）。中等长度的（C_7～C_{15}）甲基酮对保护植物防御多种害虫相当有效；对多毛番茄的甲基酮合成途径研究发现，多毛番茄品系PI126449在形成甲基酮前大量合成脂肪酸，而多毛番茄品系LA1777却没有这样现象，说明脂肪酸可能是番茄甲基酮合成的前体，然后再经过脱氢和裂解过程形成甲基酮，而参与和催化这一步骤的关键酶是甲基酮合成酶（MKS1）（Fridman et al 2005）。

2. 抗病特性

多毛番茄还携带有许多抗病基因，也是番茄抗病育种不可多得的抗源材料。

Pilowsky(1982)对多毛番茄的 2 个无毛变种品系(PI134417 和 PI134418)进行鉴定,发现其有明显的抗细菌性斑点病能力。多毛番茄可以为根结线虫病、叶霉病、TMV 和 TYLCV 提供抗原。叶霉病抗性基因 *cf*-4 就源自多毛番茄。多毛番茄 G1.1560 具有抗白粉病特性,与栽培番茄杂交后代分离和抗病性鉴定表明,该基因 *ol*-1 表现为显性。多毛番茄 L1475 和 L4379 对腐霉菌(*Pythium aphanidermatum*)具有较强的抗性,接种 *Pyth* 4-3 后,存活率分别达到 96%和 83%,其抗性显著优于抗性对照。

3. 抗冷特性

从地理分布上看,多毛番茄在番茄野生种中几乎占据着最高的海拔位置。该种的特点是茎部、叶片和果实表面覆盖着致密的绒毛。对不同基因型番茄进行大量的研究结果显示:处在高海拔的多毛番茄具有非凡的抗冷性。科学工作者针对多毛番茄在生理和生化方面做了大量工作。如在 0℃对其种子发芽率、实生苗存活率(Foolad,2000)、叶绿素生物合成、原生质的流动速率(Patterson & Graham,1977)、低温胁迫下叶肉组织的氨基酸吸收(Paull et al 1979)、花粉萌发率(Zamir et al 1981)、幼苗发育过程中电导率、幼苗茎发育(Wolf et al 1986)、低温下生物产量(Foolad & Lin 2000)、水分和无机离子在维管束中运输等进行了研究,并得出低温诱导可促进叶绿体中游离脂肪酸的积累和提高根伸长率(Gemel et al 1988);根部低温有利于铵的吸收(Bloom et al 1998)和黑暗、低温可诱导抑制光化学活性和光合速率的观点(Venema et al 1999)。

对多毛番茄芽的发育和相对生长量分析结果表明,高海拔基因型多毛番茄具有更强的恢复低温伤害能力(Yakir et al 1986)。在低温(并结合强光照)条件下,与普通番茄相比多毛番茄的叶片具有适应低温并提高光合作用的能力。尽管在低温条件下,多毛番茄光合速率显著地高于普通番茄;但对生长在正常条件下的叶片进行长时间低温处理后又恢复适宜温度处理,结果发现,多毛番茄和普通番茄叶片光合速率相对减少量相似(Venema et al 1999),甚至有多毛番茄降低得更多的现象(Walker et al 1991)。与秘鲁番茄相同,在低温胁迫下多毛番茄叶片中也没有碳水化合物的积累,但这两种番茄野生资源在冷害恢复能力方面尤其是在光合作用方面表现出明显的差异,多毛番茄有冷害恢复更快的趋势(Venema et al 1999)。Venema 等(1999)认为普通番茄在光合作用和生长上对低温冷害恢复能力较低是与其叶绿素含量降低幅度较大有关,而多毛番茄和其他来源于高海拔地区的番茄野生种叶绿素含量则降低幅度较小。许多研究结果还表明:低温促进完全展开的栽培种番茄叶片衰老,但在高海拔基因型的野生番茄种中则表现不明显。Walker 等(1991)通过低温对类囊体膜生化及组成影响研究揭示:普通番茄与多毛番茄之间之所以耐低温能力存在差异,可能是在减少潜在的调节下游叶绿素内电子传递链的自由基能力方面有所不同，普通番茄的抗氧化能力远不及多毛番茄，可能是与低温条件下普通番茄超氧自由基的含量增加有关(Walker & McKersie 1993)。起源于高海拔地区的多毛番茄可以在它们所处的自然低温条件下存活、生长并完成它们的生命周期，使多毛番茄拥有了在低温冷害后可以迅速恢复能力(Yakir et al 1986)。

4. 品质

多毛番茄果实化学成分含量与番茄其他野生种无明显差异，按鲜重百分率计：干物质为10.1%，全糖为1.66%(包括单糖0.50%和双糖1.16%)，酸为0.32%，维生素C为5.7 mg/100 g。果实有苦味，不能食用；不过，果实中胡萝卜素的含量却是含量最高量的栽培品种3～4倍。有报道说，把来自于多毛番茄的显性β-胡萝卜素基因导入栽培番茄可以提高β-胡萝卜素含量。

4.3 多毛番茄分子生物学的研究现状

通过多毛番茄与栽培种杂交构建作图群体，鉴定了控制早疫病抗性的7个QTLs，分别位于番茄的7个不同染色体上，并且除第3条染色体的一个QTL位点外，其他的均来自番茄野生种，检测到QTLs可以用于靶基因克隆和番茄分子标记辅助育种。用简单区间作图(Simple Interval Mapping，SIM)和复合区间作图(Composite Interval Mapping，CIM)法对BC_1和BC_1S_1群体的番茄早疫病抗性进行了QTLs定位，检测到大约10个显著的抗早疫病的QTLs(LOD≥2.4，$P\leqslant 0.001$)。每一QTL的效应值介于8.4%至25.9%之间，总效应大于57%；所有来自亲本的抗性基因的QTLs都是正向效应，在BC_1代和2年的BC_1S_1代的一致性结果更进一步说明了所检测到的QTLs稳定性以及它们在番茄抗早疫病育种和分子标记辅助选择(Marker-Assisted Selection，MAS)的有效性。进一步利用SIM和CIM检测，发现10个QTLs中有6个QTLs是独立的，这6个QTLs加起来可以解释表型变异的56.4%，这些QTLs在利用PI126445这个抗性基因资源时进行辅助选择时是非常有效的(Foolad et al 2002)。

利用免疫技术和差别提取法研究结果显示，果实成熟期间积累蔗糖的多毛番茄，只有果皮的质外体转化酶发挥作用，而在果实成熟期积累蔗糖的普通番茄，果皮中质体外转化酶和液泡转化酶中均会发挥作用。研究控制果实可溶性固形物转化酶基因(TIV1)和质体外转化酶(LINs)基因时发现，仅有TIV1与果皮中可溶性固形物和不溶性固形物酶活性有关(Mirona et al 2002)。

Van der Hoeven 等(2000)研究了番茄中倍半萜类合成基因，发现有两个基因控制萜类物质的合成，其中1个基因*Sst*1位于第6条染色体上，该基因在普通番

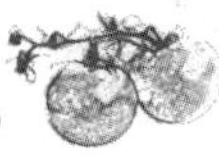

茄上控制着石竹烯和蛇麻烯的合成，而在多毛番茄中控制大根香叶烯 B、D 和 1 种未知的萜类的合成，*Sst* 1 由 2 个相距 24CM 的基因束 *Sst* 1-*A* 和 *Sst* 1-*B* 组成，只有 *Sst* 1-*A* 与萜类合成有关。另 1 个基因 *Sst* 2 位于第 8 染色体上，在多毛番茄中控制 α 檀香烷、α 香柠檬烯和 β 香柠檬烯的合成，而令人吃惊的是在普通番茄中该基因与萜类合成无关。进一步研究发现，*Sst* 1 和 *Sst* 2 已经高度分化，他们分别控制不同的系列的萜类的合成。

Coaker 和 Francis(2004)对番茄溃疡病抗性相关基因进行了 QTL 定位，利用区间作图技术把来自多毛番茄的 2 个抗性基因进行了定位，Rcm2.0 基因被定位在第 2 条染色体的 14.9CM 区段上，可以解释病害严重程度的表现型变异为 25.7%～34.0%，Rcm5.1 被定位在第 5 染色体的 4.3 cM 区段上，可以解释表现型变异的 25.8%～27.9%。

Brouwer 和 Clair(2004)利用 3 个近等基因系(near isogenic lines，NIL)，对番茄抗晚疫病基因进行了定位研究。*Lb* 4 基因被定位在第 4 条染色体上，居于 TG182 和 CT194 之间的 6.9CM 区段上，紧邻 TG609 的 *Lb*5 被定位在第 5 条染色体的 TG69a 和 TG413 之间的 8.8CM 区段上，最有可能靠近 TG23；*Lb* 11 被定位在第 11 条染色体的 TG194 和 TG400 之间的 15.1CM 区段上。

Gitta 等(2002)通过观察多毛番茄与栽培番茄杂交后茎形态和维管组织变化发现，决定这一性状的基因位于第 2 条染色体上，杂交后多毛番茄改变了栽培番茄茎的形态和维管组织结构，在染色体上表现是第 2 染色体多出一个片段，形态上表现为初生维管组织较大，次生维管组织发达，有比较多的三角形细胞。

从多毛番茄(PI247087)上鉴定出马铃薯 Y 病毒(Potato virus Y，PVY)和烟草蚀刻病毒(Tobacco etch virus，TEV)抗性，对中间杂种分离世代 F2/F3 和 BC 遗传分析发现：马铃薯 Y 病毒抗性是由 1 个单隐性基因或两个紧密连锁的隐性基因控制的，这个基因被命名为 *pot*-1；利用多毛番茄渐进系和 RFLP 标记把 *pot*-1 基因定位在第 3 条染色体的短臂上，与抗根腐病 *py*-1 基因紧邻。在辣椒中也有类似的现象，通过对辣椒和番茄斑点病的抗性遗传比较研究发现，与大多数抗性基因的比较遗传研究不同，*pot*-1 被紧密定位于同一 RFLP 标记附近，比来自辣椒中抗 PVY 和 TEV 的 *pvr* 2/*pvr* 5 基因更为紧密。这些结果进一步表明，隐性的抗斑点病毒基因进化要比目前克隆的大多数显性基因要慢，致使两者属于不同抗病基因系。

多毛番茄 G1.1560 和 G1.1290 对白粉病抗性是由 *Ol*-1 和 *Ol*-3 控制的，这 2 个基因是不完全显性的，都位于第 6 染色体短臂上，到目前还没有确定这 2 个基因是否等位基因或是位于不同位点上(Huang et al 2000)。

将筛选到的高抗美洲斑潜蝇(*Liriomyza sativae*)野生多毛番茄材料 LA2329，与高感美洲斑潜蝇栽培番茄早粉 2 号杂交，并用早粉 2 号为母本与杂种 F_1 回交，通过对各世代抗斑潜蝇的人工接种鉴定，初步认定其抗性由单显性基因控制。单显性基因控制着番茄对斑潜蝇抗性，该抗性基因的发现，将为今后番茄抗斑潜蝇育种提供宝贵资源。

最近，Dal Cin 等(2009)利用与栽培番茄和多毛番茄杂交获得的 39 个番茄近等基因系，确定了 17 个染色体片段在果实成熟期间番茄与乙烯的散发有关，其中 14 个片段表现出上调，而其余的 3 个 DNA 片段表现出下调趋势，该结果有可能为乙烯调控提供一个新模式；同时，也表现出番茄野生种和近等基因系在阐明果实成熟相关的过程中具有重要的价值。

4.4 多毛番茄在番茄遗传改良中的应用

在番茄野生中，多毛番茄在番茄抗虫、抗病、耐冷和品质改良方面均具潜在的应用价值。尽管多毛番茄与栽培番茄种间有性杂交间存在一定的生殖障碍，但通过胚拯救技术和回交技术，仍然可以实现种间的遗传物质交换，这已为利用多毛番茄对栽培番茄的遗传改良开启了一条可以进入的小缝，正是由于这条小缝的开启，为野生多毛番茄的利用和解决目前栽培番茄遗传多样性贫乏以及由于遗传背景过于狭窄以致限制目前番茄育种进程某些难题能得以缓解或部分解决。特别是，目前在多毛番茄中发现众多有关抗病、抗虫等相关基因，并已初步定位在相应的染色体上和获得了相应的紧密连锁标记，使将来为有关的抗病虫基因克隆和应用在番茄中对其进行遗传改良成为可能。

参考文献

[1] Chatzivasileiadis E A, Boon J J, Sabelis M W. Accumulation and turnover of 2-tridecanone in *Tetranychus urticae* and its consequences for resistance of wild and cultivated tomatoes [J]. Experimental and Applied Acarology, 1999, 23: 1011-1021.

[2] Coaker G L, Francis D M. Mapping, genetic effects, and epistatic interaction of two bacterial canker resistance QTLs from *Lycopersicon hirsutum* [J]. Theor Appl Genet, 2004, 108: 1047-1055.

[3] Dal Cin V, Kevany B, Fei Z J, et al. Identification of *Solanum habrochaites* loci that quantitatively influence tomato fruit ripening-associated ethylene emissions [J]. Theor Appl Genet, 2009, 119: 1183-1192.

[4] Foolad M R, Zhang L P, Khan A A, et al. Identification of QTLs for early blight (Alternaria solani) resistance in tomato using backcross populations of a *Lycopersicon esculentum*×*L.* hirsutum cross [J]. Theor Appl Genet, 2002, 104: 945-958.

[5] Foolad M R, Lin G Y. Relationship between cold tolerance during seed germination and

vegetative growth in tomato: germplasm evaluation [J]. Journal of the American Society of Horticultural Science, 2000, 125: 679-683.

[6] Fridman E, Wang J H, Iijima Y K, Froehlich J E, et al. Metabolic, genomic, and biochemical analyses of glandular. trichomes from the wild tomato species *Lycopersicon hirsutum* identify a key enzyme in the biosynthesis of methylketones [J]. The plant cell, 2005, 17: 1252-1267.

[7] Grumet R, Fobes J, Herner R C. Ripening Behavior of Wild Tomato Species [J]. Plant Physiol, 1981, 68: 1428-1432.

[8] Huang C C, Groot T, Meijer-Dekens F, et al. The resistance to powdery mildew (Oidium lycopersicum) in Lycopersicon species is mainly associated with hypersensitive response [J]. Eur. J. Plant Pathol, 1998, 104: 399-407.

[9] Patterson B D, Grnham D. Effect of chilling temperatures on the protoplasmic streaming of plants from different climates [J]. Journal of Experimental Biology, 1977, 28, 736-743.

[10] Paull R E, Patterson B D, Graham D. Chilling injury assays for plant breeding. In: Low Temperature Stress in Crop Plants: The Role of the Membrane [M]. New York: Academic, Press, 1979: 507-519.

[11] Scott S J, Jones R A. Quantifying seed germination responses to low temperatures: variation among *Lycopersicon* spp [J]. Environmental and Experimental Botany, 1985, 25, 129-137.

[12] Van der Hoeven R S, Monforte A J, Breeden D, et al. Genetic control and evolution of sesquiterpene biosynthesis in *Lycopersicon esculentum* and *L. hirsutum* [J]. The Plant Cell, 2000, 12: 2283-2294.

[13] Venema J H, Posthumus F, de Vries M, et al. differential response of domestic and wild Lycopersicon species to chilling under low light: growth, carbohydrate content, photosynthesis and the xanthophylls cycle [J]. Physiologia Plantanum, 1999, 105, 81-88.

[14] Walker M A, McKersie B D. Role of ascorbate-glutathione antioxidant system in chilling tolerance of tomato [J]. Journal of Plant Physiology, 1993, 141: 234-239.

[15] Wolf S, Yakir D, Stevens M A, et al. Cold temperature tolerance of wild tomato species [J]. Journal of the American Society of Horticultural Science, 1986, 111: 960-964.

[16] Yakir D, Rudich J, Bravdo B. A adaptation to chilling: photosynthetic characteristics of the cultivated tomato and a high altitude wild species [J]. Plant, Cell and Environment 9, 1986, 477-484.

[17] Zamir D, Tanksley S D, Jones R A. Low temperature effect on selective fertilization by pollen mixtures of wild and cultivated tomato species [J]. Theoretical and Applied Genetics, 1981, 59: 235-238.

[18] 吴定华,梁树南.番茄远缘杂交的研究[J].园艺学报,1992,19(1):41-46.

5　潘那利番茄
(*Solanum pennellii*)

5.1　潘那利番茄的起源和分类

潘那利番茄(*Solanum pennellii* Correll)起源于干燥炎热的秘鲁沿海地区，是番茄育种不可多得的抗旱和耐虫材料，在 1925 年由 Pennell 发现，并由 Correll (1958)分类和命名。在植物学上分类属于茄科，茄属，马铃薯(*Potatoe*)亚属，*Petota* 组，*Lycopersicon* 亚组，*Neolycopersicon* 族。但是由于新近的划分方法，潘那利番茄被归入茄属番茄组。

5.2　潘那利番茄的生物学特性

5.2.1　潘那利番茄植物学特征

潘那利番茄幼苗期生长势弱，对湿度敏感，湿度稍有不适便会导致死苗。植株为半匍匐状。潘那利番茄叶片为灰绿或显黄绿色，多为由 5～7 片小叶组成的羽状复叶，其椭圆形或近圆形小叶边缘呈浅波浪形，无裂刻。花为黄色，柱头外露，倾斜 120 度，花药呈暗色。潘那利番茄结果量少，果实小，如图 5-1 所示，在成熟之前易裂开，而且种子也较小，千粒重为 0.15～0.25 g。

Correll 在秘鲁收集到 1 个潘那利番茄材料(PI 246502)，后来命名为 *S. pennellii* Atico(LA0716)；花粉可育，自花授粉可以结果，属于自交亲和类型。而另外的两个潘那利番茄材料 *S. pennellii* Nazca 和 *S. pennellii* Sisicaya 却表现出自交不亲和。

柴敏等(2006)收集了 16 份潘那利番茄核心种质，编号分别为 LA0716、LA1920、LA1946、LA2963、LA2580、LA2560、LA1302、LA1656、LA1732、LA1277、LA1272、LA1282、LA1340、LA1367、LA1522 和 LA1674，并对这些材料

的生长、开花和结果习性进行了研究。结果表明，材料间开花习性差异很大，大部分潘那利番茄属于短日照植物，其中LA716和LA1946属于极严格短日照植物。并且，16份核心收集系中只有LA716自交可育，其余15份均表现出自交不亲和的特性。

图5-1　潘那利番茄生态环境和植物学特征

A和B:潘那利番茄生态环境;C和D:潘那利番茄叶、花和果实

5.2.2　潘那利番茄与番茄杂交特性

潘那利番茄具有单侧不亲和特性。这种不亲和特性，不仅表现在与番茄野生种和栽培种之间的杂交特性中，在与栽培番茄×潘那利番茄的F_1代回交中，以及与野生番茄×野生番茄的F_1再杂交中也会表现出来。同时用潘那利番茄与番茄及近缘野生种(栽培番茄、细叶番茄、多毛番茄、秘鲁番茄、智利番茄、多腺番茄、契斯曼尼番茄、小花番茄、克梅留斯基番茄、类番茄茄)所配的18个正反杂交组合中，只有以潘那利番茄作父本与细叶番茄、智利番茄、多腺番茄、契斯曼尼番茄、小花番

茄及潘那利番茄×多毛番茄 6 个组合表现出不同程度的杂交亲和性，杂交结果率为 4%～28%，果内含 32%～89%有胚种子；潘那利番茄与秘鲁番茄杂交，结果率虽达到 28%，但果内没有可供播种或人工离体培养的有胚胎的种子；其余 11 个组合，杂交结果率为 0，即为杂交不亲和(梁树南等 1994)。

在潘那利番茄与栽培番茄的 4 个品种(Diego、Flora-Dade、红棉和粤农二号)杂交实验中，以栽培番茄作母本的 4 个组合，表现为一定的杂交亲和性；反交的 4 个组合表现为杂交不亲和(梁树南等 1994)。

5.2.3 潘那利番茄的主要园艺学特征

潘那利番茄能通过叶片吸收空气中水分，在干旱的条件下生存，因而潘那利番茄普遍表现出具有耐旱性。潘那利番茄叶片上的腺毛所分泌的黏液能够抵御马铃薯蚜虫、棉红蜘蛛等昆虫的袭击。对番茄病毒病(Tobaco Mosaic Virus，TOMV)的抵抗力与智利番茄一样强(何启伟 1983)，Martin 曾用栽培番茄与潘那利番茄杂交，得到了抗番茄病毒病的后代。潘那利番茄叶或茎表皮着生有大量表皮毛和腺毛，是番茄抗虫育种特别有价值的育种材料。Juvic(1982)在实验室、温室和大田 3 种不同实验条件下研究了潘那利番茄与普通番茄栽培对海灰翅夜蛾(*Spodoptera littoralis*)，番茄尺蠖(*Plusia chalcites*)，棉铃虫(*Heliothis armigera*)和马铃薯块茎蛾(*Phthorimaea operculella*)这 4 种昆虫的抗性，结果表明潘那利番茄(LA716)对前 3 种昆虫有抗性，对马铃薯块茎蛾具有部分抗性。

从 20 世纪 90 年代以来，在潘那利番茄中又陆续发现了一些抗早疫病的材料，并发现早疫病抗性基因在遗传上表现为加性或上位效应(Black et al 1996)。潘那利番茄也具有较强的耐盐性(Dehan 1978)。对野生番茄的耐盐性研究发现，野生番茄在盐胁迫下，比栽培番茄具有较高的生根率、株高、叶片数和鲜重；在几种野生番茄种中，契斯曼尼番茄发根率最差，潘那利番茄的株高、叶片数和鲜重变化最小。在盐胁迫下，潘那利番茄过氧化物酶(Peroxidase，POD)和酯酶(Esterase Isozymes，EST)带数均表现增多的现象。其中野生番茄与栽培番茄耐盐机理不同，野生番茄耐盐性是由于其体内可吸收更多的无机离子。利用有机溶质作为渗透调节剂，其能耗远高于利用无机离子作为渗透调节剂的能耗机制，一般来说，在盐胁迫下，新叶中具有较高的 Na^+ 浓度以及较低的 K^+/Na^+ 比值，表现出盐生植物的特征；而栽培番茄具有将盐离子区域化到老叶中的能力，老叶片具有明显的贮存钠离子的功能，使新叶中保持较高 K^+ 浓度，K^+/Na^+ 比值比野生番茄高，是甜土植物的耐盐机制，具有较高的选择吸收 K^+ 能力。

潘那利番茄在生物化学性状方面具有较高的遗传多样性，富含能影响果实发育和化学成分基因，可被用来鉴定与风味相关化学成分的多基因座。

5.3　潘那利番茄分子生物学的研究现状

长期以来，潘那利番茄的归属问题一直争论不决。Egashira 等(2001)用 RAPD 标记技术对秘鲁番茄的 22 份材料、智利番茄的 12 份材料和其他 7 个番茄种(潘那利番茄、契斯曼尼番茄、细叶番茄、普通番茄、克梅留斯基番茄、小花番茄和多毛番茄)的各 2 份材料进行了聚类分析。结果表明，秘鲁番茄复合体(*Peruvianum-Complex*，PC)可分为秘鲁番茄和智利番茄 2 个分支；普通番茄复合体(*Lesculentum-Complex*，EC)可分为红果(契斯曼尼番茄、细叶番茄和普通番茄)、绿果自交亲和的(克梅留斯基番茄和小花番茄)和绿果自交不亲和(潘那利番茄和多毛番茄)3 个分支。从聚类结果可以发现，PC 与 EC 的遗传背景差异很大；同时还发现，EC 中的红果和绿果划分结果与采用 RFLP 标记的结果一致。其中，自交不亲和的多毛番茄和潘那利番茄自成体系，它们的遗传背景比较复杂。依据 RAPD 和 RFLP 多态性的番茄分类结果与 Rick 等(1979)依据形态对番茄的分类结果十分相似。依据最近的分类结果，潘那利番茄与番茄及其近缘野生种均归入茄属番茄组。

Sarfatti 等(1991)选用潘那利番茄×普通番茄的回交群体，利用番茄第 7 条染色体 RFLP 的 2 个 TG20 和 TG128 标记之间的 154 个标记对番茄镰刀菌枯萎病(*Fusarium oxysporum*)抗性基因 I1 进行了区域分析，为该基因的最后克隆奠定了基础。

目前番茄的分子遗传图谱的发展主要是基于 Tanksley 等(1992)以栽培番茄 VF36-Tm2a 与潘那利番茄 LA716 的 F_2 代群体构建的高密度遗传图谱。这张图谱的遗传标记以 RFLP 为主，同时也包含有同工酶和形态学等遗传标记；共有遗传标记 1 030 个，总长度为 1 276 cM，平均每 1.2 cM 就有一个标记。在此高密度分子遗传图谱上，利用含野生番茄单个染色体或染色体片段的普通番茄置换系或渐渗系与普通番茄的杂交后代群体，对部分染色体进行了精细作图并与经典遗传图通过建立整合图建立了更紧密对应关系，同时开展了对着丝粒的作图工作。如包括 6 号染色体作图、1 号染色体作图、3 号染色体作图、着丝粒作图等(Balint-Kurti et al 1995，Tanksley et al 1992)。

Foolad 等(1998)以栽培番茄与潘那利番茄的 F_2 群体，构建了含 53 个 RAPD 标记的图谱，总长度 600 cM，平均距离为 9.8 cM。Weilde 等(1993)利用携带有潘那利番茄部分染色体的普通番茄渐渗系，获得了 6 号染色体 100 个 RAPD 特异标记，并将其中的 13 个标记定位于着丝粒两端的形态学标记基因座黄带绿(yellow virescent，yv)和无硫胺素(Thiaminless，tl)之间，它们分别属于 3 个基因座，其中 11 个标记集中于同 1 基因座，另外 2 个标记分别在另外 2 个基因座上。利用辐射缺失去掉 yv 或 tl 所在的染色体区域并保留着丝粒从而确定 7 个标记位于非缺失区(是原 11 个标记所在的基因座),对这 7 个标记经克隆、测序分析发现,4 个是单拷贝或低拷贝序列,3 个是中等重复序列;并且,其中的 1 个单拷贝序列和 1 个中等重复序列与哺乳动物的着丝粒区的结构相似。

Wing 等(1994)以普通番茄(LA624,j/j)与潘那利番茄(LA716,J/J)的 F_2 代为群体,以 BSA 法用随机引物筛选无关节分子标记,获得了 5 个多态性 RAPD 引物,其中 1 个 RAPD 标记仅与该基因座相距 1.5 cM。Foolad 等(1998)用 UCT5(对盐敏感的普通番茄)×LA716(抗盐的潘那利番茄)组合的约 2 000 个个体,其中幼苗萌发期在 175 mMol·L^{-1} NaCl+17.5 mMol·L^{-1} $CaCl_2$ 盐水平下的用 RAPD 引物进行抗盐标记筛选,并在 8 个基因组区域确定了 13 个特异 RAPD 标记与抗盐相关 QTLs。

Fray 等(2000)用图位克隆法获得决定番茄果重的数量性状基因座之一 *fw*2,它在果实重量的 QTL 中贡献率高达 30%。其所采用的方法是,以 RFLP 标记筛选 YAC 文库,以筛选出的 YAC 克隆筛选潘那利番茄 cDNA 文库,得到 4 个 cDNA 克隆,用 F_2 群体绘制高分辨率的标记图,然后再以这 4 个 cDNA 克隆筛选潘那利番茄粘粒文库,得到 4 个粘粒克隆;用它们转化普通番茄,其中一个克隆使转化番茄果实明显减小,达到预期的效果。对该克隆测序发现了一个开放读框 ORFX,即认为它即是 *fw*2.2,含有 2 个内含子,预测其编码 163 个氨基酸、分子量约为 22kDa 的蛋白质;该基因仅在花发育早期表达,与普通番茄的 ORFX 存在 42bp 差异,不过差异多分布在内含子区,认为控制果实大小的调控部分位于 ORFX 的周围,这一研究成果有利于番茄果实数量性状遗传机理的阐释。

Gil 等(2000)用图位克隆法得到与番茄类胡萝卜素代谢相关基因 *B*(β-胡萝卜素)和 *og*(*old-gold*,深黄色),证实基因 *B* 编码一种在果实成熟期超量表达的番茄红素 β-环化酶。*B* 是显性基因,使果实中的番茄红素转化为 β-胡萝卜素,从而降低果实中番茄红素的含量,提高 β-胡萝卜素的含量。野生型的隐性基因 *b* 在果实成熟期不会超量表达,使番茄红素与胡萝卜素的含量比例与普通番茄的类似;当 *B* 基因失效时则表现出 *og* 表型,即番茄红素大量增加而胡萝卜素的含量降低,即 *og* 和 *b* 是 *B* 的等位基因。用普通番茄和含潘那利番茄 *B* 基因座的渐渗系 F_2 群体测定标记与 *B* 基因座的图距。用与 *B* 紧密连锁的 RFLP 标记及染色体步查法获得了与 *B* 基因共分离的标记,以此标记筛选 YAC 文库,将筛选出的 YAC 克隆进行亚克隆,以此亚克隆来分析普通番茄和渐渗系基因组 DNA 及 cDNA 文库,发现该基因是单拷贝序列且无内含子。序列分析表明,B 与 b 序列长度为 1 502 bp,有 98%的同源性,仅有 12 个碱基差异;*og* 中相应序列则含有 2 次读码框移位。以 B 序列及其上下游部分序列共 4 784 bp 转化普通番茄,得到果皮为红色、胎座为橘黄色的

果实。*B* 基因转录与表达调控机理还有待进一步研究。

Frary 等(2005)通过对番茄基因组网络 SGN(http://www.sgn.cornell.edu)数据库的查找,从番茄和马铃薯表达序列标签(Expressed Sequences Tag,EST)的序列中获得了多条简单序列重复(Simple Sequence Repeats,SSR)模体,对 609 条 SSR 引物在普通番茄(LA925)和潘那利番茄(LA716)中进行了鉴定和分析,对于大多数引物没有明显的多态性,但是其中 76 个 SSR 引物被定位在普通番茄(LA925)×潘那利番茄(LA716)的高密度图谱上。同时,另外一组 76 个切割扩增多态性(Cleaved Amplified Polymorphic sequence,CAP)标记也被定位到同样的群体上。这 152 个以 PCR 为基础的锚定标记均一地分布,覆盖了 95%的基因组,标记的平均距离为 10.0 cM。这些以 PCR 为基础的标记被进一步地用于描述潘那利番茄基因渗入系,并证实其在高分辨率作图中重要的利用价值。这些锚定标记中的大部分在普通番茄和经常在遗传作图中被利用的 2 个野生种亲本(细叶番茄和多毛番茄)间也存在多态性,即这些标记也可以用于其他种间群体的作图。经过对栽培番茄的不同品种和不同野生番茄中的检测发现,番茄野生种中的多态性信息较高,平均每个基因座中发现 13 个等位基因。因此,这些标记在番茄质量和数量性状作图、标记辅助选择、种质鉴定和遗传多样性研究中是很重要的资源,并且其遗传图谱和标记信息还可在 SGN 上获得。

Stevens 等(1995)利用近等基因系和一个普通番茄与潘那利番茄杂交 F_2 群体为材料。在 748 个随机的 10 寡聚核苷酸引物中筛选出 1 个随机引物(5′ GAGCACGGGA 3′),其扩增的 1 个约 2 200 bp 的条带,与 *Sw*-5 紧密连锁,并利用此标记将 *Sw*-5 定位于番茄第 9 条染色体的长臂近端部位的 CT71 和 CT220 之间,图距间隔仅有 2.7 cM。Thomas 等(1995)利用 AFLP 技术在普通番茄(携带 *Cf*-9)×潘那利番茄的 F_2 世代中筛选出了近 42 000 个 AFLP 座位,获得了 3 个与 *cf*-9 共分离的 AFLP 标记(M1、M2 和 M3),集聚于 *Cf*-9 基因两侧约 0.4 cM 的范围内。Jones 等(1994)基于这些标记,通过转座子示踪技术成功地克隆了 *Cf*-9 基因。Causse 等(2004)为了筛选出与番茄果实重量、糖分和酸度连锁的候选基因,绘制了 QTLs 的遗传图谱。在美国基因组研究所(Institue for Genomic Research,TIGR)番茄的 EST 数据库中筛选的 EST 克隆与果实发育早期优先表达的基因相对应,通过利用在普通番茄(M82)为背景下携带潘那利番茄(LA716)片段的渐渗系(ILs)群体,将其定位在番茄图谱上。

5.4　潘那利番茄在番茄遗传改良中的应用

随着分子标记数量的不断增多,番茄连锁图谱也日趋饱和,从而完成了番茄某些重要抗病基因的精细定位;使番茄抗病基因辅助选择体系建立和完善成为可能,也为抗病基因分离和克隆奠定了基础,从而为番茄的抗病育种展现了美好的未来。

Rick 和 Chetelat(1995)研究认为:番茄的一些主要病害大多可以在番茄的近缘野生种中找到相应的抗源,并有近半数的抗病基因被转育到普通番茄中。近年来,除了有关抗病抗虫育种外,番茄耐盐育种的研究也日益引起人们的关注。Foolad(1997)研究发现,番茄在不同发育时期,其耐盐机制不同,其中对盐害最敏感的时期是种子萌发和幼苗生长期。目前国外已经筛选出一些在种子萌发期、营养生长期和开花期耐盐的番茄材料,如潘那利番茄(LA716)和普通番茄材料 P1174263 等,可以用于后续的番茄耐盐育种。研究还发现,在盐逆境条件下,番茄叶片中 Ca^{2+} 浓度与耐盐性呈正相关,而 Na^{+} 和 Cl^{-} 浓度则与之呈负相关,可以将这些离子浓度变化作为选育耐盐番茄品种的指标。Foolad 和 Stoltz(1997)以普通番茄(不耐盐)和潘那利番茄(耐盐)杂交分离群体为材料,用 RFLP 技术对耐盐基因的 QTLs 进行定位,发现番茄中与耐盐相关的基因分散于第 1、2、3、7、8、9 和 12 染色体上,表明番茄耐盐性是由多基因调控的。除此之外,人们还利用一些生物工程技术获得了一些耐盐番茄材料。

Tal 等(1990)利用细胞培养方法在普通番茄与潘那利(LA716)或契斯曼尼番茄(LA1401)的杂种细胞中,经过两步筛选获得了耐盐番茄植株。以上工作的开展可以使潘那利番茄在番茄育种中发挥更大的作用。

参考文献

[1] Balint-Kurti P, Jones D A, Jones J D G. Integration of the classical and RFLP linkage maps of the short arm of tomato chromosome 1 [J]. Theoretical and Applied Genetics, 1995, 90: 17-26.

[2] Black L L, Wang T C, Huang Y H. New sources of late blight resistance identified in wild tomatoes [J]. TVIS-Newsleter, 1996, 1: 15-17.

[3] Causse M, Duffe P, Gomez M C, Buret M, et al. A genetic map of candidate genes and QTLs involved in tomato fruit size and composition. Journal of experimental botany, 2004, 55: 1671-1685.

[4] Correll D S. A new species and some nomenclatorial changes in *Solanum*, Section Tubararium [J]. Madrono, 1958, 14: 232-236.

[5] Dehan K, Tal M. Salt tolerance in the wild relatives of the cultivated tomato: responses of *Solanum pennellii* to high salinity [J]. Irrigation Science, 1978, 1: 71-76.

[6] Egashira H, Ishihara H, Takashina T, et al. Genetic diversity of theperuvianum-complex' (*Lycopersicon peruvianum* (L.) Mill. and *L. chilense* Dun.) revealed by RAPD analysis [J]. Euphytica, 2000, 116: 23-31.

[7] Foolad M R, Chen F Q. RAPD markers associated with salt tolerance in an interspecific cross of tomato (*Lycopersicon esculentum*×*L. pennellii*) [J]. Plant Cell Reports, 1998, 17, 306-312.

[8] Frary A, Nesbitt T C, Grandillo S, et al. A quantitative trait locus key to the evolution of tomato fruit size [J]. Science, 2000, 289: 85-88.

[9] Frary A, Xu Y, Liu J, et al. Development of a set of PCR-based anchor markers encompassing the tomato genome and evaluation of their usefulness for genetics and breeding experiments [J]. Theoretical and Applied Genetics, 2005, 111: 291-312.

[10] Juvik J A, Berlinger M J, Ben-David T, et al. Resistance among accessions of the genera Lycopersicon and Solanum to four of the main insect pests of tomato in Israel [J]. Phytoparasitica, 1982, 10: 145-156.

[11] Rick C M, Chetelat R T. Utilization of related wild species for tomato improvement [J]. Acta Horticulturae, 1995: 21-38.

[12] Sarfatti M, Abu-Abied M, Katan J, et al. RFLP mapping of I1, a new locus in tomato conferring resistance against *Fusarium oxysporum* f. sp. *lycopersici* race 1 [J]. Theoretical and Applied Genetics, 1991, 82: 22-26.

[13] Stevens M R, Lamb E M, Rhoads D D. Mapping the Sw-5 locus for tomato spotted wilt virus resistance in tomatoes using RAPD and RFLP analyses [J]. *Theoretical and Applied Genetics*, 1995, 90: 451-456.

[14] Thomas C M, Vos P, Zabeau M, et al. Identification of amplified restriction fragment polymorphism (AFLP) markers tightly linked to the tomato *Cf*-9 gene for resistance to *Cladosporium fulvum* [J]. *Plant Journal*. 1995, 8: 785-794.

[15] Weide R, van-Wordragen M F, Lankhorst R K, et al. Integration of the classical and molecular linkage maps of tomato chromosome 6 [J]. Genetics, 1993, 135: 1175-1186.

[16] Wing R A, Zhang H B, Tanksley S D. Map-based cloning in crop plants. Tomato as a model system: I. Genetic and physical mapping of jointless [J]. Molecular and General Genetics, 1994, 242: 681-688.

[17] 柴敏,于拴仓,姜立纲,等. 番茄野生种 *L. pennellii* 核心种质抗虫性初步评价[J]. 华北农学报,2006,21:87-90.

[18] 梁树南,吴定华. 潘那利番茄远缘杂交的研究[J]. 华南农业大学学报,1994,15:94-99.

6　克梅留斯基番茄
(*Solanum chmielewskii*)

6.1　克梅留斯基番茄的起源和分类

克梅留斯基番茄(*S. chmiclemskii*)(2n=2x=24)此前在植物学中分类属于茄科番茄属植物，最近将其与原所有番茄属植物和茄属中4个番茄野生种一同置于茄科、茄属和番茄组(*Lycopersicum*)。按Rick等(1979)的杂交亲和性分类方法，将原来的番茄属分为生殖隔离的秘鲁茄复合体(*Peruvianum*-complex,PC)和普通番茄复合体(*Esculentum*-complex,EC)。PC包含秘鲁番茄(*S. peruvianum*)和智利番茄(*S. chilemse*)，它们均为绿色果实、自交不亲和。EC包含红果、自交亲和的契斯曼尼番茄(*S. cheesmanii*)、细叶番茄、普通番茄及绿果、自交亲和的克梅留斯基番茄和小花番茄及绿果、自交不亲和的潘那利番茄和多毛番茄。不过，Palmer & Zamir(1982)以叶绿体DNA序列绘制系统发育树，将克梅留斯基番茄属归于秘鲁番茄复合体，得出了与Rick等(1979)相悖的观点。

克梅留斯基番茄与其他番茄近缘野生种广泛分布于厄瓜多尔和秘鲁的海岸地区不同，它是一个稀有的地方种，只限于在中部秘鲁的安第斯山脉的小范围内生长。由于克梅留斯基番茄果实内含有较高的可溶性固形物，并且具有与栽培种番茄杂交亲和的特点，从而受到番茄育种者的广泛关注(Tanksley & Hewitt 1988, Chetelat et al 1995)。

克梅留斯基番茄和小花番茄亲缘关系较近，因而此前将这2个种并称为小番茄(*Lycopersicon minutum*)。克梅留斯基番茄和小花番茄均起源于秘鲁腹地的比较独立地区，南纬12°～14°，西经72°～74°，海拔1500～3000m，这2个种被发现的比较晚。小花番茄和克梅留斯基番茄为该地区的重叠分布种，包括帕查查卡河和阿普里马克河流域，与小花番茄相比，克梅留斯基番茄分布地区相对限制，发现地区没有超过坦博/阿亚库乔以北地区，即南纬13°，西经74°；通常会出现生长在比小花番茄排水略好的区域，不过也有人认为克梅留斯基番茄主要生长在潮湿的环境

中(Schauer et al 2005)。尽管如此,这 2 个小种多生长在一起,甚至有时它们的茎叶还互相交错。

6.2 克梅留斯基番茄的生物学特性

6.2.1 植物学特征

克梅留斯基番茄与小花番茄亲缘关系较近,但在植物学特征上具有明显的差异。如图 6-1 所示,两者虽然均为小果实番茄,但是克梅留斯基番茄植株各个部位粗壮,花和果实较大,可以进行远缘杂交,并表现为自交能孕;同时,克梅留斯基番茄的柱头表现为大而强壮,并外露在花叶之外;花朵华丽,能引诱昆虫授粉,可以与小花番茄进行远缘杂交,表现为广泛的异质性,这种现象被认为是由克梅留斯基番茄进化而来,并由于可以自交,因而在遗传特性上与母本脱离;这两个种可以通过人工授粉进行相互杂交,不过种子产量低,没有发现遗传物质天然渐渗现象。

图 6-1 克梅留斯基番茄生态环境与植物学特征

A~C:克梅留斯基番茄生态环境;D:克梅留斯基番茄叶、花和果实

6.2.2 克梅留斯基番茄可溶性固形物

克梅留斯基番茄果实可溶性固形物含量约是栽培种番茄果实的两倍,其中可溶性固形物和总固形物的比值比普通栽培番茄高14.8%,是培育番茄高可溶性固形物含量品种难得的育种材料。同时,克梅留斯基番茄果实中所含糖分种类与栽培种番茄不同,克梅留斯基番茄果实主要大量积累蔗糖,而普通栽培种番茄主要积累葡萄糖、果糖等还原糖;不过,蔗糖是可溶性固形物的重要组成成分,所以克梅留斯基番茄具有高可溶性固形物含量的先天优势(Seliga & Shattuck 1995)。

6.2.3 抗病性和抗逆性

克梅留斯基番茄还蕴藏着丰富的、可以用于番茄遗传改良的抗性基因,对番茄白粉病(*Leveillula taurica* (Lev.) Am.)表现为中抗,接种后叶片中过氧化氢酶和过氧化物酶的活性均增强,尤其是过氧化氢酶增加得更为明显,从而增强了克梅留斯基番茄对番茄白粉病的抗性(Kateřina et al 2004)。马铃薯茎蛾(*Phthorimaea operculella* Zeller)生活在温暖的亚热带地区,主要以茄属植株为食,对茄属植物造成了巨大的危害;克梅留斯基番茄可以通过降低幼虫体重、延迟化蛹和降低生存率,从而表现出对该害虫的较强抗性(Juvik et al 1982)。为了探索克梅留斯基番茄抗马铃薯茎蛾的机制,曾利用克梅留斯基番茄愈伤组织喂饲马铃薯芋蛾,同时在培养基中添加不同碳源。结果显示,碳源种类与克梅留斯基番茄某一基因表达密切相关,而此基因的表达产物直接影响昆虫的生长(Benjamin et al 1997)。克梅留斯基番茄对番茄灰霉病也有一定抗性(Guimarães et al 2004)。尽管克梅留斯基番茄对番茄部分病害表现出一定的抗性,但是克梅留斯基番茄极容易感染柏平缕瓜花叶病毒(Pepino Mosaic Virus,Pep MV),因为其是该病毒的天然寄主,并且该病害在秘鲁的中南部野生番茄种中发生较为严重(Soler et al 2002),会给番茄的生产带来了巨大的损失。此外,克梅留斯基番茄还具有一定的耐盐性(Balirea et al 2003)。

6.2.4 克梅留斯基番茄杂交特性

以栽培种番茄为母本,克梅留斯基番茄为父本,进行有性杂交,能够顺利地获得杂种,而且杂交子一代和子二代结实力强,果内含有发育正常的种子,但克梅留斯基番茄与栽培种番茄的杂交亲和性不及多毛番茄、醋栗番茄或栽培番茄。吴定华(1984)研究发现,克梅留斯基番茄与栽培种番茄杂交的结实率在50%~55%,而多毛番茄和醋栗番茄与栽培种番茄杂交后的结实率却在75%~90%。克梅留斯基番茄除与栽培种番茄表现为一定的杂交亲和特性外,还与番茄的部分野生种表现为一定的杂交亲和性,如克梅留斯基番茄与醋栗番茄、潘那利番茄杂交表现为

亲和,不过杂交亲和性不及与栽培番茄。不过,也有研究报道,克梅留斯基番茄与多毛番茄或潘那利番茄均表现为杂交障碍。与其他番茄近缘野生种杂交表现出亲和性不同,也许与所使用的杂交材料有关。

克梅留斯基番茄植株的生长会受到环境中 CO_2 浓度影响。Serge 等(1989)将克梅留斯基番茄和栽培番茄植株同时置于两种不同大气 CO_2 浓度下,发现在高浓度 CO_2(900 μl/L)条件下两种植株内淀粉和糖含量增加,尤其是幼嫩的叶片表现更加突出,在处理的最初几周里碳的转化效率也有所提高。其中,栽培番茄植株的光合产物明显高于克梅留斯基番茄,不过也有人认为长期处于高 CO_2 浓度并不是克梅留斯基番茄的淀粉和糖含量较高的直接原因。

6.3 克梅留斯基番茄分子生物学的研究现状

6.3.1 克梅留斯基番茄系统进化研究

Hiroaki 等(2000)利用 RAPD 技术对番茄 9 个近缘野生种的 50 份材料进行聚类,分析结果显示,克梅留斯基番茄属于 EC(番茄复合体),与小花番茄(*S. neorickii*)的两份材料聚为一类,两者均表现为绿色果实,并表现自交亲和的特性。Bretó 等(1993)通过对 11 个酶系统的淀粉凝胶电泳进行聚类分析。结果显示,克梅留斯基番茄、小花番茄和细叶番茄的种内变异较小,而智利番茄,秘鲁番茄和潘那利番茄存在着较大的种内变异,契斯曼尼番茄种内变异最小,依据聚类分析结果将它们分成 3 个组群,克梅留斯基番茄与契斯曼尼番茄亲缘关系较远,种间杂交存在障碍;不过,利用契斯曼尼番茄和普通番茄杂交的 QTL 位点分析发现,契斯曼尼番茄的很多 QTL 位点与普通番茄表现相似的特性,这可能与种间发生了基因渐渗有关(Paterson et al 1990)。

Bautry 等(2001)利用已经在染色体上定位的 5 个基因(具有不同重组率的 5 个单拷贝序列),鉴定多毛番茄、细叶番茄、克梅留斯基番茄、智利番茄和秘鲁番茄序列多态性,结果发现:秘鲁番茄多态性最低(3%),克梅留斯基番茄多态性低于细叶番茄,这可能与 2 个种之间异型杂交率不同有关,与 Rick 等(1976)观点一致。

6.3.2 克梅留斯基番茄的高可溶性固形物

克梅留斯基番茄果实蔗糖含量高的直接原因是由第 3 条染色体隐性基因(*sucr*)所控制的。从 DNA 水平研究克梅留斯基番茄高可溶性固形物的研究日益深入和广泛,用栽培种番茄和克梅留斯基番茄杂交 BC_1 和 BC_5 群体和 RFLP 技术,构建与果实蔗糖积累相关的酸性转化酶基因 *sur* 精细 QTL 图谱。研究发现,与提高果实可溶性固形物含量相关的 QTL 分别被定位在第 2、3、4、6 和 7 号染色体上，并且每个位点都获得了两个连锁标记(Yen et al 1997)。Harada 等(1995)发现栽培种番茄和克梅留斯基番茄杂交得到的 F_1 代植株并不积累过高蔗糖(少于 0.5%)，在 F_2 代中蔗糖高积累植株与蔗糖低积累株的比例近似为 1∶3，推断蔗糖积累可能由 1 个隐性单基因控制。

Yelle 等(1991)对栽培番茄与克梅留斯基番茄杂交后代遗传分析发现，决定蔗糖积累的隐性基因可以稳定地遗传，蔗糖积累与低水平酸性转化酶蛋白密切相关。对酸性转化酶分子结构研究发现，该酶由 3 个亚基组成，等电点介于 5.1 和 5.5 之间，分子量约为 52 kD；番茄果实在积累蔗糖过程中，与低水平的蔗糖酶与蔗糖蛋白酶无关，而与蔗糖酶抑制剂密切相关。根据番茄细胞壁束缚性和可溶性酸性转化酶基因序列分别设计引物，以普通栽培型番茄"辽园多丽"、"桃太郎"和克梅留斯基番茄的幼苗为材料提取总 RNA，对靶基因 cDNA 序列部分片段测序发现，不同遗传型番茄编码酸性转化酶基因同源性高达 99.5%，并检测靶基因在"辽园多丽"果实发育不同时期的表达，结果显示该基因主要在成熟果实的胶质胎座中大量表达，而在果实的其他部位几乎未检测到。

Harada 等(1995)克隆番茄果实细胞壁束缚酸性转化酶 cDNA，比较栽培种番茄和克梅留斯基番茄果实酸性转化酶 PCR 片段发现，片段大小明显不同，其差异主要存在于转化酶基因的第 6 个内含子上，在克梅留斯基番茄中发现有 11 对碱基对的缺失；同时，在 F_2 代群体中，所有积累蔗糖的植株都是克梅留斯基番茄等位基因的纯合体，为在分子水平上阐明蔗糖积累由酸性转化酶基因决定提供了有力证据，同时也说明酸性转化酶基因是单基因隐性的(Yelle et al 1991)。Ohyama 和 Hirai(1999)等也报道反义转化酸性转化酶基因抑制蔗糖转化酶活性，从而引起了番茄果实中蔗糖的积累。

对克梅留斯基番茄和栽培番茄的 BC_2F_3 杂交后代遗传和生化分析发现，番茄果实蔗糖合成酶主要是在果实膨大后期即果实成熟期积累合成，该酶合成是由单基因控制，果实内如果缺少酸性蔗糖合成酶基因沉默，会导致酸性蔗糖合成酶 mRNA 缺乏；酸性蔗糖合成酶是番茄果实蔗糖合成的基础，如果缺乏将影响杂交后代果实内的蔗糖含量(Klann et al 1993)。为了更便于对番茄果实内蔗糖合成酶进行实时不离体测定，Sun 等(1992)针对生长期的果实(克梅留斯基番茄和番茄栽培种)，建立了一种可以进行不离体快速测定蔗糖合成酶的方法，发现该酶与果实生长速率密切相关，还可以作为果实生长速度的指示剂。

6.3.3 克梅留斯基番茄的遗传转化开发和利用

Ohyama 和 Hirai(1999)通过回交方法将克梅留斯基番茄(LA528)较高的可溶

性固形物特性转育到了不同的番茄栽培种中。研究发现,番茄果实中可溶性固形物含量与植株或果实的某些形态标记有关,通常无限生长类型的番茄的可溶性固形物含量较有限生长类型高;小果型番茄较大果型的高,可溶性固形物含量与果型指数呈正相关,与果肉厚度、花序间隔等也呈显著正相关,但与四叶期出现早晚呈显著负相关;另外,低呼吸速率品种可溶性固形物含量通常较高。

Tanksley 和 Hewitt(1988)鉴定发现:当栽培番茄中有克梅留斯基番茄第 7 染色体端部、中部和第 10 染色体端部片段发生遗传物质渗入时,番茄果实内可溶性固形物含量有所提高;不过,在提高果实内可溶性固形物含量的同时,也出现了一些如果实 pH 值增高、低产、果形小等有害性状。导入片段不同,将导致番茄的某些特性发生改变。Azanza 等(1994)研究发现,克梅留斯基番茄的第 7 染色体中部片段可以减少果实成熟过程中对水分的吸收,从而提高果实的糖含量、pH 值、可溶性固形物的含量;第 7 染色体末端片段可以提高绿色果实淀粉含量和红色果实重量。Chetelat 等(1995)用分子标记辅助选择技术和以蔗糖酶 cDNA 作探针,成功地实现了含 *sucr* 基因片段向栽培番茄的渗入,并明显提高了果实中可溶性固形物含量、可滴定酸度和番茄酱的产出率,随后经过选择获得了可溶性固形物含量甚至比回交亲本高 40%的品系,主要是由于提高该品系中碳水化合物从叶"源"向果实"库"运输效率,从而提高了可溶性固形物的含量。

番茄果实可溶性固形物含量的提高,不仅可以改善番茄果实品质,对于加工番茄的生产也尤为重要;由于番茄果实可溶性固形物含量的提高,在很大程度上可以减少番茄加工过程中脱水费用。Yousef 和 Juvik(2001)利用来自克梅留斯基番茄(父本)的染色体片段通过连续的回交,向栽培中番茄 VF145B-7879(加工番茄)内转化,从而提高了果实内可溶性固形物的含量,通过降低脱水费用大幅度地降低了番茄加工成本。

同时,针对克梅留斯基番茄其他多种优良数量性状,还构建出了相应的 QTL 图谱。为了可以充分地利用克梅留斯基番茄遗传资源,构建精细的遗传图谱至关重要。选用重叠的重组染色体和 RFLP 标记构建了克梅留斯基番茄和普通番茄高密度的 QTL 图谱,为克梅留斯基番茄的优良基因向普通番茄中的渗入创造了良好的条件,并为进一步建立更饱和的图谱打下了基础。Frary 等(2003)利用近等位基因系(TA1150,56cM)构建了克梅留斯基番茄第 1 染色体的 QTL 图谱,该染色体携带多个优良性状基因(可溶性固形物、果皮厚度和果实硬度等)。

6.3.4 克梅留斯基番茄其他方面的研究

克梅留斯基番茄除在可溶性固形物这一突出特点方面研究比较深入外,在其他方面也开展了大量研究。

研究发现，在其他野生番茄种中，内源乙烯生物合成与果实成熟阶段相关，而克梅留斯基番茄果实内源乙烯的生物合成却与果实软化程度密切相关(Rebecca et al 1981)。Chen 等(2002)通过 RAPD 和 RFLP 分析确认了杂交种有特异带型产生；同时，还发现染色体数目改变、线粒体缺失和遗传重组等现象；杂交植株在叶片、果实、茎等也表现出了杂交种的特性，从而为增加番茄遗传多样性和创造新种质提供了有效途径创造。Young 等(1994)通过分析生长素 *ARP* 1 基因 5′转录区的拷贝数发现，克梅留斯基番茄的 *ARP* 1 基因缺少 5′端 Lyt1 部分，推断克梅留斯基番茄的 *ARP* 1 基因可能在染色体上发生转座。

最近对克梅留斯基番茄反转座子研究开展了较为细致的工作。Tam 等(2007)对来自番茄栽培及其近缘野生种的 *copia* 类型反转座子 ToRTL1，T135 和 Tnt1 进行特异序列扩增、测序和进行聚类分析，并获得了较好的研究结果。同时还发现，61%多态性插入片段位于着丝粒附近，并且转座子 ToRTL1，T135 和 Tnt1 的分布主要与有害性的插入、基因流动以及杂交系统有关。关于对 3 个反转座子在不同杂交系统的基因多态性评估部分情况如表 6-1 所示。

表 6-1　3 个反转座子的基因多态性评估

(引自 Tam et al 2007)

反转座子	材料名称	杂交系统	总位点数	每份材料平均位点数	记录位点数	插入多态性位点比率	*He*	P 测验
ToRTL1-E00	普通番茄	SC	53	21.62(1.23)	33	45.45	0.0762	0.00127
	醋栗番茄	SC	9	23.33(1.32)	34	55.88	0.1767	
	契斯曼尼番茄	SC	1	25	25	—	—	
	克梅留斯基番茄	SC	3	19.67(2.52)	26	42.31	0.1485	
T135-E00	普通番茄	SC	53	25.94(1.32)	35	48.57	0.1188	0.000186
	醋栗番茄	SC	9	24.22(2.11)	35	—	0.2086	
	契斯曼尼番茄	SC	1	23	23	60.00	—	
	克梅留斯基番茄	SC	3	33.67(2.08)	46	54.35	0.2161	
Tnt1-C00	普通番茄	SC	53	29.64(1.2)	42	54.14	0.1162	0.000091
	醋栗番茄	SC	9	30.22(1.09)	46	65.22	0.2361	
	契斯曼尼番茄	SC	1	29	39	—	—	
	克梅留斯基番茄	SC	3	30.33(1.16)	37	29.73	0.0993	

SC 指 self-compatible；*He* 指 genetic diversity index。

Schauer 等(2005)采用气质联用(Gas chromatography and mass spectrometry，GC-MS)系统，首次比较分析了栽培种番茄及其 5 个近缘野生种(细叶番茄、克梅留斯基番茄、潘那利番茄、小花番茄和多毛番茄)果实和叶片代谢产物，果实主要测定了淀粉和蛋白含量，叶片主要分析了各种有机酸的含量。研究结果表明，不同番茄

种叶片和果实代谢产物存在明显差异;其中,叶片中各种成分含量与栽培种番茄最近的是细叶番茄,然后依次为潘那利番茄、克梅留斯基番茄和小花番茄,多毛番茄与栽培种番茄差异最大;而在果实中,栽培番茄与多毛番茄最相近,其次是克梅留斯基番茄、潘那利番茄和细叶番茄,而与小花番茄差异最大;该研究对利用野生番茄进行番茄代谢育种具有重要意义。

6.4 克梅留斯基番茄在番茄遗传改良中的应用

遗传背景狭窄是限制栽培番茄进行遗传改良主要因素之一,番茄近缘野生种丰富的遗传多样性为番茄遗传改良提供了重要的基因库(Rick & Chetelat 1995)。克梅留斯基番茄在番茄抗病、抗逆和品质改良方面具有潜在的应用价值,特别是在高可溶性固形物方面具有的"先天优势",对于栽培种番茄品质改良具有潜在的应用价值。同时,用克梅留斯基番茄对番茄进行遗传改良应注意两点:①有关克梅留斯基番茄进化存在争议,其遗传背景较复杂,为了能更好地利用克梅留斯基番茄的优良性状,首先应对克梅留斯基番茄的抗病、抗逆和品质等特征加以系统和科学地鉴定,同时可以采用现代的分子生物学方法如基因工程和分子标记辅助选择技术,以期减少在番茄遗传改良工作中的盲目性;②克梅留斯基番茄果实较小,产量较低,所以在利用其对番茄进行遗传改良时,某些劣质基因或性状如低产性状有可能随之引入,因此应克梅留斯基番茄的优良性状进行更精确的定位,最为理想的方法就是建立克梅留斯基番茄的高密度图谱,最终克隆决定优良性状的目的基因,可以减少劣质或冗余基因的导入。随着基因工程技术的快速发展和日趋成熟,有目的地将克梅留斯基番茄的优良基因靶向、快速地整合入栽培种番茄基因组已成为可能,但是面对携带有大量优良基因的克梅留斯基番茄,如何有效地去利用它对番茄进行遗传改良,并满足快速、安全的目的,根据在实际生产需求和育种条件应采取不同的策略。

参考文献

[1] Azanza F, Young T E, Kim D, et al. Characterization of the effect of introgressed segments of chromosome 7 and 10 from *Lycopersion chmielewskii* on tomato soluble solids, pH, and yield [J]. Theoretical and Applied Genetics, 1994, 87(8): 965-972.

[2] Balirea M E, Cuartero J, Bolarín M C, et al. Sucrolytic activeties during fruit development of *Lycoperscon* genotypes differing in tolerance to salinity [J]. Physiologia Plantarum, 2003,118: 38-46.

[3] Benjamin S, Amos N, Menachem J B, et al. Carbohydrate supplements to the callus

culture medium modify the growth of potato tuber moth larvae feeding on *Lycopersicon chmielewskii callus* [J]. *Physiologia Plantarum*, 1997, 101: 556-562.

[4] Bretó M P, Asins M J, Carbonell E A. Genetic variability in *Lycopersicon* species and their genetic relationships [J]. Theoretical and Applied Genetics, 1993, 86(1): 113-120.

[5] Chen L Z, Kaoru M, Makoto I, et al. Somatic hybrids between *Lycopersicon esculentum* and *Lycopersicon chmielswskii* [J]. Plant Biotechnology, 2002, 19(5): 389-396.

[6] Chetelat R T, DeVerna J W, Bennett A B. Introgression into tomato (*Lycopersicon esculentum*) of the *L. chmielewskii* sucrose accumulator gene (*sucr*) controlling fruit sugar composition [J]. Theoretical and Applied Genetics, 1995, 91(2): 327-333.

[7] Frary A, Doganlar S, Frampton A, et al. Fine mapping of quantitative trait loci for improved fruit characteristics from *Lycopersicon chmielewskii* chromosome 1 [J]. Genome, 2003, 46(2): 235-243.

[8] Harada S, Fukuta S, Tanaka H, et al. Genetic analysis of the trait of sucrose accumulation in tomato fruit using molecular marker [J]. Breed Sci. 1995, 45: 429-434.

[9] Hiroaki E, Hiroyuki I, Tadashi T, et al. Genetic diversity if the "*peruvianum-complex*" (*Lycopersicon peruvianum* (L.) Mill. And *L. chilense* Dun.) revealed by RAPD analysis [J]. Euphvtica, 2000, 116: 23-31.

[10] Juvik J A, Berlinger M J, Ben-David T, et al. Resistance among accessions of the genera *Lycoperscon* and *Solanum* to four of the main insect pests of tomato in Israel. Phytoparasitica, 1982, 10:1 45-156.

[11] Kateřina M, Lenka L, Aleš L, et al. Reactive oxygen species generation and peroxidase activity during *Oidium neolycopersici* infection on *Lycopersicon* species [J]. Plant Physiology and Biochemistry, 2004, 42: 753-761.

[12] Klann E M, Chetelat R T, Bennett A B. Expression of acid invertase gene controls sugar composition in Tomato (*Lycopersicon*) Fruit [J]. Plant Physiol, 1993, 103: 863-870.

[13] Ohyama A, Hirai M. Introducing an antisense gene for a cell-wall-bound acid invertase to tomato (*Lycopersicon esculentum*) plants reduces carbohydrate content in leaves and fertility [J]. Plant Biotechnol, 1999, 16(2): 147-151.

[14] Paterson A H, Joseph W D, Lanini B, et al. Fine mapping of quantitative trait loci using selected overlapping recombinant chromosomes, in an interspecies cross of tomato [J]. Genetics, 1990, 124: 795-742.

[15] Rebecca G, Fobes J, Herner R C. Ripeinmg behavior of wild tomato species [J]. Plant Physiol, 1981, 68: 1428-1432.

[16] Rick C M, Kesicki E, Fobes J F, et al. Genetic and biosystematic studies on two new sibling species of *Lycopersicon* from Interandean Peru [J]. Theoretical and Applied Genetics, 1976, 47: 55-68.

[17] Schauer N, Zamir D, Fernie A R. Metabolic profiling of leaves and fruit of wild species

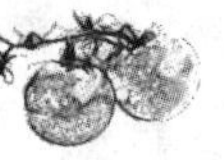

tomato: a survey of the *Solanum lycopersicum* complex [J]. Journal of Experimental Botany, 2005, 56(410): 297-307.

[18] Seliga J P, Shattuck V I. Crop rotation affects the yield and nitrogen fertilization response in processing tomatoes [J]. Scientia Horticulture, 1995, 64: 159-166.

[19] Serge Y, Beeson R C, Trudel M J, et al. Acclimation of two tomato species to high atmospheric CO_2[J]. Plant Physiol, 1989, 90: 1465-1472.

[20] Soler S, Prohens J, Díez M J, et al. Natural Occurrence of *Pepino mosaic virus* in *Lycopersicon* Species in Central and Southern Peru [J]. Journal of Phytopathology, 2002, 150(2): 49-53.

[21] Sun J D, Tadeusz L, Sung S S, et al. Sucrose synthase in wild tomato, *Lycopersicon chmielewskii*, and tomato fruit sink strength [J]. Plant Physiol, 1992, 98: 1163-1169.

[22] Tam S M, Causse M, Garchery C, et al. The distribution of copia-typer etrotransposons and the evolution aryhistory of tomato and related wild species [J]. European society for evolutionary biology, 2007, 20: 1056-1072.

[23] Tanksley S D, Hewitt J. Use of molecular markers in breeding for soluble solids content in tomato a re-examination [J]. Theoretical and Applied Genetics, 1988, 75, (5): 811-823.

[24] Yelle S, Chtelate R T, Dorasis M, et al. Sink metabolism in tomato fruit IV: genetic and biochemical analysis of sucrose accumulation [J]. Plant Physiol, 1991, 95: 1026-1035.

[25] Yen C H, Shleton BA, Howard L R, et al. The tomato high-pigment (hp) locus maps to chromosome 2 and influences plastome copy number and fruit quality [J]. Theor Appl Genet, 1997, 95: 1069-1079.

[26] Young R J, Francis D M, St. Clair D A, et al. A Dispersed family of repetitive DNA sequences exhibits characteristics of a transposable element in the Genus *Lycopersicon* [J]. Genetics, 1994, 137: 581-588.

[27] Yousef G G, Juvik J A. Evaluation of breeding utility of a chromosomal segment from *Lycopersicon chmielewskii* that enhances cultivated tomato soluble solids [J]. Theor Appl Genet, 2001, 103: 1022-1027.

7 小花番茄
(*Solanum neorickii*)

7.1 小花番茄的起源和分类

小花番茄(*Solanum neorickii*,以前的 *Lycopersicon parviflorum*)(2n=2x=24)在植物学上分类属于茄科、茄属,番茄种(Peralta et al 2000;Spooner et al 2005)。

小花番茄和克梅留斯基番茄在分为两个独立种之前,被统称为小番茄(*Solanum minutum*)(Rick,1976)或者被称为小番茄复合体(minutum-complex)。在对小花番茄分类方面,Chmielewski 和他的同事在 60 年代做了大量的工作认为该种与克梅留斯基番茄具有明显区别,该种的特点是果小(直径<1.0 厘米)、花小、叶小,结构简单,茎细长,植株小,各部位均小,早期的名字叫小番茄"minutum",后来定名为小花番茄"Parviflorum",即 *Solanum neorickii*。

小花番茄起源中心位于秘鲁腹地南纬 12°~14°,西经 72°~74°。该地区是比较孤立的地区,因此这个种发现的比较晚。小花番茄、克梅留斯基番茄在该地区呈重叠分布,包括帕查查卡河和阿普里马克河流域,靠近苏拉卡塔,阿班凯,利马坦博和库斯克的植物聚集地。这两个种在洛哈山脉小河边比较潮湿的地区均有发现。克梅留斯基番茄与小花番茄相比,多生长在排水略好的区域。尽管如此,这两个种还是会生长在一起,有时它们的茎叶还互相交错(Rick 1976),该地区的海拔高度为 1 500~3 000 米。

小花番茄分布地域比较广,Rick 和 Holle(1981)发现小花番茄在其起源中心的北部和西部也分布很普遍,在秘鲁北部腹地靠近 Rio Maranon 河流域发现,甚至小花番茄的种子样品在秘鲁北部(南纬 6°西经 78°)的查查波亚斯和佩德罗鲁伊兹地区也被收集到,最北部的种群在厄瓜多尔的欧纳地区洛哈(南纬 3.5°,西经 79°)发现(Rick & Holle 1981,Esquinas-Alcazar 1981)。

7.2　小花番茄的生物学特性

7.2.1　小花番茄的植物学特征

小花番茄植株矮小，叶片小、结构简单，茎细长，植株的各器官比其他番茄也显得小。花序间一般有两个叶片，有小或无苞片；花小，花冠直径＜1.5 cm，果实成熟时为绿色或灰绿色，果实小，直径＜1.0 cm，种子长度约1.0 mm或更短，如图7-1所示。

图7-1　小花番茄生态环境与植物学特征

A和B：小花番茄生态环境；C：小花番茄花；D：小花番茄果实

7.2.2　番茄生长的发育习性

小花番茄花小，柱头不能伸出花药圆锥体外部，属于自花授粉类型。Rick(1976)基于对小花番茄和克梅留斯基番茄的异源结合酶(allozymes)研究发现，小花番茄群体内异源结合酶表现完全一致；而克梅留斯基番茄和小花番茄远交，表现为广泛的多态性，认为小花番茄是由克梅留斯基番茄进化而来，由于连续自交，使之在遗传特性上有别于其祖先。这两个种可以通过人工授粉相互杂交，但并没有发现两者间有天然杂交的渐渗现象。

7.2.3 小花番茄与番茄的杂交特性

小花番茄可以与普通番茄杂交，无种间生殖障碍，不过花小难以去雄(Rick 1976)。另外研究还发现：有几种生态型不同的小花番茄具有显性的脱叶基因(Df)和隐性致死作用，并且这种特性也只有与普通番茄进行杂交时才表现出来，而与番茄其他野生番茄进行远缘杂交时却未发现(Rick 1977)。

根据小花番茄与番茄及其近缘种的杂交关系，Rick(1976)将小花番茄归于"番茄复合体"，因为虽然小花番茄的"minutum"种的果实成熟时为灰绿色，但它更近似于绿色果实的细叶番茄，易于与番茄复合体其他种进行杂交。不过，由于小花番茄发现的相对较晚，育种家对小花番茄资源的利用潜力的挖掘还不够，致使目前小花番茄并未被植物育种家所广泛开发和利用。小花番茄一个有趣的特征是，第一花序开花前分化的叶子比较少，以后每个花序之间也只有两片叶子，该特点与秘鲁番茄的许多品系很相似，而与普通特别是商业上栽培的无限花序型的番茄不同，因普通番茄通常是每隔 3 片叶着生一个花序。Philouze(1979)建议把控制这一性状的基因转育到温室番茄品种中，不过在遗传控制上可能比较复杂。

7.2.4 小花番茄的园艺学特征

小花番茄在果实成熟时具有较高的含糖量，可溶性固形物含量为 10.0%～11.0%；Rick(1973)用小花番茄与美国加州品种 VF-145(可溶性固形物含量约为 5.0%)杂交培育出了可溶性固形物高达 7.5%的品种，并且在果实大小和颜色上也有较好的表现。

研究还发现，小花番茄(PR0731089)还具有抗白粉病的特性，用栽培番茄与之杂交，杂交后代分离和抗病性鉴定表明，小花番茄的抗病基因(*ol-2*)属隐性基因。栽培番茄对白粉病敏感(感病)，但包括小花番茄(G1.1601)的多个野生种却对白粉病高抗。通过对栽培番茄(Moneymaker)和小花番茄(G1.1601)F_2 群体的 RFLP 分析，白粉病的抗性是由 3 个 QTLs 控制的，*Ol-qtl* 1 位于第 6 染色体与 *Ol*-19(与白粉病过敏反应有关基因)在同一区域，*Ol-qtl* 2 和 *Ol-qtl* 3 都位于第 12 染色体，两者距离 25 cM，位于抗白粉菌(*Leveillula taurica*)的另外一个基因 *Lv* 附近，3 个 QTLs 综合起来对表现型变异解释可高达 68%，同时也被 F_3 代群体的抗病性所证实。

栽培番茄与野生番茄种子通常差别较大，小花番茄与栽培番茄杂交后代群体出现的最大变异发生在 *sw* 4.1 位点上，同时这个群体中携带具有野生番茄位点

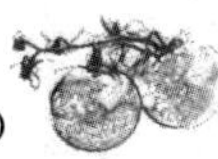

QTL 的植株的种子要比纯合的栽培种植株的种子轻 32.0%(Doganlar & Frary 2000)。

7.3 小花番茄分子生物学的研究现状

Fulton 等(2000)用主栽的加工番茄纯系(E6230)和小花番茄(LA2133)杂交,用 AB-QTL(Advanced Backcross QTL)策略去检测 QTLs 对重要农艺性状的影响。在该研究中用 133 个遗传标记确定了 170 个回交二代(BC2)植株基因型,其中这 133 个标记中含有 131 个 RFLP 标记、1 个基于 PCR 的标记 I-2 和 1 个形态标记 u(成熟一致性)标记,把约 170 个回交三代家系(BC3)分别种植(加里福尼亚、西班牙和以色列),对 30 个园艺性状进行了调查和测定,确定了 199 个与 30 个园艺性状有关的 QTLs,每个性状与 1~19 个不等数目的 QTLs 连锁。尽管小花番茄总体表现较差,不过对于这 19 个性状至少有 1 个有利的 QTL 来自小花番茄(Fulton et al 2000,Wang & Chee 2010)。

Fulton(2002)等用小花番茄、醋栗番茄,秘鲁番茄和多毛番茄与栽培番茄的 AB(Advanced Backcross)材料,用 AB-QTL 策略去确定可能对番茄风味有贡献的特征如糖和有机酸,与糖/酸比变化相关并有显著效果的 QTLs 被认为是以后开展番茄风味改良是一个很好的靶标。新鲜水果和蔬菜是另一个有机酸——维生素 C 的主要资源,维生素 C 是人类食物中重要的抗氧化剂,在番茄果实中表现为数量遗传(Wang & Chee 2010)。

用 RFLP 标记(TG279)对 51 个 BC1 植株筛选,选出在第 6 号染色体上携带与 *sp* 位点同质等位基因的植株,目的是获得加工番茄适于田间生长和收获自封顶性状。在 8 个自封顶 BC1 的后代 BC2 中筛选获得 127 个植株,1995 年夏季种植在 Ithaca 温室内;然后在 1996 年以 BC2 为母本,以 E 为父本杂交,获得的 BC3 种子在田间种植进行园艺性状测定。通过对多地种植,30 个农艺性状调查、分析和 LOD 值计算。

通过对园艺性状调查和分析,用 133 个标记包括 131 个 RFLP 标记、1 个基于 PCR 的标记 I2 和 1 个决定果实成熟一致性的多态性标记 *u* 确定了 BC_2 群体的遗传组成,QGene 计算发现,处于杂合状态位点平均值 19%,接近 BC2 群体期望值 25%,有 33 个(25%)表示出与杂合体期望值严重偏离。而没有发现有区段明显偏向于野生型的基因,仅有分布在第 6、8 和 10 条染色体上的 3 个标记 CT216、CT68 和 CT238 表现出高于杂合体的期望值。相反,还有几个片段明显趋向于栽培品种(E6230)的基因,主要分布在第 4 条和第 11 条染色体的顶部,第 10 条染色体的两侧区段,第 9 条染色体底部,第 12 条染色体的中部和第 3 条染色体的顶部。正如所期望的那样,由于在 F_2 代选择了矮化的植株,所以造成偏向栽培品种。考虑到以前对 PF 试验结果在后代群体中并未发生畸形分布，仅仅涉及到 CT109；并且，PF 群体几乎在遗传图谱的所有区段均有野生基因的表达。而在用小花与栽培番茄构建的遗传群体中，也出现与其他研究中普遍存在的杂交后代颠狂（畸形）的不正常分离。显著偏向于栽培番茄的位点有第 11 条染色体顶端、第 10 条染色体着丝点区域和第 12 条染色体中部，类似的结果出现在多毛番茄和秘鲁番茄这两个绿果品的研究中。

将每一个性状所检测到的 QTLs 列于表 7-1 中，对 30 个性状的一些重要的 QTLs 分析，一共有 199 个 QTLs，每一个性状对应 1-19 个 QTLs 所获得的 133 个标记覆盖染色体总长度 940 cM，占高密度番茄图谱的 74.0%。

研究小花番茄所涉及的大部分性状在研究醋栗番茄、秘鲁番茄和多毛番茄野生种中也涉及到，而且选用的回交亲本都是栽培番茄，因此可以通过比较源自 4 个野生种的试验结果，可以鉴定和推断所获得的 QTLs 是否在野生种中处于保守状态，如图 7-2 所示。用不同亚系 RFLP 标记所构建的种特异连锁遗传图谱，如果它们同时被定位在连锁遗传图谱的 15 cM 区域内，那么对于两个或更多野生种涉及的 QTLs 就可能属于定向进化的同源基因。

1. 小花番茄中与番茄遗传改良相关的 QTLs

pH、总酸（TA）和总有机酸（TOA）是加工番茄需重点考虑的性状，无法从更广泛的角度对其变化好坏加以界定，因而对所调查的 30 个性状中的 27 个加以评价。与这 27 个性状有关的并加以鉴定的 QTLs 有 183 个，其中有 76 个 QTLs（占 42%）与 19 个性状（占 70%）相关，这些性状均可以通过小花番茄的基因加以改良。所鉴定的小花番茄基因表型有表现优势的性状如折光系数和果实遮盖度等，也有表现不良的性状如总产量、果重、内部和外部果实颜色和园艺性状接受程度等。其他的 8 个性状没有在小花番茄中发现相关基因，包括折光系数与红果产量的乘积、红果产量、果实粘度、黄色、果实颜色、胶囊物、网状果皮和果肩等。在小花番茄中，可用于番茄遗传改良的基因比率较高的分别为折光系数 100.0%、胡萝卜素含量 83.0%和遮光度 74.0%。相对比较高比率还有果芯部大小（67%）、果实硬度（50%）和果实内部颜色（47%）等。

在所涉及的 27 个性状中，有 15 个性状在醋栗番茄、秘鲁番茄和多毛番茄研究过程中也有涉及，尽管有少数性状在测定方法上有所不同，但差异不大，并且有 14 个性状可以比较几个野生种之间获得正向 QTL 的比率的大小，如图 7-2 所示。与小花番茄研究结果相似，在秘鲁、醋栗和多毛番茄中也分别获得了比率为 100%、90%和 80%有利的 QTLs。这是一个令人期待的结果，因为在利用不同番茄野生种所构建的 4 个遗传群体中均发现与折光系数和遮光度相关的 QTL。不过，也有令人失望的方面是，野生番茄某些 QTLs 正向控制性状，却使该性状变差。

表 7-1 根据 BC_3 群体中获得的数据检测到的 QTLs

(引自 Fulton et al 2000)

Trait		QTL	Chrm.	Marker	CA-1	CA-2	SP-1	SP-2	IS-1	IS-2	CU	%A	%PV
Total yield		*yld* 1.1	1	TG301	na	***−	na	*−	na	ns	na	−31	8
	#∧	*yld* 2.1	2	TG34	na	**−	na	****−	na	ns	na	−30	5
	∧	*yld* 3.1	3	TG42	na	ns	na	*+	na	***−	na	−15	7
	@	*yld* 6.1	6	TG477	na	***+	na	ns	na	ns	na	27	7
		yld 8.1	8	TG349	na	**−	na	***−	na	*−	na	−37	7
Red yield		*rdy* 2.1	2	TG920	na	*−	na	*−	na	*−	na	−19	2
	@	*rdy* 5.1	5	TG363	na	****−	na	*−	na	**−	na	−54	13
		rdy 8.1	8	TG349	na	*−	na	***−	na	*−	na	−39	6
	∧	*rdy* 8.2	8	CT148	na	*−	na	*−	na	*−	na	−23	4
Fruit weight		*fw* 2.1	2	TG290	na	ns	na	*−	na	***−	***−	−27	9
		fw 2.2	2	CT9	na	***−	na	****−	na	**−	****−	−33	15
	#	*fw* 3.1	3	TG251	na	*−	na	*−	na	*−	**−	−25	7
		fw 6.1	6	CT216	na	ns	na	**−	na	ns	**−	−17	5
	@	*fw* 7.1	7	TG143	na	***−	na	**−	na	*−	***−	−23	8
	@	fw10.1	10	TG230	na	***−	na	***−	na	*−	***−	−34	9
		fw 11.1	11	TG286	na	***−	na	**−	na	ns	****−	−27	11
		fw 12.1	12	CT156A	na	*+	na	ns	na	*+	***+	30	8
Ostwald		*ost* 6.1	6	TG232	na	****+	na	na	na	na	na	59	17
Bostwick	∧	*bos* 2.1	2	TG353	na	**−	na	****−	na	na	na	−31	11
		bos 9.1	9	CT220	na	***−	na	ns	na	na	na	−45	7
		bos 10.1	10	TG52	na	***−	na	****−	na	na	na	−47	16
Soluble		*brx* 4.1	4	GP180A	na	***+	na	ns	na	ns	na	28	8
	#	*brx* 5.1	5	CD64	na	ns	na	ns	na	****+	na	17	
	∧	*brx* 6.1	6	CT216	na	**+	na	**+	na	**+	na	11	5

（续表）

Trait		QTL	Chrm.	Marker	CA-1	CA-2	SP-1	SP-2	IS-1	IS-2	CU	%A	%PV
Soluble	∧	*brx* 9.1	9	TG421	na	ns	na	ns	na	***+	na	20	8
Brix*red yield	@	*bry* 5.1	5	TG363	na	****−	na	ns	na	ns	na	−55	11
		brx 8.1	8	CT156B	na	*−	na	***−	na	*−	na	−42	8
Yellow		*yel* 12.1	12	TG565	****−	na	na	na	na	na	na	−84	21
		ic 1.1	1	TG255	**+	na	*+	na	*+	ns	na	23	4
		ic 2.1	2	TG308	***+	na	**+	na	****+	ns	na	38	7
		ic 2.2	2	CT9	***+	na	*+	na	**+	ns	na	30	5
		ic 4.1	4	TG22	**−	na	ns	na	**−	**−	na	−28	4
		ic 5.1	5	TG69	***−	na	*−	na	ns	ns	na	−23	6
	∧	*ic* 7.1	7	TG342	ns	na	ns	na	****−	ns	na	−31	7
		ic 7.2	7	TG216	***−	na	ns	na	*−	ns	na	−24	4
		ic 8.1	8	CT148	***−	na	**−	na	ns	****−	na	−56	8
	@	*ic* 9.1	9	CD32A	***−	na	ns	na	*−	**−	na	−24	5
		ic 9.2	9	CT220	***+	na	*+	na	ns	*−	na	49	4
		ic 10.1	10	TG52	***+	na	****+	na	+ *	ns	na	38	7
	∧	*ic* 10.2	10	CT95	ns	na	ns	na	ns	***+	na	43	4
		ic 11.1	11	CT168	ns	na	ns	na	ns	***−	na	−89	3
		ic 11.2	11	TG546	*+	na	ns	na	ns	***+	na	39	4
		ic 12.1	12	TG68	****−	na	**−	na	**−	ns	na	−30	9
External fruit	∧@	*ec* 1.1	1	TG27	ns	na	ns	na	***−	na	na	−33	6
	#	*ec* 2.1	2	CT9	***+	na	ns	na	ns	na	na	34	6
	∧	*ec* 4.1	4	TG22	***−	na	****−	na	**−	na	na	−24	8
		ec 5.1	5	CD78A	*−	na	ns	na	****+	na	na	34	6
		ec 7.1	7	TG452	*−	na	*+	na	****−	na	na	−31	7
		ec 8.1	8	CT111	****−	na	ns	na	*−	na	na	−26	8

(续表)

Trait		QTL	Chrm.	Marker	CA-1	CA-2	SP-1	SP-2	IS-1	IS-2	CU	%A	%PV
External fruit		*ec* 11. 1	11	TG546	***+	na	ns	na	ns	na	na	23	6
		ec 12. 1	12	TG68	****−	na	*−	na	ns	na	na	−27	7
		ec 12. 2	12	TG602	*+	na	ns	na	****+	na	na	36	6
Fruit color, lab		*fc* 5. 1	5	TG363	na	***−	na	ns	na	na	na	−5	7
		fc 8. 1	8	CD40	na	***−	na	*−	na	na	na	−5	9
	∧	*fc* 8. 2	8	CT111	na	****−	na	**−	na	na	na	−5	11
	@	*fc* 12. 1	12	TG360	na	ns	na	***−	na	na	na	−7	8
Internal gel color		*gel* 3. 1	3	TG251	na	na	na	na	na	***−	na	−8	7
		gel 8. 1	8	TG349	na	na	na	na	na	****−	na	−17	16
Lycopene		*lyc* 2. 1	2	CT9	na	**+	na	na	na	na	na	24	5
		lyc 3. 1	3	TG214	na	**+	na	na	na	na	na	19	5
		lyc 5. 1	5	CD64	na	****−	na	na	na	na	na	−31	10
		lyc 8. 1	8	CT148	na	**−	na	na	na	na	na	−19	5
		lyc 12. 1	12	TG111	na	**−	na	na	na	na	na	−27	6
Beta-carotene		*bc* 2. 1	2	TG308	na	**+	na	na	na	na	na	51	6
		bc 4. 1	4	CT145B	na	****+	na	na	na	na	na	171	21
		bc 8. 1	8	CT111	na	**−	na	na	na	na	na	−39	6
		bc 9. 1	9	TG421	na	**+	na	na	na	na	na	69	5
		bc 10. 1	10	CT42	na	****+	na	na	na	na	na	91	17
		bc 11. 1	11	CT168	na	***+	na	na	na	na	na	115	8
Stem scar		*scr* 2. 1	2	CT59	ns	na	ns	na	ns	****+	na	91	4
		scr 3. 1	3	TG214	*+	na	*+	na	ns	*+	na	24	1
		scr 5. 1	5	TG503	****−	na	ns	na	ns	ns	na	−24	7
		scr 6. 1	6	TG292	***−	na	**−	na	ns	*−	na	−22	5
		scr 6. 2	6	CP61	***+	na	ns	na	ns	ns	na	16	5

（续表）

Trait		QTL	Chrm.	Marker	CA-1	CA-2	SP-1	SP-2	IS-1	IS-2	CU	%A	%PV
Stem scar		*scr* 7. 1	7	TG61	***+	na	ns	na	ns	****+	na	52	5
		scr 8. 1	8	TG176	*+	na	**+	na	ns	*+	na	19	3
		scr 8. 2	8	CT64	ns	na	ns	na	****+	**+	na	35	6
		scr 9. 1	9	TG10	***−	na	**−	na	ns	ns	na	−15	3
		scr 10. 1	10	CT112B	*+	na	***+	na	ns	ns	na	30	5
		scr 11. 1	11	TG7	ns	na	ns	na	***−	ns	na	−35	5
Epidermal		*er* 4. 1	4	TG464	na	na	****−	na	na	na	na	−140	67
		er 6. 1	6	TG477	na	na	***−	na	na	na	na	−38	8
		er 8. 1	8	CT68	na	na	***−	na	na	na	na	−33	8
		er 12. 1	12	TG68	na	na	***−	na	na	na	na	−38	8
Shoulders		*shd* 10. 1	10	CT57	na	na	na	na	na	****−	na	−27	5
Stem	∧@	*str* 2. 1	2	TG34	na	na	na	****−	na	*−	na	−104	11
	@	*str* 6. 1	6	TG477	na	na	na	**+	na	***+	na	33	9
		str 7. 1	7	TG217	na	na	na	***−	na	ns	na	−75	11
	∧	*str* 8. 1	8	CT47	na	na	na	****−	na	**−	na	−102	12
		str 8. 2	8	CT148	na	na	na	****−	na	*−	na	−91	14
	#∧	*str* 10. 1	10	TG540	na	na	na	**−	na	***−	na	−43	7
Fruit shape	#	*fs* 1. 1	1	CT67	ns	ns	***+	na	*+	na	na	14	4
		fs 2. 1	2	TG33	****−	ns	ns	na	ns	na	na	−15	5
	#	*fs* 2. 2	2	CT9	****−	****−	****−	na	***−	na	na	−34	19
	∧	*fs* 3. 1	3	TG517	*+	*+	ns	na	*+	na	na	15	2
		fs 3. 2	3	TG251	ns	ns	****−	na	**−	na	na	−22	14
		fs 4. 1	4	TG427	ns	**+	**+	na	ns	na	na	12	3
		fs 5. 1	5	CD78A	*+	****+	**+	na	*+	na	na	14	5
		fs 6. 1	6	TG352	****−	*−	**−	na	*−	na	na	−22	9

（续表）

Trait		QTL	Chrm.	Marker	CA-1	CA-2	SP-1	SP-2	IS-1	IS-2	CU	%A	%PV
Fruit shape	@	*fs* 6. 2	6	TG482	****+	**+	*+	na	*+	na	na	16	5
	@	*fs* 7. 1	7	TG143	****−	*−	****−	na	***−	na	na	−15	8
	#∧@	*fs* 8. 1	8	CT47	****−	****−	****−	na	****−	na	na	−39	28
		fs 8. 2	8	CT111	ns	ns	***−	na	**−	na	na	−11	4
	∧	*f* 9. 1	9	CT112A	*−	****−	ns	na	ns	na	na	−37	9
	@	*fs* 10. 1	10	CT234	****−	****−	****−	na	****−	na	na	−35	16
	∧	*fs* 11. 1	11	TG546	***−	*−	*−	na	ns	na	na	−12	4
		fs 12. 1	12	TG602	*+	*+	**+	na	**+	na	na	22	3
Firmness		*fir* 1. 1	1	TG301	****+	*+	*+	***+	*+	na	na	16	8
		fir 1. 2	1	TG460	*+	ns	***+	***+	*+	na	na	12	8
	#	*fir* 3. 1	3	CT141	ns	***+	ns	ns	ns	na	na	29	6
		fir 5. 1	5	TG503	****−	****−	**−	ns	ns	na	na	−15	7
		fir 6. 1	6	CT216	****−	ns	ns	***−	*−	na	na	−13	9
	@	*fir* 6. 2	6	CP61	*+	*+	ns	***+	ns	na	na	12	9
		fir 8. 1	8	TG301	***+	*+	ns	ns	ns	na	na	15	4
	@	*fir* 9. 1	9	TG10	*−	****−	*−	**−	ns	na	na	−34	7
		fir 10. 1	10	TG52	***−	ns	ns	*−	ns	na	na	−14	5
		fir 10. 2	10	CD32B	ns	***−	ns	ns	ns	na	na	−26	6
	@	*fir* 11. 1	11	TG466	****+	****+	***+	*+	ns	na	na	15	9
		fir 12. 1	12	TG565	ns	***−	*−	**−	*+	na	na	−35	5
Total acids		*ta* 3. 1	3	TG214	na	****−	na	na	na	na	na	−11	11
		ta 4. 1	4	GP180A	na	****+	na	na	na	na	na	22	12
		ta 7. 1	7	TG61	na	***−	na	na	na	na	na	−8	7
		ta 9. 1	9	TG421	na	****+	na	na	na	na	na	20	11
		toa 9. 1	9	TG421	na	***+	na	na	na	na	na	18	7

（续表）

Trait		QTL	Chrm.	Marker	CA-1	CA-2	SP-1	SP-2	IS-1	IS-2	CU	%A	%PV
Total organic		*toa* 12.1	12	TG360	na	***+	na	na	na	na	na	14	9
pH		*pH* 2.1	2	TG353	na	*+	na	ns	na	****−	na	−4	13
	#	*pH* 3.1	3	TG411	na	**+	na	****+	na	ns	na	2	10
	∧	*ph* 4.1	4	CT145B	na	**−	na	****−	na	***−	na	−6	19
		ph 4.2	4	TG65	na	****−	na	**−	na	ns	na	−3	17
		ph 5.1	5	GP180B	na	ns	na	****−	na	**−	na	−3	13
		pH 6.1	6	TG292	na	**−	na	***−	na	*−	na	−3	9
	#	*pH* 7.1	7	TG61	na	*+	na	**+	na	*+	na	1	6
		pH 9.1	9	TG9	na	****−	na	****−	na	ns	na	−4	22
		pH 9.2	9	TG421	na	*−	na	****−	na	****−	na	−5	17
	∧	*pH* 12.1	12	TG602	na	ns	na	**−	na	***−	na	−3	10
Maturity		*mat* 1.1	1	TG301	***−	**−	**−	**−	ns	na	na	−14	4
		mat 1.2	1	TG273	***−	**−	***−	ns	ns	na	na	−24	5
	@	*mat* 2.1	2	TG33	***−	ns	ns	ns	****−	na	na	−38	3
		mat 2.2	2	TG290	***−	*−	**−	*−	****−	na	na	−38	3
		mat 2.3	2	TG337	***−	*−	*−	*−	***−	na	na	−16	4
	@	*mat* 3.1	3	TG114	*+	ns	ns	ns	***+	na	na	37	1
		mat 3.2	3	TG214	ns	ns	****+	ns	*−	na	na	21	6
	# ∧	*mat* 5.1	5	CD78A	****−	ns	***−	ns	**−	na	na	−28	18
		mat 6.1	6	CT136	ns	ns	ns	***+	*+	na	na	27	4
	∧	*mat* 7.1	7	TG452	ns	*+	***+	**+	ns	na	na	18	5
		mat 8.1	8	TG176	ns	ns	ns	***−	ns	na	na	−23	3
	#	*mat* 9.1	9	TG10	ns	ns	****+	ns	ns	na	na	28	9
	∧	*mat* 9.2	9	TG421	***−	ns	ns	ns	ns	na	na	−25	5
		mat 10.1	10	TG230	ns	ns	ns	*−	****−	na	na	−56	4

（续表）

Trait		QTL	Chrm.	Marker	CA-1	CA-2	SP-1	SP-2	IS-1	IS-2	CU	%A	%PV
Maturity		*mat* 12.1	12	TG360	***−	ns	ns	*−	*−	na	na	−18	6
		mat 12.2	12	TG602	*−	*−	**−	ns	*−	na	na	−18	3
Horticultural	@∧	*ha* 1.1	1	TG27	***+	na	na	na	na	na	na	16	3
	∧	*ha* 5.1	5	TG60	****−	na	na	na	na	na	na	−31	15
		ha 9.1	9	TG421	***−	na	na	na	na	na	na	−34	6
Cover		*cvr* 1.1	1	TG301	**+	na	**+	***+	ns	na	na	29	3
		cvr 1.2	1	TG273	****+	na	***+	**+	*+	na	na	25	8
	@	*cvr* 1.3	1	TG27	ns	na	ns	****+	**−	na	na	44	7
		cvr 2.1	2	TG33	***+	na	ns	ns	*+	na	na	14	4
		cvr 2.2	2	TG353	****+	na	ns	**+	*+	na	na	21	6
	@	*cvr* 3.1	3	TG479A	ns	na	ns	****+	*−	na	na	48	7
	∧	*cvr* 3.2	3	CT82	***−	na	ns	*−	ns	na	na	−19	5
		cvr 3.3	3	TG215	***−	na	*−	**−	*−	na	na	−15	4
		cvr 4.1	4	CT145B	***+	na	*+	ns	ns	na	na	44	8
		cvr 4.2	4	TG305	*+	na	*+	ns	*+	na	na	13	3
	@	*cvr* 5.1	5	CD64	****+	na	**+	ns	****+	na	na	28	9
	#	*cvr* 5.2	5	TG60	****+	na	**+	**−	***+	na	na	37	20
		cvr 6.1	6	CP61	*−	na	*−	ns	**−	na	na	−16	3
	#∧@	*cvr* 8.1	8	CT47	****−	na	ns	ns	*−	na	na	−23	6
	∧	*cvr* 8.2	8	CT148	ns	na	*+	ns	***+	na	na	20	4
		cvr 9.1	9	TG421	***+	na	ns	ns	**+	na	na	32	5
		cvr 11.1	11	TG36	ns	na	ns	*+	***−	na	na	−19	5
		cvr 12.1	12	TG360	***+	na	ns	ns	ns	na	na	18	4
		cvr 12.2	12	TG602	**+	na	*+	ns	**+	na	na	21	4
Internal core		*cor* 1.1	1	TG301	****+	na	na	na	na	na	na	<1	7

（续表）

Trait		QTL	Chrm.	Marker	CA-1	CA-2	SP-1	SP-2	IS-1	IS-2	CU	%A	%PV
Internal core		*cor*7.1	7	TG217	***−	na	na	na	na	na	na	−<1	2
		*cor*8.1	8	TG176	***+	na	na	na	na	na	na	<1	2
Puffiness		*puf*2.1	2	CT9	****+	na	***+	na	ns	*+	na	28	8
		*puf*3.1	3	TG42	***+	na	*+	na	ns	ns	na	19	6
		*puf*4.1	4	CT145B	***−	na	*−	na	**−	n*−	na	−25	3
		*puf*4.2	4	CT50	*−	na	**−	na	ns	**−	na	−24	2
		*puf*5.1	5	CD64	****−	na	**−	na	ns	*−	na	−29	9
		*puf*7.1	7	TG61	ns	na	****+	na	ns	*+	na	41	10
	#	*puf*8.1	8	TG349	**+	na	*+	na	ns	***+	na	−49	4
		*puf*9.1	9	TG421	***−	na	*−	na	ns	*−	na	−23	3
		*puf*10.1	10	TG52	ns	na	***+	na	ns	**+	na	38	3
		*puf*10.2	10	CT95	****−	na	ns	na	**−	ns	na	−16	5
		*puf*11.1	11	CT269A	***+	na	ns	na	**+	ns	na	36	4
		*puf*11.2	11	TG286	****−	na	**−	na	ns	ns	na	−23	12
		*puf*12.1	12	TG602	**−	na	***−	na	ns	ns	na	−36	5
Pericarp thickness		*pcp*1.1	1	TG301	**+	na	ns	na	**+	na	na	28	3
		*pcp*1.2	1	CT67	ns	na	****+	na	ns	na	na	24	8
		*pcp*6.1	6	TG232	*−	na	****−	na	ns	na	na	−15	6
		*pcp*7.1	7	TG61	****−	na	**−	na	ns	na	na	−11	5
		*pcp*8.1	8	CT156B	***−	na	ns	na	ns	na	na	−15	4
		*pcp*9.1	9	TG9	ns	na	**−	na	**−	na	na	−11	3
		*pcp*10.1	10	TG560	*−	na	***−	na	ns	na	na	−16	4
Veins		*vns*1.1	1	TG334	****+	na	na	na	na	*+	na	27	4
		*vns*6.1	6	CT216	ns	na	na	na	na	***−	na	−41	5

CA=Woodland；SP=Spain；IS=Israel；CU=Cornell University，BC2（只有单果重）。−1 表示由 CA 测定，−2 表示当地的合作者测定*表示 $P=0.1$，**$P<0.001$，****$P<0.0001$。ns 不显著，na 没有数据。+/−表示对农艺性状的正或负效应，除了 pH 外就是表示增加或减少。A（%）=200（AB−AA）/AA，AA 纯合体表现型的平均值，AB 是杂合个体的平均值，%PV 占表现型方差比率，# 表示与醋栗番茄发现的 QTLs 相同，∧表示与多毛番茄发现的 QTLs 相同，@表示与秘鲁番茄发现的 QTLs 相同。

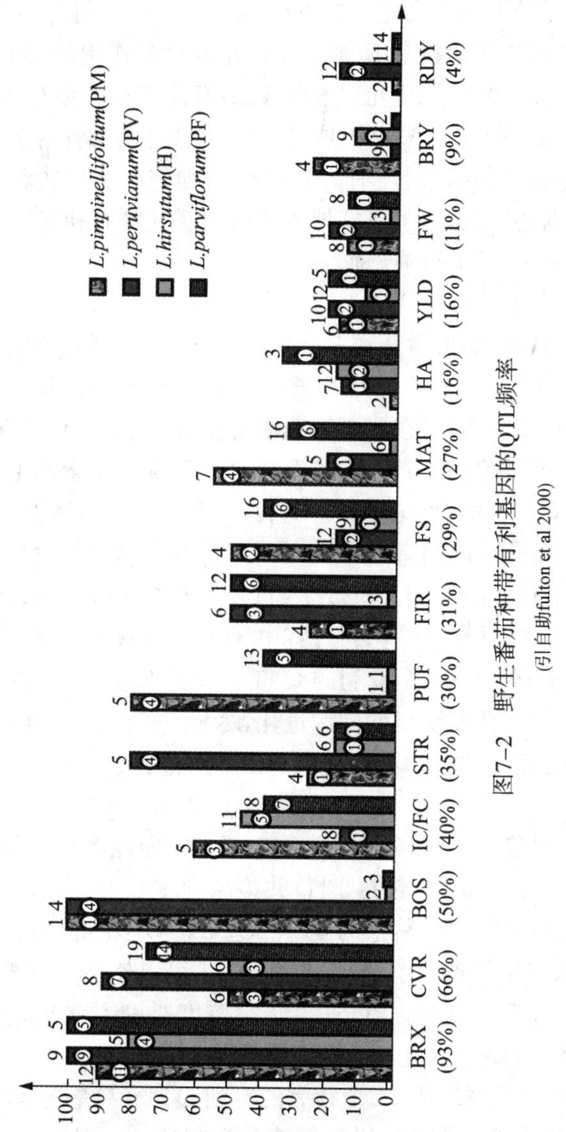

图7-2 野生番茄种带有利基因的QTL频率

(引自助fulton et al 2000)

一个可以用于番茄性状改良的野生种的 QTL 基因的育种价值主要在于它与不利基因的连锁程度,在利用小花与栽培番茄所构建群体研究其某些 QTLs 与性状连锁,为探究决定某一性状 QTL 与决定其他性状 QTL 的相关关系提供了机会。事实上,某一组性状在基因组上由几个片段所决定,如位于第 9 染色体底端的一个 22 cM 的片段与小花番茄与栽培番茄杂交或回交后代中所调查 30 个性状中的12个密切相关，尽管在该区段上，检测到了小花番茄有利的QTLs如*cvr*9.1、*brx*4.1、*bc*9.1和*ic*9.2，不过控制其他的性状起着负向作用的QTLs如*mat*9.2、*puf*9.1、*fs*9.1、*bos*9.1和*ha*9.1也被检测到。但根据小花番茄与栽培番茄所构建的群体所获得的连锁图还无法说明这是一因多效还是多个基因紧密连锁的结果，为了更清晰地阐释这些结果，还有必要进行精细作图和对这种含有多个QTL的区段进行更为详细的研究，为了更好地利用野生番茄的有利基因，有必要采取分子辅助手段来打破多个QTLs的连锁。

2. 番茄野生种间保守的QTLs

小花番茄、秘鲁番茄、醋栗番茄和多毛番茄的4个番茄野生种中发现有利于番茄遗传改良性状的QTLs估测百分率均值介于4.0%(红果产量)到93.0%(折光率)。针对所调查的14个性状，在醋栗番茄中所获得的正向QTL百分率均值最高为42.0%，依次是秘鲁番茄39.0%、小花番茄32.0%和多毛番茄17.0%。与这14个性状有关140个QTLs中，小花番茄中约有56个(39.0%)至少与其他3个野生中一个相同，与多毛番茄相同的有26个(19%)，与秘鲁番茄相同的QTL有23个(16%)和与醋栗番茄相同的QTL有15个(11%)；有7个(7.3%)QTLs是小花番茄中至少与其他2个番茄野生种所共有，其中*fs*8.1和*cvr*8.1是4个野生种所共有。并且在小花番茄中，没有一个有利的QTL与3个以上的性状有关。

其中有42个QTLs存在明显的同源进化，尽管它们源自不同的番茄野生种但是具有同样的基因效应，不过有14个QTLs在不同番茄野生种中具有相反的基因效应。

在对小花番茄、秘鲁番茄、醋栗番茄和多毛番茄与栽培番茄所构建的4个AB-QTL群体中，其中15个性状(不包括PH)共检测到130个QTLs，有52个QTLs是小花番茄所具有的有利效应，其中的31个QTLs是小花番茄基因组所特有，如*fw*12.1可以使果实重量增加30%，*ic*1.1和*ic*2.1可以使果实内部颜色加深23%和38%，而CVR(叶片遮盖度)和PUF(果实空腔度)性状，在小花番茄中大量发现，并是该种所特有QTL(分别是9个和5个)。

目前在小花番茄中所发现的31个特有的有利QTLs只是近似的估计，在将来有可能还会发现更多；同时，目前的研究仅涉及番茄的7个野生种，在秘鲁番茄和多毛番茄的研究中，还发现有几个区段显示出部分或完全趋向回交亲本，并未检测到QTLs存在。

7.4 小花番茄在番茄遗传改良中的应用

尽管在小花番茄与栽培番茄所构建的作图群体中发现了有正向和负向QTLs

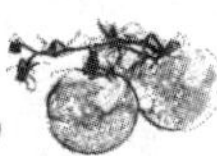

紧密连锁现象，但小花番茄中还发现了至少 12 个有利而又没有连锁的 QTLs 可供利用，其中定位在第 1 条染色体上的有 *vns* 1. 1、*fs* 1. 1、*pcp* 1. 2 和 *ic* 1. 1 和定位在第三条染色体上的 *cvr* 3. 1、*mat* 3. 1 和 *fs* 3. 1，尽管还需要利用含有单一 QTL 渐进系的近等基因系进一步确定是否尚未发现的、新的负效 QTLs 的存在，不过在小花番茄中所发现的某些有利农艺性状可以在加工番茄的遗传改良中加以应用。

由于在小花番茄中所发现的 QTLs 与标记紧密连锁，可以在后续番茄育种中通过分子标记辅助选择进行有利基因的选择和富集，在 AB-QTL 育种中产生的不同的 QTL-NILs 可以很容易通过使控制相同或不同性状 QTLs 位点品系杂交以获得最大潜力的改良。事实上，有时某一 QTL 在不同种中位点效应方向性的变化是令人鼓舞的，由于外来品系可以更广泛地被用于鉴定性状改良水平的辅助标记。

参考文献

[1] Doganlar S, Frary A, Tanksley S D. The genetic basis of seed-weight variation: tomato as a model system [J]. Theor Appl Genet, 2000, 100: 1267-1273.

[2] Fulton T M, Grandillo S, Beck-Bunn T, et al. Quantitative trait loci (QTL) affecting sugars, organic acids and other biochemical properties possibly contributing to flavour, identified in four advanced backcross populations of tomato [J]. Euphytica, 2002. 127, 163-177.

[3] Fulton T M, Grandillo S, Beck-Bunn T, et al. Advanced backcross QTL analysis of a *Lycopersicon esculentum Lycopersicon parviflorum* cross [J]. Theor Appl Genet, 2000, 100: 1025-1042.

[4] Rick C M, Kesicki E, Fobes J F, et al. Genetic and biosystematic studies on two new sibling species of *Lycopersicon* from interandean Perú. Theor Appl Genet, 1976, 47: 55-68.

[5] Wang B H, Chee P W. Application of advanced backcross quantitative trait locus (QTL) analysis in crop improvement [J]. Plant Breed and Crop Sci, 2010, 2(8): 221-232.

[6] Bai Y L, Huang C C, van der Hulst, R, et al. QTLs for tomato powdery mildew resistance (*Oidium lycopersici*) in *Lycopersicon parviflorum* gl. 1601co-localize with two qualitative powdery mildew resistance genes [J]. MPMI. 2003, 16 (2): 169-176.

[7] 吴定华，梁树南. 番茄远缘杂交的研究[J]. 园艺学报，1992，19(1)：41-46.

8　里基茄
(*Solanum sitiens*)

8.1　里基茄的起源

8.1.1　里基茄分类地位

里基茄原产于南美洲的智利，属于茄科，茄亚科，茄属，茄亚属，马铃薯组(section *Petota*)，*Estolonifera* 亚组(subsection *Estolonifera*)，胡桃叶茄系列(series *Juglandifolia*)。学名为 *Solanum sitiens* I. M. Johnst，又名：*Solanum rickii* Correll，由 Rick 博士于 1961 年命名。Shaw(1998)曾将其命名为番茄属植物 *Lycopersicon sitiens* (I. M. Johnst.) J. M. H. Shaw。

8.1.2　里基茄的发现与地理分布

里基茄最早是由 Johnston(1929)发现的，Correll(1961)再次对之进行了描述并命名为 *Solanum rickii*，Marticorena 和 Quezada(1977)指出它们同属一个物种。

里基茄与类番茄茄的亲缘关系很近，杂交可育。里基茄是一个分布范围极窄的地方物种，仅仅在智利北部安第斯山西侧的安托法加斯塔省采集到了其植株。里基茄和类番茄茄的地理分布不重叠，如图 8-1 所示，后者主要分布于秘鲁与智利之间的边界沿线的高海拔地区，与里基茄的分布地区相隔 150 km，隔离地区跨越阿塔卡马沙漠的北部。

8.1.3　里基茄的生态环境

里基茄是一个濒临灭绝的物种，与类番茄茄在生态习性方面比较相似，两者绝大多数分布和生长在干旱环境条件下，主要是路边或小径边的干燥开放地带，在溪沟边和干燥河床边也有发现。数据库统计资料的分析显示，类番茄茄一般生长在比里基茄海拔更高的地方(Smith & Peralta 2002)，如图 8-2 所示。Correll(1962)

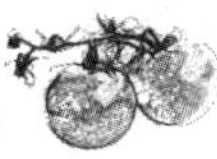

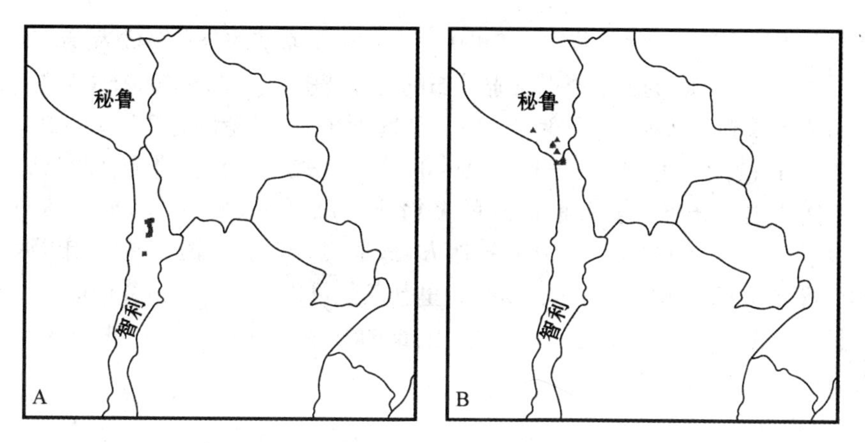

图 8-1 里基茄(A)和类番茄茄(B)的地理分布
(引自 Smith & Peralta 2002)

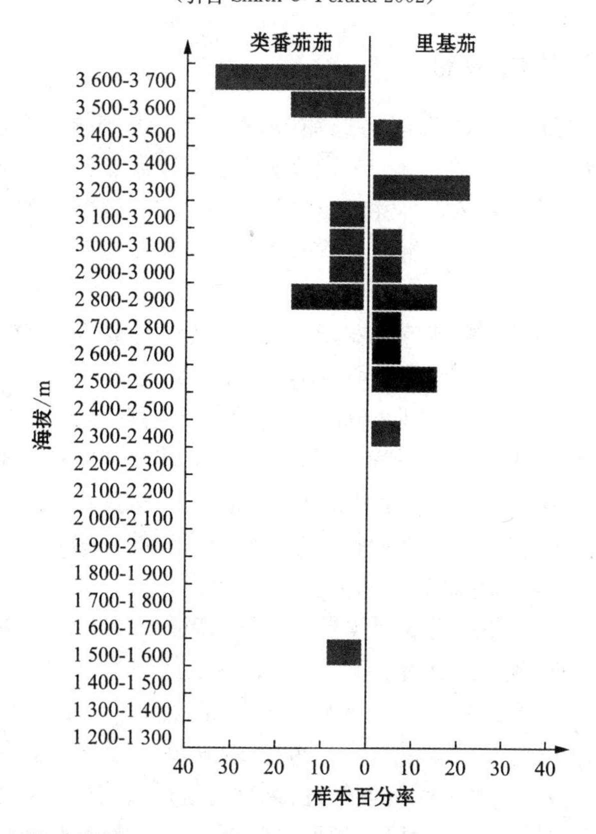

图 8-2 类番茄茄和里基茄不同海拔地区采集的样本占总样本的百分率
(引自 Smith & Peralta 2002)

曾报道类番茄茄分布的海拔范围为2 800～3 150 m,里基茄的分布海拔为3 000m。据Smith & Peralta(2002)报道,类番茄茄分布的海拔范围为2 800～3 600 m(仅在一处约1 500 m地方采到了标本),平均为3 082 m;里基茄海拔分布范围为2 500～3 400 m,平均为2 878 m;若不考虑类番茄茄1 500 m的样点,平均分布海拔升为3 226 m。

里基茄主要分布于安第斯山脉的多梅科山脉(Cordillera de Domeyko)一带狭小地区中海拔为2 600～3 000 m的地方,该地区降雨极少,如卡拉马市,海拔为2 250 m,记录的年降雨量仅有5.7 mm。里基茄是可以在多梅科山脉极度干旱环境下旺盛生长的一年生物种之一,该地方生长的其他植物主要是一些一年沙生生植物。

8.2 里基茄的生物学特性

8.2.1 里基茄植物学特征

依据形态学和细胞学特征,类番茄茄(木本灌木)、里基茄(多年生草本)、赭黄茄和胡桃叶茄(木本藤蔓)这4个南美洲马铃薯组、马铃薯亚组的野生种被划分到胡桃叶茄系列。根据形态特征,又将这4个种划分为2个群:赭黄茄——胡桃叶茄群和类番茄茄——里基茄群。前者分类地位居于番茄属与茄属(基于此前分类)中间的位置。

里基茄与番茄一样开有黄色的花瓣,但花药具有典型的茄属特征,没有联合,末(顶)端开裂可育,正是因为这些性状使它们与茄属较近。根据里基茄的形态、细胞和生化性状以及杂交特性,胡桃叶茄系列物种又与番茄属亲缘关系较近,如它们具有黄色的花冠和羽状完全开裂的叶子,不形成块茎或匍匐枝,如图8-3所示,二倍体(2n=2x=24,Rick 1979)。里基茄果实成熟前为绿黄色,成熟后为黑色,自交不亲和,异花授粉。这些无块茎物种尤其是类番茄茄的叶绿体DNA限制性图谱方式更像番茄属而不是像茄属(Hosaka et al 1984)。

里基茄作为茄属的番茄近缘野生种,其某些特征更倾向于茄属植物,与番茄的有许多重要差异如顶颈开裂和修饰物,番茄属的潘那利番茄和里基茄还拥有一些其他茄科植物所不具有的特征如雄蕊异长和花药弯曲等。而番茄属(现在的茄属番茄组)雄蕊具有相似的基本特征,即花药粘连,纵裂顶颈不育,但番茄属的种间也存在一定差异,如顶颈长度。无论如何进行分类,番茄属物种雄蕊均具有一套独特的特征,该特征是将它们划分为同一种群的依据。基于此前研究结果及雄蕊特征,潘那利茄可能是栽培番茄最近的一个物种(Carrizo 2003)。

里基茄片叶子近于光滑无毛(也许用于反射阳光)、半肉质化、革化,并且沿叶

图 8-3　里基茄生态环境和植物学特征

A:里基茄生态环境;B:里基茄叶片;C:里基茄花;D:里基茄果实

脉方向折叠(也许是为了减少叶的表面积),这可能与其长期适应干旱环境有关。此外,里基茄具有从死亡茎的基部再生出新植株的能力。在所能采到里基茄植株标本的地区,多数植株是在一些死亡的枝条上长着少数绿色的芽,条件一旦转好,它们便可以迅速开花结果。里基茄果实在成熟不久后就立即失水干燥,且不会从植株上脱落,变成像纸片一样薄的壳,其上挂着一些成熟的种子。在多数植株上还能够发现这样的木乃伊化的果实,其中多数含有明显健康的种子。里基茄因其生长在极度干旱和缺乏的环境条件里,使得羊或其他食草动物对其没有多少吸引力。

8.2.2　里基茄园艺学特征

里基茄所特有的许多优良农艺性状可用于番茄遗传改良,不过,由于与栽培番茄有性杂交受到双向或单向不亲和限制(Rick et al 1986)。里基茄只能与类番茄茄进行有性杂交,而与赭黄茄或胡桃叶茄间在任何杂交试验中均以失败而告终(Rick 1979)。里基茄由于无法与番茄进行直接杂交,用里基茄作遗传资源对番茄进行遗传改良的困难尚未解决,因而目前尚没有关于里基茄相关性状的系统研究,只在类番茄茄等植物研究中有附带的零星报道。

(1) 耐旱性。这是里基茄最突出特征之一,是番茄属甚至其他茄属植物所不能比拟的。从基因库材料和干燥标本显示收集地信息来看,里基茄只限定于智利北部的阿塔卡马沙漠之中,该地区极其干旱。里基茄群体仅在安印斯山脉的多梅伊科山脉(Cord. de Domeyko)的一个狭小海拔带里被发现(海拔 2 500～3 000 m)。该地区降水量与海拔高度密切相关,在海拔 3 000 m 以下地区每年降水量一般小于 5 mm(Alpers & Brimhall 1988)。因此,从里基茄生态环境条件可推断它具有远远超过任何番茄属植物的极度耐旱特性。

(2) 耐低温。里基茄生长的海拔为 2 500～3 400 m,从原生地条件推断其耐低温的能力仅次于类番茄茄。

(3) 抗病性。在采用离体叶接种灰葡萄孢(*Botrytis cinerea*)的抗性鉴定中,选用的所有番茄野生材料中类番茄茄表现出了最强的抗性,参加鉴定的两个里基茄材料也表现出了一定的抗性,其中 LA1974 的抗性较强,LA2885 相对弱一些。

(4) 抗虫性。胡桃叶茄系列物种具有抗虫性,根据 Flanders et al(1992)的报道,里基茄对科罗拉多马铃薯甲虫具有中等抗性。

(5) 品质。在智利所采集到的智利番茄、秘鲁番茄、里基茄和类番茄茄植物标本花鲜黄色或浅黄色;果实为绿色,比普通的樱桃番茄还要小,除了有骆驼、羊驼、小羊驼、驼马、山羊、绵羊或特定种类昆虫采食外,人类对其没有太大的食欲。不过,里基茄坚韧的植株表明它们可能具有其他生长在智利的番茄野生种所不具有的宝贵基因,有可能在将来会用于改良栽培番茄果实的营养品质,或用于改良番茄抵抗那些可怕虫害和病害。

8.2.3 里基茄生长发育习性

据 Correll(1962)报道,类番茄茄从 12 月至次年 4 月间开花,而里基茄仅在 1 月开花。不过,Smith 和 Peralta(2002)报道与此却有很大不同。在开花时间上,类番茄茄与里基茄有较大的差异,如图 8-4 所示。类番茄茄的开花时间更加分散和零星;从采集标本的丰富度来看,类番茄茄主要在 3 月至 4 月开花,偶而也在 8 月、10 月和 12 月开花。而里基茄花的标本只在 2 月、4 月和 11 月被采集到,里基茄与类番茄茄最大可能性重叠的开花时间为 4 月,但不能从相近的地方同时采集到这 2 个物种的样本,以比较它们重叠区域内的开花时间(Smith & Peralta 2002)。

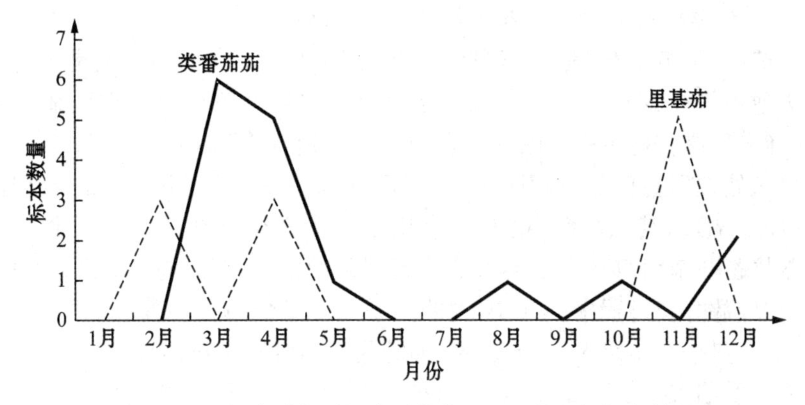

图 8-4 一年中采集到的类番茄茄和里基茄花的标本数量
(引自 Smith & Peralta 2002)

8.2.4 里基茄杂交特性和细胞遗传学行为

1. 有性杂交特性

里基茄与类番茄茄杂交无生殖障碍,可以结实和产生可育的种子,其 F_1 杂种植株显示出了双亲的一些典型特征(如叶形、茎中花青素积累等)和显著杂种优势(如叶和花的大小),杂种身份已通过 RFLP 技术得到了证实。里基茄与类番茄茄的 F_1 杂种表现出了正常减数分裂和高度育性,终变期染色体几乎配成了完整的二价体。在所检测的 61 个细胞中,平均每个细胞有 6.7 个环状二价体和 5.3 个棒状二价体,还有 0.03 个单价体。用醋酸洋红对两株 F_1 杂种花粉染色,花粉染色率分别为 92%和 69%。用混合的类番茄茄花粉给 F_1 植株授粉,结实率为 100%,F_1 株间互交结实率高达 95%(Pertuzé et al 2002)。

不过,类番茄茄或里基茄与栽培番茄的杂种高度不育,至少部分是由于染色体配对或重组障碍所致(Rick 1951;DeVerna et al 1990)。比较类番茄茄——里基茄与番茄遗传连锁图谱发现,它们与番茄基因组大多数是共线性的,不过在 10L 上发生了臂内倒位(Pertuzé et al 2002)。

里基茄与另外的 3 个类番茄的茄属物种(类番茄茄、胡桃叶茄和赭黄茄)在忍耐极度非生物性胁迫如耐低温和耐旱和抗病性等优良性状,对番茄和马铃薯遗传改良具有潜在的应用价值(Rick 1988)。不过,由于生殖障碍阻止了它们向番茄的基因渐渗入和在番茄改良中的应用。到目前为止,只实现了类番茄茄与栽培番茄间有性杂交和基因渐渗。在理论上讲,里基茄在某种程度上来说也有可能实现向栽培番茄的基因渐渗(Chetelat et al 2000;Pertuze et al 2003),不过与类番茄茄相比,里基茄与番茄的亲缘关系更远些,难度可能会更大些。

2. 倍半二倍体桥梁种策略及里基茄染色体转移

里基茄(基因组用 S^s 表示)与栽培番茄(基因组用 L^e 表示)无论是正交还是反交均以失败而告终(Rick 1979,1988),尽管体细胞杂交可以克服有性杂交不亲和性,但至尚未见有获得可育体细胞融合杂种的报道(O'Connell & Hanson 1986)。用秋水仙碱处理类番茄茄(基因组用 S^l 表示)和栽培番茄属间杂种(L^eS^l)创造异源四倍体($L^eL^eS^lS^l$),其花粉育性足以保证用于与栽培番茄的有性杂交,并且获得了含两个栽培番茄基因组和 1 个类番茄茄基因组的倍半二倍体($L^eL^eS^l$)(Rick et al 1986)。在减数分裂过程中,$L^eL^eS^l$ 中的类番茄茄染色体因多数不能配对而消失。不过,$L^eL^eS^l$ 是一个不可多得的栽培番茄基因组的供体材料,因为它与里基茄亲和性要比栽培番茄大得多(DeVerna et al 1990)。用 $L^eL^eS^l \times S^sS^s$ 杂交,可以得到二倍体杂种(L^eS^s),染色体加倍后则可以得到异源四倍体杂种($L^eL^eS^sS^s$),并表现出明显的同源染色体间优先配对和显著提高的花粉育性(DeVerna et al 1990)。$L^eL^eS^sS^s$ 异源四倍体杂种提供了一个产生倍半二倍体、非整倍体和重组二倍体衍生材料的途径,从理论上讲可以实现类似于已经完成的类番茄茄向栽培番茄的基因转移。

异源四倍体杂种($L^eL^eS^sS^s$)被用作雄性亲本与类番茄茄倍半二倍体($L^eL^eS^l$)杂交,通过胚培养获得了一株里基茄倍半二倍体($L^eL^eS^s$,植株 90L4190-1),目前里基茄所有的衍生后代均源于该倍半二倍体。90L4190-1(2n≈36)涉及到 3 个物种,用基因组原位杂交(GISH)技术来区分栽培番茄与两个野生种染色体,以及确定细胞中染色体数目(Pertuzé et al 2003),如图 8-5 所示。

其中:A 为有丝分裂染色分布,显示了 8 个茄属(红)的 24 个栽培番茄(蓝)染色体,还标出了核仁组织区(NOR,箭所指的为茄属的,箭头所指为栽培番茄);B 为有丝分裂终变期,8 个茄属染色体(红)形成两个二价体(箭所指)、1 个三价体(涉及栽培番茄部分同源染色体,箭头所指)和 9 个二价体;C 为有丝分裂的中期 I,8 个茄属染色体形成两个二价体(箭头所指)、两个三价体(涉及对应的栽培番茄的部分同源染色体,箭头所指)和 8 个二价体(Pertuzé et al 2003)。

用 90L4190-1 作为母本与潘那利番茄衍生桥梁系进行杂交,创造了染色体数量减少的新非整倍体;授粉花数超过 8 000 朵,通过胚培养获得了 5 个植株,如表 8-1 所示,其中仅有 1 株(93L9463-3,2n+9)存活下来并产生了衍生后代,生殖能力也变强,以潘那利番茄衍生后代作父本给其授粉(600 朵花),产生了 34 个植株,如表 8-1 所示。93L9463-3 衍生后代中还包括一株改良的非整倍体植株(2n+8,98L8983-1),通过它创造了新的非整倍体植株。所获得的 3 株改良的非整倍体(2n+8、2n+9 和 2n+8)花粉育性介于 0~12%之间,以至于只能作为母本,需用潘那利番茄衍生后代作父本以期克服除 98L8983-1 以外的单侧不亲和性。与 2n+8 相

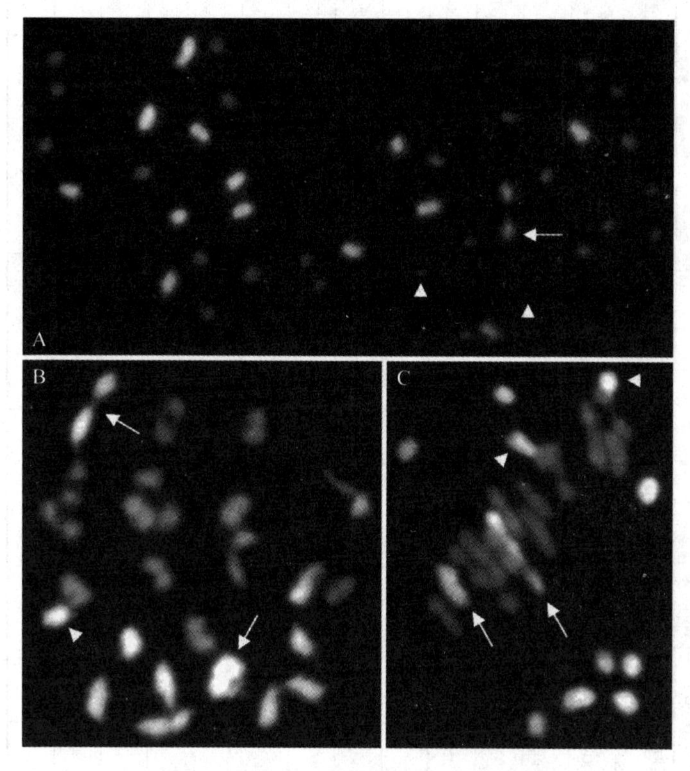

图 8-5 基因组原位杂交显示的一个推断的
倍半二倍体植株(90L4190-1)染色体组成

比,2n+9 育性强些,可能与它具有更强的雌性生殖能力或者弱化了不亲和性有关。为了验证这一假设,以潘那利番茄纯系作父本给 90L4190-1 授粉,由于较多的情形是潘那利番茄纯系被用于克服 2n+8 单侧不亲和性(即具有最强桥梁杂交能力)。授粉后,有 2%花朵单次授粉能产生后代,如表 8-1 所示,不过用潘那利番茄衍生后代给其授粉仅有 0.06%花朵单次授粉能产生后代,说明桥梁系未必携带全部的花粉亲和所必须的位点。

从潘那利番茄与栽培番茄早期回交后代中选择桥梁系,与栽培番茄×类番茄茄的 F_1 进行杂交,作为用于与里基茄衍生后代进行亲和杂交的材料,在最后回交世代有可能有一或多个亲和性基因丢失的可能。早代(BC_3)桥梁系植株被选择用于与 90L4190-1 进行亲和杂交,使产生后代能力得以提高,这一结果证实了上述假说,如表 8-1 所示。

除花粉育性低以外,较低的胚胎存活率也降低了这些杂交组合的效率。采用桥梁系或栽培番茄纯系对这 3 个非整倍体授粉,对获得的 350 个胚胎进行培养,只

表 8-1 栽培番茄与里基茄的非整倍体杂种的授粉与胚胎培养的结果

(引自 Pertuzé et al 2003)

母本 Female parent	父本(世代) Male parent (generation)	授粉花朵数 Flowers pollinated	收获果实数 Fruit harvested	培养胚胎数 Embryos cultured	可育植株 Viable plants	植株数/100 次授粉 Plants/100 poll's
90L4190-1(2n+8)	桥梁系 Bridge line (BC_5F_2)	786	1 235	231	4	0.06
	桥梁系 Bridge line (BC_5F_3)	29	6	0	0	0.00
	桥梁系 Bridge line (BC_6F_3)	320	85	3	0	0.00
	桥梁系 Bridge line (BC_3)	652	232	22	1	0.15
		1 787	1 558	256	5	0.06
93L9463-3(2n+9)	潘那利番茄 *L. pennellii*	319	131	36	7	2.19
	桥梁系 Bridge line (BC_5F_2)	155	89	24	4	2.61
	桥梁系 Bridge line (BC_5F_3)	92	21	8	2	2.17
	桥梁系 Bridge line (BC_6F_3)	82	6	1	1	1.22
	桥梁系 Bridge line (BC_3)	268	66	56	27	10.07
		597	182	89	34	5.70
98L8983-1(2n+8)[a]	栽培番茄 *L. esculentum*	73	17	1	1	1.37

a:大约的染色体数 Approximate chromosome number。

产生了40个可育的植株,成功率约12%。成功率低的主要原因是体外培养下较高夭折率,而不是缺乏可培养的胚胎。大量的培养胚胎不能发育,表现为非正常的小,或不成形,或者被一层退化的胚乳所包围。能产生可育植株的胚胎,多数在培养时已发育成为良好后期胚胎。

用RFLP或形态学特征对90L4190-1和93L9463-3大多数衍生后代染色体数目鉴定发现,非整倍体植株多数源于2n+9,因此包括具有9条或更少茄属染色体。其中,二倍体植株所占比例最大(约占总衍生植株的37%),其次是三体(26%),染色体数目越多的植株所占的比例越少,如表8-2所示。这些衍生后代花太少或不育,或由于无法找到合适减数分裂观察时期,某些植株细胞学方法只能粗略估算染色体数。

后代生殖能力与染色体数目呈负相关。一般情况下,所含茄属染色体数目越多,植株的育性和种子产量越低;二倍体的花粉育性最高(平均57.6% PV),尽管包含少量的二倍体不育植株,2n+1(34.5%)和2n+2(18%)的花粉育性稍低。由于受低花粉育性的影响,非整倍体自交时往往不能产生种子。幸运的是,多数非整倍体具有足够强雌性生殖能力,以栽培番茄或桥梁系作父本给其授花粉可以获得种子,如表8-2所示。

表8-2 里基茄的单个衍生后代的倍性、染色体配对和育性

(引自 Pertuzé et al 2003)

植株号 Plant #	倍性 Ploidy	平均配对构型 Average Pairing Configuration	# PMCs	PV (%)	结籽性 Seed Set	
					自交 Self	回交 BC
90L4190-1	2n+8	13.3Ⅱ+9.9Ⅰ+0.5Ⅲ	132	2.5	No	No
99L1120-1	2n+8[a]	—	—	—	No	No
93L9463-3	2n+9	—	—	0.0	No	No
98L8983-1	2n+8[a]	—	—	11.5	No	Yes
99L1094-1	2n+8[a]	6.0Ⅱ+2.0Ⅰ+6.0Ⅲ	9	3.8	No	Yes
00L3196-8	2n+3-4[b]	—	—	—	No	No
00L3196-1	2n+2-3[b]	—	—	7.5	No	Yes
00L2568-5	2n+2	11.2Ⅱ+1.2Ⅰ+0.8Ⅲ	6	39.6	No	Yes
00L2568-4	2n+2	11.3Ⅱ+1.3Ⅰ+0.7Ⅲ	3	21.6	No	Yes
99L1137-1	2n+2	12.0Ⅱ+2.0Ⅰ	1	7.5	No	Yes
00L3076-2	2n+2	11.0Ⅱ+1.0Ⅰ+1.0Ⅲ	1	2.4	No	No

(续表)

植株号 Plant #	倍性 Ploidy	平均配对构型 Average Pairing Configuration	# PMCs	PV (%)	结籽性 Seed Set 自交 Self	回交 BC
99L1118-1	2n+1	12.0Ⅱ+1.0Ⅰ	3	78.4	Yes	Yes
00L2648-3	2n+1	10.0Ⅱ+2.0Ⅰ+1.0Ⅲ	3	60.3	Yes	Yes
00L2568-2	2n+1	11.5Ⅱ+1.1Ⅰ+0.3Ⅲ	11	18.9	No	No
00L2568-3	2n+1	12.0Ⅱ+1.0Ⅰ	3	18.3	Yes	Yes
00L3196-7	2n+1	11.6Ⅱ+0.6Ⅰ+0.4Ⅲ	7	15.4	No	No
00L3074-1	2n+1[b]	—	—	7.0	No	No
95L2026-1	2n+1	—	—	—	Yes	Yes
99L1239-1	2n	12.0Ⅱ	8	85.7	Yes	No
00L2568-1	2n	11.8Ⅱ+0.5Ⅰ	4	85.6	Yes	No
00L3196-6	2n	12.0Ⅱ	10	75.8	Yes	Yes
00L3196-4	2n	12.0Ⅱ	6	74.2	Yes	Yes
00L3196-5	2n	12.0Ⅱ	1	69.9	Yes	Yes
00L3073-1	2n	—	—	43.0	No	Yesc
00L3076-5	2n	12.0Ⅱ	3	29.0	Yes	Yes
99L1138-2	2n[b]	—	—	28.3	No	Yes
99L1138-1	2n	11.8Ⅱ+0.4Ⅰ	15	12.3	Yes	Yes
95L2026-2	2n	—	—	—	No	Yes

亲本杂种的株号加下画线，其后代植株号用向右缩进表示，以显示它们的关系。倍性值依据染色体数的计数而定，一些情况下还补充以标记和形态学结果来确定。配对值代表了在所显示数目的花粉母细胞中观察到的平均单价体(Ⅰ)、二价体(Ⅱ)和三价体(Ⅲ)数。结籽性是自交或与栽培番茄回交(BC)的情况，另有注明者除外。

a：大约数目 Approximate number。

b：仅依据标记分析和/或亲本基因型 Based on marker analysis and/or parental genotypes only。

c：作为父本与栽培番茄进行回交 Backcrossed as male parent to *L. esculentum*。

用超过700个探针——限制酶组合(88个探针，5～6种限制酶)RFLP标记检测栽培番茄、潘那利番茄、里基茄和类番茄茄间的多态性，并采用覆盖基因组主体的RFLP标记、少数同工酶标记和形态学标记位点，鉴定了里基茄衍生后代的基因型，如图8-6所示，确定了哪条茄属染色体或染色体片段被转移到哪一个衍生后代中，以及它来自哪个物种。

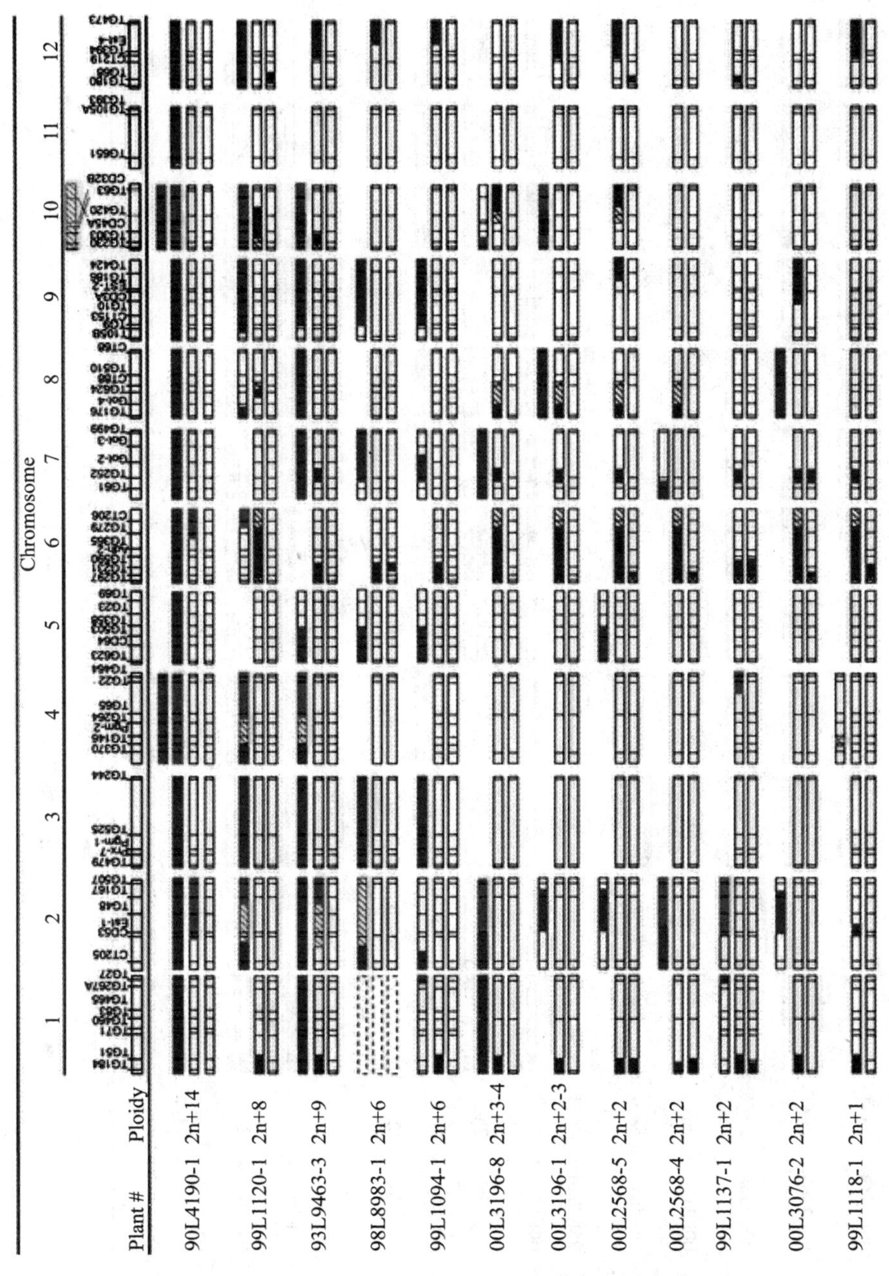

图 8-6　基于标记分析的里基茄衍生后代的基因型的图示(a)

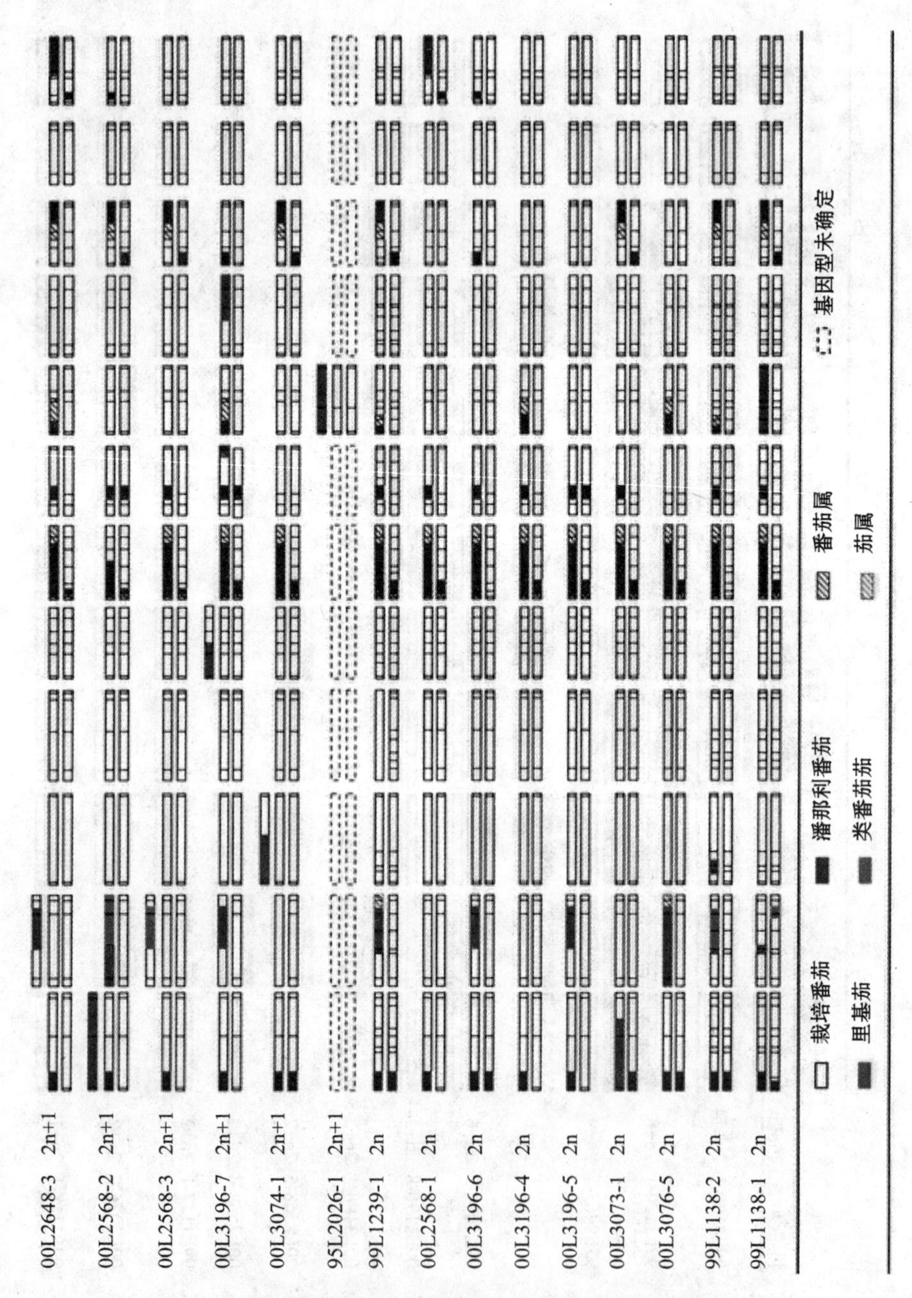

图 8-6 基于标记分析的里基茄衍生后代的基因型的图示(b)

(引自 Pertuzé et al 2003)

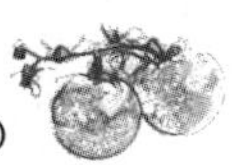

在图中:亲本杂种的株号加下划线,其后代植株号用向右缩进表示,以显示它们的关系。倍性值依据染色体数的计数和/或标记而确定。染色体的方向为短臂向左。首行显示了本研究所采用的标记的方向和位置,每一株中记分的标记用对应染色体上的核对符号显示。栽培番茄染色体(如果有的出现的话)显示于茄属或重组染色体之下。

对93L9463-3标记分析和染色体计算表明,染色体1、2、3、4、5、7、8、9和10是三体,如图8-6所示,标记信息显示1、2、3、7和8是完整里基茄的染色体,而染色体4、5、9和10则为重组型;染色体12虽然也表现为二体形式,但是里基茄与栽培番茄染色体片段发生了重组。

在所有2n+8衍生植株中,里基茄的染色体1、2、3、7、8和12中至少有一条被完整地转移到一个后代中,并且在多数情况下它们是伴随其他染色体片段一起被转移的,如图8-6所示。里基茄染色体4、5、9、10和12只有大小不同的重组片段被转移,而染色体6和11没有被转移到任何衍生后代中。里基茄染色体2被转移频率要高于其他染色体,达69%;若将里基茄和类番茄茄放在一起统计,有超过80%的衍生后代显示了茄属染色体2标记。该染色体在衍生后代中显著较高重组率也值得关注,不过仅发现有一株(00L3076-5)基因组中包括里基茄完整的染色体2,由于该植株是二倍体,说明里基茄染色体替换了番茄的整条同源染色体,或许是配对或形成交叉的结果。

里基茄染色体1和12的转移频率也较高,大约有30%的衍生后代中携带有这2条染色体的一些位点。里基茄染色体1以重组片段形式被转移的机会比以完整染色体形式被转移的机率要高。对于染色体12而言,2n+9植株携带有该染色体一个臂的重组片段,该片段被完整地转移且在后代中没有再发生新的重组。里基茄染色体3、7和9被转移到衍生后代中的频率大约是20%,既有重组片段的形式,也有完整染色体的形式。里基茄染色体8和10被转移的频率较低,仅为13%,前者转移常常是完整染色体,后者通常情况下与类番茄茄和里基茄染色体片段重组。

三体:在里基茄衍生后代中,鉴定了7个推定的三体植株的染色体数目和形态如表8-2所示,只有2株(00L2568-2和95L2026-1)携带有完整的额外的里基茄染色体(分别为染色体1和8),因此形成了单体异源附加系(Monosomic alien addition line,MALLS)。MA-1高度不育,用栽培番茄授粉表现为单侧不亲和,无法通过有性手段实现种间遗传物质转移。幸运的是,一个重组二倍体(00L3073-1)携带完整的里基茄染色体1,有可能作母本与类番茄茄成功回交。许多其他三体植株中还携带有重组型的里基茄染色体以及里基茄基因组中其他位置的标记(主要位于染色体2上)。

二倍体:通过RFLP分析推断的9个二倍体中有8个携带里基茄某些染色体

的标记，可能是由于染色体重组或替换所致，如图 8-6 所示。里基茄染色体 1、2、3、8 和 12 在二倍体植株中均有不同程度的出现；其中，有 2 株（00L3076-5 和 99L1138-1）二倍体植株中里基茄染色体 2 或 8 替换了番茄整条的同源染色体。在非整倍体植株中，里基茄染色体 2 标记位点被转移频率远比其他任何染色体都高，出现在 8 个二倍体植株的 5 个中。二倍体植株花粉平均育性比任何非整倍体植株都高，与栽培番茄无论是回交还是自交均可产生种子，如表 8-2 所示。

(1) 桥梁杂交能力的遗传学基础。

几乎所有里基茄衍生后代均携带有位于以前定位于染色体 1、6 和 10 上花粉亲和性位点附近的位点（Chetelat & DeVerna 1991）。潘那利番茄染色体 1 和 6 被转移到 2n+8 和 2n+9 杂种所有后代中，表明这些染色体位点是克服里基茄杂种单侧不亲和所必须的。此外，潘那利番茄染色体 7 和 10 上的标记被转移频率也较高，说明这 2 条染色体也存在一些重要的亲和性因子。不过，潘那利番茄中某些位点也可以通过母本转移，无需经过桥梁杂交选择，在 2n+9 杂种的几个染色体上已发现具有杂合型潘那利番茄位点。因此，在里基茄的某些衍生后代中观察到了潘那利番茄纯合型标记，植株所含茄属染色体越少单向不亲和性越倾向于弱化，并且以栽培番茄纯系作父本进行授粉均可以产生回交后代种子，如表 8-2 所示。在回交或自交后代中不能产生种子的植株，一般携带 3 个或更多茄属染色体或染色体片段，或携带有位于染色体 1 上 S 位点附近的标记。

(2) 含里基茄染色体 8 的单体外源附加系。

为了研究里基茄额外染色体在更高级回交后代中的转移情况，含染色体 8 的单体外源附加系（MA-8）用作母本与栽培番茄进行杂交。用覆盖里基茄基因组的 RFLP 标记（TG176、TG624 和 TG294）对 6 个回交植株的基因型进行鉴定，所有的 3 个里基茄标记均显示杂合性，还显示了类番茄茄 MA-8 形态学特征（Chetelat et al 1998）如白色透明的花药（基因型 *Wa* 和 Dl^s），突出柱头，叶边缘向下弯曲，小而绿中泛白的果实等。

(3) 二倍体和非整倍体染色体配对。

对里基茄衍生后代染色体配对构型鉴定显示，二倍体在减数分裂过程中染色体配对相对正常，但非整倍体中观察到了有相当数量的配对失败现象。二倍体花粉母细胞终变期或中期Ⅰ染色体倾向于形成 12 个二价体，含有里基茄染色体大片段的二倍体也是如此（00L3076-5 和 99L1239-1）。不过，在 2 个二倍体后代中偶然也观察到了有单价体的存在，如一个携带里基茄替换染色体 8（99L1138-1）和染色体 2 的渐渗片段的 00L2568-1。三体衍生后代染色体在减数分裂过程中主要形成 12 个二价体和 1 个单价体，但也有相当比例的形成三价体，说明存在异源染色体之间发生了重组。非整倍体植株（2n+2 或更多）的减数分裂在某种程度地上受阻,二价体较少,单价体和三价体较多,如表 8-2 所示。

3. 体细胞杂交

体细胞杂交不仅可以克服因有性杂交不亲和性障碍,还可以通过原生质体融合,实现种间亲本细胞质遗传物质(叶绿体和线粒体基因组)的融合,而可以将亲缘关系更远番茄或茄属野生近缘种遗传物质导入栽培番茄。里基茄有 12 条染色体、黄色花冠,缺乏块茎,完全羽状开裂的叶子,在形态上与番茄相近,但与番茄有性杂交表现为不亲和。因而,体细胞杂交可能是实现用里基茄对番茄进行遗传改良更有效途径之一。

用番茄品种"San Marzano"叶肉原生质体与里基茄悬浮培养原生质体通过 PEG(聚乙二醇)介导融合,其杂种愈伤及其再生植株身份通过葡萄糖磷酸变位酶-2 同工酶的表达而确定。用番茄叶绿体 DNA 作探针,确定了所有 4 个体细胞杂种植株均携带有里基茄叶绿体 DNA。用 2 个种的线粒体 DNA、大豆 18S 和 5S rDNA 以及玉米细胞色素氧化酶亚基Ⅱ,确定了体细胞杂种植株中携带里基茄的特异条带(O'Conneil & Hanson 1986)。

8.2.5 里基茄与类番茄茄的亲缘关系与生殖隔离

里基茄与类番茄茄在形态上的显著相似性显示两者亲缘关系较近,这与 Child (1990)将它们归入马铃薯亚属内的同一个亚组内(*Lycopersicoides* Child)的观点一致。不过,里基茄与类番茄茄在形态和杂交特性上也存在一定差异,基于 2 个种的杂交、杂交后代花粉可育性、结果和结实及产生有活力种子(Pertuzé et al 2002)特点,许多研究者仍将这 2 个种与赭黄茄和胡桃叶茄同置于胡桃叶茄的系列中。RFLP 分析发现,里基茄与类番茄茄的种间多态性较低(27%),而番茄与类番茄茄间却检测到了高达 80%的多态性。因而,从形态学、分子标记多态性、杂交特性、杂种育性等方面均认为类番茄茄与里基茄间具有较近的亲缘关系。

基因组原位杂交技术发现,类番茄茄和里基茄基因组间高度同源(Ji et al 2004)。两者与番茄种间杂种在减数分裂期染色体行为表现一致:番茄×类番茄茄、番茄×里基茄的 F_1 杂种植株的染色体在终变期经常形成单价体。与此相对,里基茄×类番茄茄 F_1 杂种则形成完整的二价体。番茄×里基茄的杂种 F_1 植株、一个单体附加系和一个异源四倍体,与番茄×类番茄茄杂种对应的基因型比较发现,部分同源染色体之间配对频率降低。同时,3 个基因组之间在 rDNA 基因的分布上也较为相似。

生态地理学资料显示:类番茄茄与里基茄在生态、地理上的分布有所不同,不存在重叠分布,在空间上具有很好的隔离性。不过,由于里基茄与类番茄茄有性杂交高度亲和、可育的,因而两者间生殖隔离可能主要是由生态地理分布差异不同所致(Smith & Peralta 2002)。此外,这两个物种在生态习性方面的差异也可能是促进两者生殖隔离的一个致因。尽管类番茄茄喜生长在干旱地方,但与里基茄相比其生长环境更喜潮湿环境。类番茄茄主要特征是比里基茄更耐冷。这两个种在生态习性上差异性,再加之地理分布上的不同,就足以将两者进行生殖隔离,对于杂交高度亲和及杂种高度可育的这两个物种来说,这种隔离是使之保持物种独立很重要的因素(Smith & Peralta 2002)。

8.2.6 嫁接繁殖

Chetelat 等人多年来一直致力于番茄及其茄属近缘种搜集和研究工作,里基茄和类番茄茄更是这个研究小组关注的重点;其中,前者生长于干燥地带,对土壤真菌性病原菌十分敏感。尽管通过谨慎浇水、使用杀真菌剂或特殊土壤混合物等方法以期防治真菌病的危害,不过收效甚微。不过,以番茄作砧木与里基茄嫁接,可以有效地降低土壤真菌性病害的发病率和危害。里基茄具有广泛嫁接亲和性,不仅可与番茄植物嫁接,也可以成功地与茄科中远缘植物如茄子(*S. melongena*)和辣椒(*Capsicum* spp.)嫁接,如图 8-7 所示。

里基茄嫁接　　开花的里基茄嫁接

图 8-7 采用番茄品种 VF36×潘那利番茄 LA0716 的种间杂种 F_1 作砧木嫁接里基茄

(引自 Chetelat & Petersen 2003)

里基茄(LA4105、LA4110～LA418)嫁接具有较高成功率,嫁接后 1～2 月内即可开花繁殖,不会感染常见的烂根病、维管束萎蔫病或其他病害,并且还可以不间断地结出成熟果实和种子。目前,加利福尼亚大学 Rick 番茄遗传资源中心(C. M. Rick Tomato Genetics Resource Center)保存有里基茄砧木的基因型(LA4135＝VF36×LA0716),用于里基茄嫁接用,还可以为其他研究者提供研究材料。

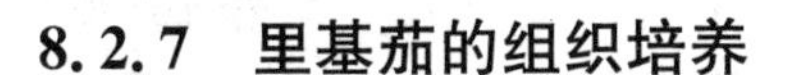

8.2.7　里基茄的组织培养

研究表明，类番茄茄和里基茄在组培过程中存在较强基因型效应和严重外植体效应；某些里基茄悬浮细胞原生质体具有高度再生频率(O'Connell & Hanson 1986)。对分离的里基茄叶肉原生质体的形态和细胞学观察发现，体细胞变异可能产生于由原生质体再生成植株过程中(Kochevenko et al 1996)。里基茄原生质体分离和培养(如图 8-8 中 A～D 所示)：在分离后 3 天或 4 天出现细胞壁的重新合

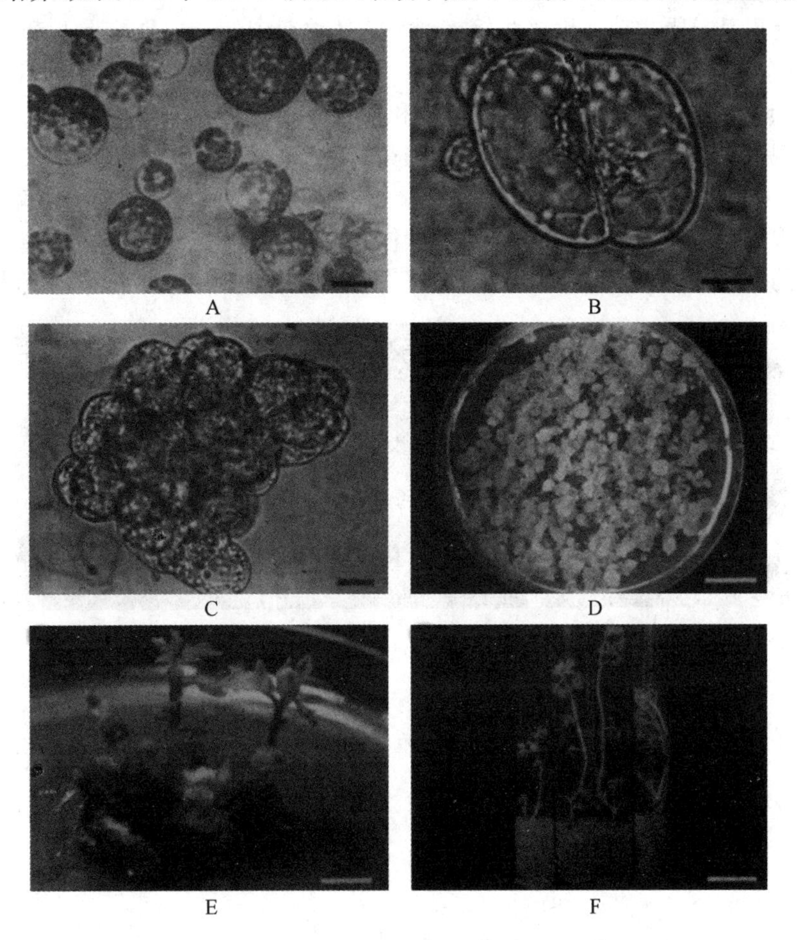

图 8-8　里基茄叶肉原生质体茎的再生

(引自 Kochevenko et al 1996)

A. 叶肉原生质体；B. 第 1 次细胞分裂；C. 单个原生质体产生的细胞群落；D. TM-3 培养基上的细胞群落；E. 从细胞群落上再生出茎；F. 生根的植株。线条标记分别代表 45 μm(A)、32 μm(B)、1 μm(C)、15 mm(D)、5 mm(E)和 23 μm(F)

成，第5～8天观察到第一次细胞分离（如图8-8中B所示），原生质体培养16～20天后，可发现里基茄的小群落直径可达到1 mm，如图8-8中C所示，当被转移到TM-3培养基上可形成小愈伤，在该培养基上细胞群落长到2～5 mm直径，然后变成绿色（如图8-8中D所示）。植株再生后每个茎上长有2～3片小叶（如图8-8中E所示）。再生里基茄茎被移到无激素的MS培养基上培养10～15天可以生根（如图8-8中F所示）（Kochevenko et al 1996）。

分析里基茄再生植株发现：不嫁接的再生原克隆植株事实上不可能生根。在温室中将里基茄再生苗用劈接法嫁接到番茄品种De Baraou、Delicious和Rutgers上，对6个原克隆独立再生茎以及亲本植株茎比较发现，如图8-9中B1～B3所示，3个原克隆（2R、4R和5R）在叶形、大小和茸毛性状上与亲本间存在差别。细胞学研究发现，这些原克隆在染色体数量上与最初的亲本材料不一致，如图8-9中C1～C3所示，在7个原克隆中有4个为四倍体（2n=4x=48）。通过酯酶和谷草转氨酶分析发现，所有体细胞克隆具有与亲本植株一致的酶谱。不过，无法对这些表现变异植株的有性后代进行研究，因为它们不能开花，这一特性与亲本植株相反

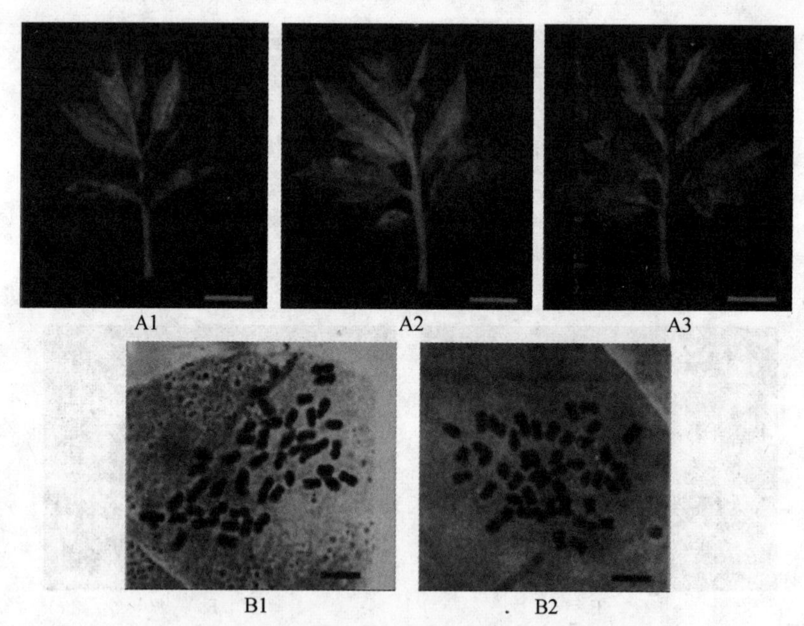

图8-9 里基茄体细胞克隆形态和细胞学特征

（引自Kochevenko et al 1996）

A. 叶形态（1-最初形态，2-体细胞克隆4R，3-体细胞克隆5R）；B. 中期（1-体细胞克隆4R，2-体细胞克隆5R，2n=4x=48）。线条标记分别表示11 mm（A1）、12 mm（A2）、8 mm（A3）和40 μm（B1、B2）

(Kochevenko et al 1996)。

里基茄和类番茄茄均具有很高的再生潜力(Tan et al 1987),与胡桃叶茄和赭黄茄群形成了鲜明对比,所以人们设想胡桃叶茄系列中类番茄茄——里基茄和胡桃叶茄——赭黄茄群不仅存在形态学上的差别,在生理学性状尤其是细胞全能性水平上也有所不同(Kochevenko et al 1996)。

8.3 里基茄分子生物学的研究现状

8.3.1 里基茄系统进化

胡桃叶茄和赭黄茄、类番茄茄和里基茄以及番茄属的分类地位长期处于被争论的地位。采用叶绿体 DNA 进行系统发生学研究表明,胡桃叶茄——赭黄茄姊妹群与类番茄茄——里基茄姊妹群构成 2 个与番茄属近缘的独立分类单元,这一分类结果也与形态学特征相吻合,整个番茄属和胡桃叶茄系列与马铃薯亚属亲缘关系较近。因此,包括整个马铃薯亚属的分类单位中,胡桃叶茄组和类番茄茄亚组被视是与番茄最近缘的物种,也有可能是番茄组/亚组(属)的祖先(Child 1990; Spooner et al 1993;Peralta & Spooner 2001),如图 8-10 所示。类番茄茄亚组中包括类番茄茄和里基茄两个物种(Rick 1988)。

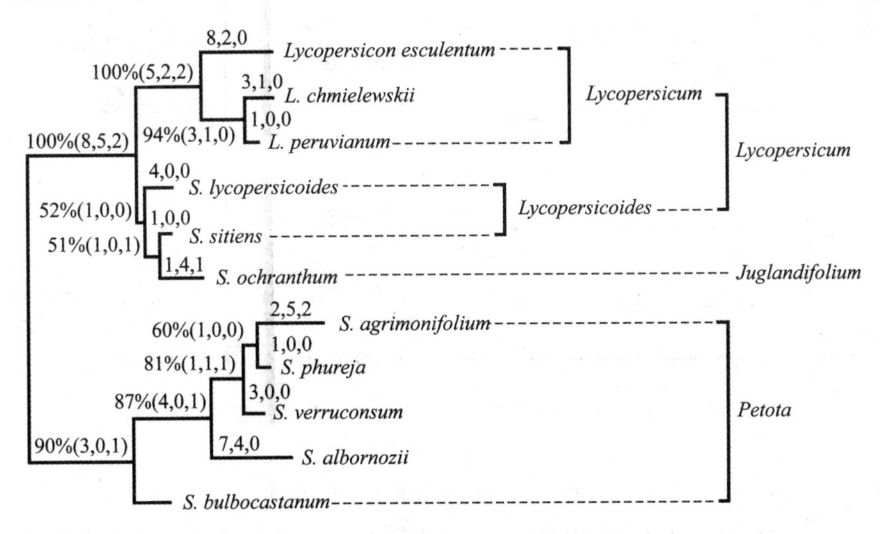

图 8-10 通过叶绿体 DNA 数据做的里基茄及近缘物种与番茄等植物的系统图

(引自 Spooner et al 1993)

根据 Peralta 和 Spooner(2001)用颗粒结合型淀粉合成酶基因即糯质基因(granule-bound starch synthase (waxy) gene,GBSS)序列的系统发生学分析结果显示,包括里基茄在内的亲缘关系最相近的 4 个物种可以分成 2 对姊妹群(sister taxa):①胡桃叶茄和赭黄茄;②类番茄茄和里基茄,如图 8-11 所示。这 4 个种均起源于南美,属于 *Potatoe* 亚属,拥有居于马铃薯与番茄之间的一些有趣的形态特征。与马铃薯一样,花药独立,花药间无接合的边缘毛,但它们又像番茄一样开黄色花和无块茎。由于它们没有像番茄那样典型的不育花药顶颈,传统上将它们划归于马铃薯亚属植物(Smith & Peralta 2002)。但是,Shaw(1998)又将该 4 个物种划归番茄属中。

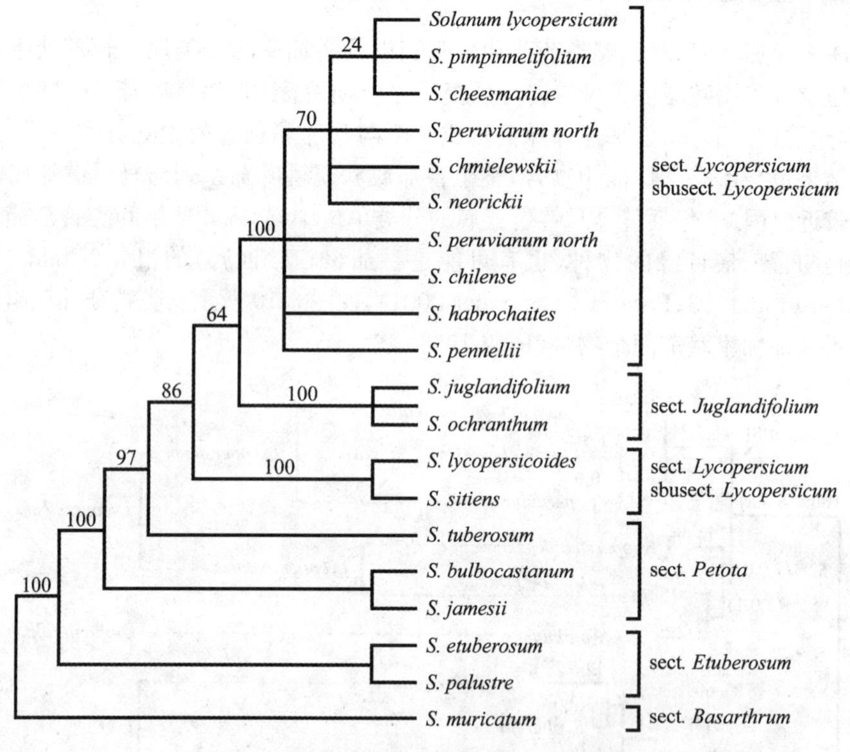

图 8-11 里基茄等 4 个近缘物种与马铃薯亚属的相关分类单位间的系统发生关系

(引自 Peralta & Spooner,2001)

Bretó 等(1993)用 11 个酶系统的淀粉凝胶电泳,对番茄和近缘物种遗传多样性进行了分析,得到了契斯曼尼番茄与栽培番茄遗传变异最少,里基茄与栽培番茄关系最远,醋栗番茄与栽培番茄间距离最近的结论;根据遗传距离,将里基茄与栽培番茄划在不同的属中是比较适当的。

Mcclean & Hanson(1986)对番茄属9个种和茄属2个近缘种的线粒体DNA(Mt DNA)系统进化分析显示,番茄与樱桃番茄之间的线粒体DNA的异质率为0.4%,而里基茄——醋栗番茄之间以及契斯曼尼番茄(*S. cheesmanii*)与智利番茄(*S. chilense*)之间则为2.7%。线粒体DNA水平异质率比已报道的叶绿体DNA水平的异质率要高一些,暗示了2个植物细胞器DNA的进化速率不同。里基茄与栽培番茄之间线粒体DNA水平只相差2.7%,这与大鼠种内亚种间线粒体DNA差异水平(2.6%)相似,而大鼠种内亚种间的分化才100万年时间,这说明番茄线粒体DNA变异分化速度一定比动物线粒体DNA变异分化的速度要低。这些结果以及杂交性能的研究结果(Rick 1979)都说明里基茄、类番茄茄和智利番茄与其他番茄种的亲缘关系要远些;叶绿体DNA研究也表明类番茄茄与其他种的关系较远(Palmer & Zamir 1982)。

8.3.2 里基茄与其他茄属植物比较基因组

茄科植物中,辣椒基因组和番茄基因组中发现12个倒位和5个异位的区别(Livingstone et al 1999);马铃薯与番茄之间的亲缘关系更近一些,只存在5个臂内倒位的区别。番茄组包括1个栽培种、8个近缘野生种和4个茄属野生种(Rick 1979)。茄属的这4个番茄近缘种在某些形态特征方面与番茄类似,如有黄色花冠、花梗基部以上有节、叶片呈羽状分裂、缺乏块茎,这些性状是区分它们与茄属绝大多数种的重要依据(Correll 1962;Rick 1988)。番茄属所有9个种(此前分类)和茄属2个近缘种间均有与栽培番茄成功杂交的先例,不过杂交难易程度存在较大差异(Rick 1979),这些野生种是番茄遗传改良的重要遗传资源来源。

辣椒高密度RFLP遗传连锁图表明其在10L上的标记顺序与马铃薯一致(Livingstone et al 1999),番茄与马铃薯亲缘关系较近,推断马铃薯与辣椒标记顺序是祖先型的,番茄中的倒位属衍生型的。番茄在茄属中的近缘种的标记顺序与马铃薯有一致性,也进一步证明上述假说。番茄、类番茄茄、里基茄在其他4处与马铃薯类似的标记顺序重排说明在番茄10L上的倒位事件是最近才发生的,也许与番茄属和茄属祖先分开时间相吻合(Pertuzé et al 2002)。若果真如此,说明番茄属与茄属间有明显差异,10L的倒位也将是番茄属基因组的一个重要分类学标记,这与Spooner等(1993)将番茄属划归茄属做法刚好相反。因而,基于上述考虑,将番茄属划为一个事实上的属更为合适(Nee 1999;Pertuzé et al 2002)。在茄科中,基于对染色体配对程度和杂种育性的研究,提出了5个基础基因组:栽培马铃薯为A、B、C、D和E,是马铃薯组内的茄属近缘物种。A和E之间的比较定位揭示两者间易位和倒位的存在(Perezé et al 1999)。Pertuzé等(2002)又提出另外2个基因组:番茄基因组 L 和类番茄茄——里基茄基因组 S。

茄科植物为研究染色体的重排提供了很好系统。最早的类番茄茄与马铃薯比较图谱研究结果表明,两者在第 5、9、10、11 和 12 等染色体上存在一系列的整臂水平的臂内倒位;后来研究辣椒时发现,第 10 染色体上的倒位是发生在与马铃薯祖先分开后的番茄属植物中的。最近研究表明,在番茄近缘野生姊妹种里基茄和类番茄茄中第 10 染色体的排列是与马铃薯共线性的,进一步确认第 10 染色体倒位只发生在番茄属的公共祖先种上(Pertuzé et al 2002; Livingstone & Riesenberg 2003)。

上述研究结果表明,第 10 染色体倒位可能有助于番茄属植物物种的形成。番茄与类番茄茄和里基茄的地域分布具有重叠性,因此可能正是由于这种倒位事件导致了番茄属植物在邻域分布状态下的物种起源。后续的对番茄及其野生种以及里基茄和类番茄茄整个等位位点的测序,将为该假说提供更加完整、有力的证据。对染色体 10 更加完整的图位信息分析,将有利于未重排和重排后一些染色体亚类型多样性的揭示,序列测序将有利于基因编码区和非编码区变异分化程度的确定,也有利于那些可能在进化中促进染色体重排固定有起正向选择作用的基因的确定(Livingstone & Riesenberg 2003)。

里基茄与栽培番茄的基因组大多数呈共线性的(Pertuzé et al 2002),两者唯一一个大的重排占据了几乎整个第 10 染色体长臂的臂内倒位。里基茄 10L 的构型与其姊妹种类番茄茄相似,与其他几个茄科物种如马铃属、茄子和辣椒也很相似(Livingstone et al 1999,Doganlar et al 2002)。根据 10L 倒位情况以及种间和属间杂种减数分裂过程中的染色体亲和性,可以将栽培番茄及其近缘野生物种分成两种基因组类型:番茄属的所有种分享 L 基因组,而里基茄和类番茄茄分享 S 基因组。同时,第 10 染色体长臂上臂内倒位事件阻止了回交一代及其以后世代 10L 的重组(Pertuze et al 2002,Ji & Chetelat 2003),该重排事件可以部分地解释获得上述 2 个物种在该区间渐渗系后代比率小的原因,该重排间接地导致含有纯合型倒位片段植株的不育,因为渐渗系染色体片段越长越倾向于不育。

8.3.3 里基茄的遗传连锁图谱

Pertuzé 等(2002)构建了里基茄与类番茄茄的 F_2 作图群体。由于 F_1 自交不亲和,将 2 株 F_1 杂种进行株间交获得了 82 个 F_2 个体,用 166 个的 RFLP 标记作探针和 5 种限制酶,结合确定了类番茄茄与里基茄杂种分离群体的多态性位点。分析标记间的连锁性后绘制了 12 张连锁群的图,覆盖长度 1 192 cM,有一个标记找不到连锁群。重组率与此前在番茄中所观察到的并无差异,但在上述的 12 个连锁群中的 7 个连锁群上观察到了标记的偏分离。除在染色体 10 长臂上发现了一个臂内倒位外,所有染色体与番茄连锁图是共线性的。而在染色体 10 长臂倒位区间,类番茄茄和里基茄与此前报道的马铃薯和辣椒的图谱是一样的,说明番茄此处的连锁群是衍生类型。10 L 的倒位事件可以解释属间杂种部分同源染色体在该区段内为什么缺乏重组,基于番茄与其可杂交的近缘种间首次发现的结构差异性,可以将其划分为番茄 L 基因组和类番茄茄或里基茄的 S 基因组。

(1) 多态性程度。对里基茄、类番茄茄及两者 F_1 杂种植株(2 个)的 DNA 用 5 种限制性内切酶(*Eco*RⅠ、*Eco*RV、*Xba* Ⅰ、*Hind*Ⅲ和 *Dra* Ⅰ)消化,随后用 166 个 RFLP 标记作探针进行杂交检测,在所检测的 830 个探针与酶组合中有 223 个(27%)在 2 个物种间呈现多态性,代表了 101 个信息位点。*Eco*RI 消化的多态性稍低(22%),其他酶稍高(27%~29%)。在这些位点中,有 8%位点仅有 1 个 F_1 杂种是异质的,说明每个亲本种本身就是异质的。这些标记在回交群体中会发生分离(1∶1),所以它们不像标准的 F_2 标记一样,因此不能用于基因定位(Pertuzé et al 2002)。

(2) 偏分离。采用了 101 个信息标记对类番茄茄×里基茄的 F_2 群体进行分型,卡方测验表明,在 12 条染色体中有 7 条上分子标记出现了显著偏分离($P<0.05$),代表了大约 24%标记位点,这个比率比随机概率(95%置信度下为 5%标记数)高得多。与孟德尔比例偏离最大的分离值发生在染色体 4、7、9 和 10 上,每条染色体均有数个相邻的标记发生偏分离,说明每个染色体上都有 1 个或更多的偏分离位点。在染色体 4 的短臂远端观察到 1 个额外的里基茄纯合体标记,而类番茄茄在 PG49(sd4.1)附近缺乏该纯合体标记。此外,在着丝点附近的标记处(sd4.2)观察到一个额外的杂合体,而 4 L 远端(TG22)显示了一个额外类番茄茄纯合体(sd4.3)。在染色体 7,最大的偏分离发生在着丝粒附近处的标记上(CD54 和 TG252,sd7.1),此处观察到 1 个类番茄茄纯合体,在长臂上的一个偏分离位点(sd7.2)与里基茄纯合位点的缺失和 1 个额外的杂合位点出现有关。在染色体 9,短臂远端标记 TG105B(sd9.1)附近显示了有利于 2 种纯合子而不利于杂合子的现象,着丝粒附近的另一个偏分离位点(sd9.2,CT208 附近)导致了类番茄茄纯合子事实上的消失,sd9.3 位点显示了 TG186 的 2 种纯合子的缺失。在染色体 10 中,在长臂的 TG63(sd10.1)标记处观察到杂合子的消失和类番茄茄中一个额外纯合子的出现。虽然在其他染色体(3、8 和 11)中也显示了偏分离,但仅涉及 1 或 2 个不连续的标记。此外,从染色体 8 和 11 上基因型频率趋势来看,这些染色体上所观察到的偏分离事件是真实的(Pertuzé et al 2002)。

(3) 里基茄×类番茄茄连锁图与番茄的比较。里基茄标记间连锁分析发现形成了 12 个连锁群,与番茄的相吻合,如图 8-12 所示。只有 1 个标记(TG272A)未找到连锁群,但显示了与染色体 7 短臂的标记的联系(LOD=1.46,48.3 cM)。里基茄×类番茄茄遗传图覆盖了 1192 cM,如图 8-12 所示,比参照图(番茄×潘那利

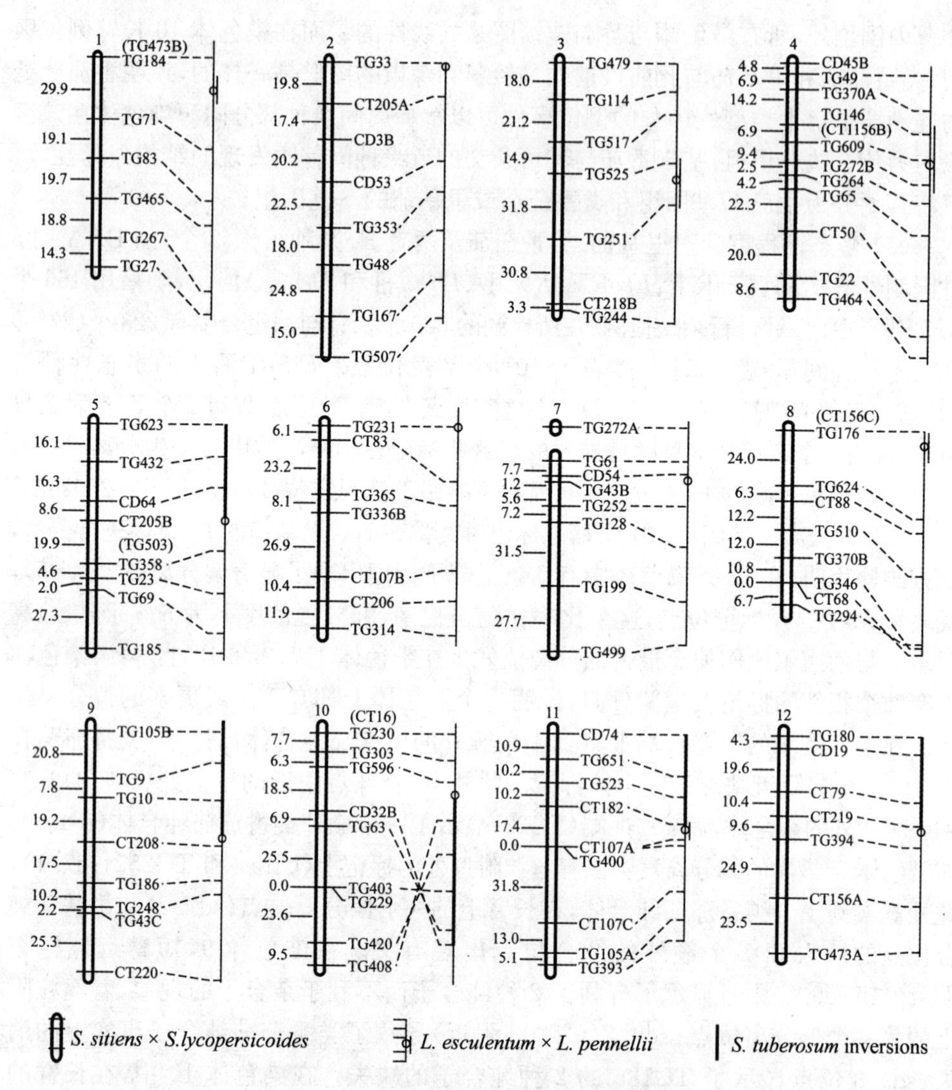

图 8-12 里基茄×类番茄茄 F_2 的遗传图以及

与番茄×潘那利番茄 F_2 的 RFLP 遗传图的比较

（引自 Pertuzé et al 2002）

虚线将两张图中共同的标记连接起来，括弧中的标记代表低置信度的标记。大致的着丝粒的位置(Pillen et al 1996)在番茄图中标明。所有图的距离均为 Kosambi 厘摩值。区别番茄与马铃薯的 5 个臂内的倒位(Tanksley et al 1992)的位置用番茄图中的粗线条表示。第 7 染色体的方向同 Burbidge et al (2001)

番茄)相同标记的距离略有减少(3.7%)。染色体1、4和8显示了交换频率最小,染色体2和11显示了图的最大扩展。同时,还观察到染色体内交换率的不一致性,染色体1、6和8着丝粒附近表现出交换率减最小(Pertuzé et al 2002)。将里基茄×类番茄茄的 F_2 连锁图与番茄×潘那利番茄的 F_2 连锁图上基因顺序和相对图距加以比较(Tanksley et al 1992)发现,两者显示了高度的共线性,如图8-12所示。不过,在第10染色体长臂上标记的线性顺序与番茄相比发生了颠倒,该臂内倒位介于标记TG408和CD32B之间,涉及到长臂的绝大部分区域。第一个不涉及倒位相邻标记为TG596,按参照图它位于短臂上近着丝粒位置。该倒位的断裂点与马铃薯(Tanksley et al 1992)和辣椒(Livingstone et al 1999)中所报道的10L上相对于番茄的倒位完全一致。一些探针不仅被定位到预测的位置,而且揭示了一些在里基茄×类番茄茄 F_2 群体中呈现多态性的次级位点。这些新检测到的位点包括TG473B(染色体1)、CT205B(染色体2)、CT156B(染色体4)、CT156C(染色体8)和TG370B(染色体8),如图8-12所示。某些无法预测位置的低拷贝探针也检测出了次级位点:TG336B(染色体6)、CT218B(染色体3)、TG43B和TG43C(染色体7和9)、CD45B(染色体4)。在每种情况下,探针身份可以被插入片段大小所证实,但不能被带型所证实,因为缺乏观察信息。TG43C位点看起来与已报道的马铃薯染色体9上的位点一致(Gebhardt et al 1991)。最后,探针CD3被定位在染色体2而不是与番茄对应的染色体9,由于其带型表明它为单拷贝,所以该结果说明在这2条染色体间发生了一次小的易位(Pertuzé et al 2002)。

8.4 里基茄在番茄遗传改良中的应用

随着番茄栽培驯化及现代番茄育种的进展,番茄品种遗传背景逐渐变得狭窄。在过去一个世纪中,番茄育种所取得的成就,很大程度得益于野生资源的利用。目前至少有42个危害番茄的主要病害抗性基因在野生种中被发现,并至少有20个被转育到栽培番茄中(Rick & Chetelat 1995),番茄近缘野生种是番茄对主要经济性状如抗病性、抗虫性、果实品质、环境胁迫忍耐性进行遗传改良的重要资源(Rick & Chetelat 1995),并在番茄果实品质、耐非生物性胁迫(如旱、高温等)、抗虫性等方面改良取得了进展。

与番茄属(此前分类)的8个近缘野生种相比,茄属种更丰富,包括约1 250个物种(Nee 1999),为番茄遗传改良提供了更丰富的遗传资源,特别是4个番茄类似种——类番茄茄、里基茄、胡桃叶茄和赭黄茄更具潜力。从形态、生态、分布和杂交关系上来看,4个种明显构成两对姊妹分类单元:类番茄茄——里基茄和胡桃叶茄——赭黄茄单元,其中类番茄茄——里基茄单元与番茄属的亲缘关系要比另外一单元近(Rick 1988)。类番茄茄与里基茄杂交可育,但该单元中只有类番茄茄与栽培番茄可以直接进行有性杂交(Pertuzé et al 2002);用栽培番茄与类番茄茄杂交衍生后代作桥梁种,里基茄可以间接地与栽培番茄进行杂交。

番茄属种间杂种 F_1 均表现出正常的染色体配对和高度的育性,绝大多数番茄属种间已建立了作图群体,并绘制了遗传连锁图具有很高的共线性,因此所有番茄属物种基因组可以认为是基本共线性和同源的。类番茄茄和里基茄与栽培番茄间杂交要比番茄种间杂交困难得多,不过里基茄与类番茄茄间杂交不存在障碍,且杂种可育,两者的基因组基本是同源的。

对茄属植物基因组研究有助于特殊优良性状(如抗胁迫性)向番茄的转移,目前类番茄茄基因组向番茄转移已经取得了相当的成绩,并得到了一套完整的渐渗系(Chetelat & Meglic 2000),里基茄由于与番茄间存在严重杂交障碍使通过有性杂交途径进行遗传物质转移可能就更困难(DeVerna et al 1990)。

从里基茄向番茄基因组进行遗传物质转移尽管存在困难,不过仍具有广阔的应用前景。目前所获得的两者后代较少,但通过非整倍体和重组二倍体进行基因转移仍是一种可行策略。采用额外的杂交组合,辅助于分子标记选择,有可能够获得系列或完整单体外源添加系,这将为里基茄种质保存、接近里基茄基因组、鉴定显性基因在茄属染色体上位点和最终实现向栽培番茄的遗传物质的渐渗提供有效的方法。从重组的二倍体后代中,可以选择出获得同源渐渗系(ILs)。目前已经建立了潘那利番茄和多毛番茄基因组的同源渐渗系库(Monforte & Tanksley 2000),为番茄育种和研究提供了诸多便利(Zamir 2001)。最近刚建立的类番茄茄 IL 库(Chetelat & Meglic 2000),使建立里基茄 IL 库也成为可能。这些研究结果均表明,为拓展栽培番茄基因库、以便涵盖这一有趣的沙漠型茄属物种奠定了基础。

参考文献

[1] Alpers CN, Brimhall GH. Middle Miocene climatic change in the Atacama Desert, northern Chile: evidence from supergene mineralization at La Escondida [J]. Geol Soc Am Bull, 1988, 100:1640-1656.

[2] Bretó MP, Asins MJ, Carbonell EA. Genetic variability in. *Lycopersicon* species and their genetic relationships [J]. Theor Appl Genet, 1993, 86:113-120.

[3] Chetelat RT, Meglic V. Molecular mapping of chromosome segments introgressed from *Solanum lycopersicoides* into cultivated tomato (*Lycopersicon esculentum*) [J]. Theor Appl Genet, 2000, 100: 232-341.

[4] Chetelat RT, Petersen JP. Improved maintenance of the tomato-like *Solanum* spp. by grafting [J]. Report of the Tomato Genetics Cooperative, 2003, 53:8-15.

[5] Child A. A synopsis of *Solanum* subgenus Potatoe (G. Don.) (D'Acry) (Tuberarium

(Dun.) Bitter (s. 1.)) Feddes Repertorium Specierum Novarum Vegni Vegetabilis, 1990, 101: 209-235.

[6] Correll DS. Four new *Solanums* in section *Tuberarium* [J]. Wrightia, 1961, 2: 133-181.

[7] DeVerna JW, Rick CM, Chetelat RT, et al. Sexual hybridization of *Lycopersicon esculentum* and *Solanum rickii* by means of a sesquidiploid bridging hybrid [J]. Proc Natl Acad Sci USA, 1990, 87: 9496-9490.

[8] Doganlar S, Frary A, Daunay M-C, et al. A comparative genetic linkage map of eggplant (*Solanum melongena*) and its implications for genome evolution in the Solanaceae [J]. Genetics, 2002, 161: 1697-1711.

[9] Hosaka K, Ogihara Y, Matsubayashi M, et al. Phylogenetic relationship between the tuberous *Solanum* species as revealed by restriction endonuclease analysis of chloroplast DNA [J]. Jpn J Genet, 1984, 59: 349-369.

[10] Ji Y, Pertuze R, Chetelat RT. Genomic differentiation by GISH in interspecific and intergeneric hybrids of tomato and related nightshades [J]. Chromosome Res, 2004, 12: 107-116.

[11] Kochevenko AS, Ratushnyak YI, Gleba YY. Protoplast culture and somaclonal variability of species of series *Juglandifolia*. Plant Cell Tissue Organ Cult, 1996, 44: 103-110.

[12] Livingstone K, Riesenberg LH. Chromosomal evolution and speciation: A recombination-based approach [J]. New Phytologist, 2003, 161: 107-112.

[13] Livingstone KD, Lackney VK, Blauth JR, et al. Genome mapping in *Capsicum* and the evolution of genome structure in the Solanaceae [J]. Genetics, 1999, 152: 1183-1202.

[14] Mcclean PE, Hanson MR. Mitochondrial DNA sequence divergence among *Lycopersicon* and related *Solanum* species [J]. Genetics, 1986, 112: 649-667.

[15] O'Connell MA, Hanson MR. Regeneration of somatic hybrid plants formed between *Lycopersicon esculentum* and *Solanum rickii* [J]. Tbeor Appl Genet, 1986, 72: 59-65.

[16] Palmer JD, Zamir D. Chloroplast DNA evolution and phylogenetic relationships in *Lycopersicon* [J]. Proc Natl Acad Sci USA, 1982, 79: 5006-5010.

[17] Peralta IE, Spooner DM. Granule-bound starch synthase (GBSSI) gene phylogeny of wild tomatoes (*Solanum* L. section *Lycopersicon* (Mill.) Wettst. Subsection *Lycopersicon*) [J]. Amer J Bot, 2001, 88: 1888-2001.

[18] Pertuzé RA, Ji Y, Chetelat RT. Comparative linkage map of the *Solanum lycopersicoides* and S. *sitiens* genomes and their differentiation from tomato [J]. Genome, 2002, 45: 1003-1012.

[19] Pertuzé RA, Ji Y, Chetelat RT. Transmission and recombination of homeologous *Solanum sitiens* chromosomes in tomato [J]. Theor Appl Genet, 2003, 107: 1391-1801.

[20] Rick CM, Chetelat RT. Utilization of related wild species for tomato improvement [J]. Acta Hort, 1995, 412: 21-38.

[21] Rick CM, DeVerna JW, Chetelat RT, et al. Meiosis in sesquidiploid hybrids of *Lycopersicon esculentum* and *Solanum lycopersicoides* [J]. Proc Natl Acad Sci USA, 1986, 83: 3580-3583.

[22] Rick CM. Biosystematic studies in *Lycopersicon* and closely related species of *Solanum*. In: Hawkes JG, Lester RN, Skelding AD (eds). The biology and taxonomy of the Solanaceae [M]. Academic Press, New York, NY, 1979: 667-678.

[23] Rick CM. Hybrids between *Lycopersicon esculentum* Mill., and *Solanum lycopersicoides* Dun [J]. Proc Natl Acad Sci USA, 1951, 37: 741-744.

[24] Rick CM. Tomato-like nightshades: affinities, autecology, and breeders opportunities [J]. Econ Bot, 1988, 42: 85-154.

[25] Shaw JMH. New combinations in *Lycopersicon*. New Plantsman, 1998, 5: 108-109.

[26] Smith SD, Peralta IE. Ecogeographic surveys as tools for analyzing potential reproductive isolating mechanisms: an example using *Solanum junlandifolium* Dunal, *S. ochranthum* Dunal, *S. lycopersicoides* Dunal and *S. sitiens* [J]. Taxon, 2002, 51: 341-349.

[27] Tanksley SD, Ganal MW, Prince JP, et al. High density molecular linkage maps of the tomato and potato genomes [J]. Genetics, 1992, 132: 181-1160.

9 智利番茄 (*Solanum chilense*)

9.1 智利番茄的起源

智利番茄(*S. chilense*,修改前为 *Lycopersicon chilense* Dun)是番茄近缘野生种之一,属于茄科茄属番茄组的野生种。原产于秘鲁和智利,生长于智利北部海拔3 000 m的阿塔卡玛沙漠;可以适应极端的温度、干旱和盐碱等严酷的生存环境。智利番茄生长环境多样,分布范围广;从海平面到高海拔的安第斯山脉,从秘鲁Arequipa(16°40′S)到智利北部的Paposo(25°00′S)均有智利番茄的生长。

9.2 智利番茄的生物学特性

智利番茄为多年生小灌木,具二出羽状复叶或羊齿状叶,根系发达。可以常年开花结果,花序较长,柱头外露,属于自交不亲和类型。花粉粒形状为球形,表面有粗疣颗粒状纹饰;表面有不规则的块状突起,突起较高,轮廓线为不均匀的波浪型,使得整个表面比较粗糙,有清晰的颗粒状雕饰,颗粒分布均匀。果实属绿色小型果,带有紫色条纹,果实在成熟前脱落,属非呼吸跃变型如图9-1所示。

同时,由于智利番茄的生长环境多样性导致表型也有较大差异,在果实、花和根的生长过程中表现出有所不同。

9.3 智利番茄分子生物学的研究现状

9.3.1 起源和进化研究

Uchimiya(1979)利用电聚焦分析番茄和7个野生种(智利番茄、克梅留斯基番茄,小花番茄,契斯曼尼番茄、醋栗番茄,多毛番茄和潘那利番茄)的核酮糖1,5-二磷

图 9-1 智利番茄生态环境和植物学特征
A～C:智利番茄生态环境;D:智利番茄叶片、花和果实

酸羧化酶的大小亚基的组成。在 8 个品种中,均分离到了组成大亚基的 3 个多肽,pH 值仅差 0.05,等电点没发现差异;说明这几个番茄种在进化过程中,由核外 DNA 所编码的大亚基没有发生变异。在茄科植物中,依据所涉及到的 4 种多肽簇进化分析,发现番茄种群比烟草种进化的晚。在番茄的 8 个种中,由核基因所编码的小亚基多肽有所不同,表现出 3 种不同类型;多毛番茄和潘那利番茄仅有 1 个多肽,可以推断其比有两种多肽的智利番茄、克梅留斯基番茄和小花番茄起源早;契斯曼尼番茄、醋栗番茄和普通番茄的核酮糖 1,5-二磷酸羧化酶的大小亚基由 3 种多肽组成,似乎它们进化得更晚。

Jeffrey(1982)通过对智利番茄叶绿体基因组的多态性分析发现,智利番茄和契斯曼尼番茄的多态性均未超越在秘鲁番茄中所发现的多态性,因此可以推断智利番茄和契斯曼尼番茄应该和秘鲁番茄属于一类,甚至可以归于秘鲁番茄亚种;因而可以认为智利番茄和契斯曼尼番茄应该是从秘鲁番茄进化而来,如图 9-2 所示。

不过,Hiroaki 等(2000)用 RAPD 技术对 50 份番茄材料进行遗传多样性分析发现,来自于南秘鲁的智利番茄与来自于其他地方的智利番茄的遗传距离较远,因此推断智利番茄可能来自两个不同的群体。同时,也证实了秘鲁番茄复合体(*Peruvianum*-complex,PC)比栽培番茄复合体(*Esculentum*-complex,EC)具有更丰富的遗传多样性。

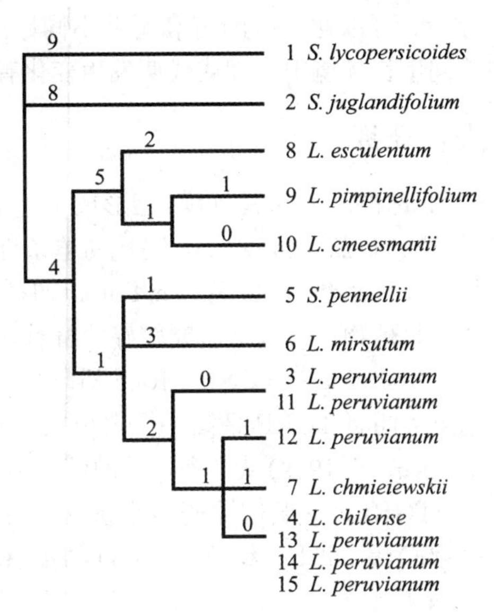

图 9-2 叶绿体 DNA 的多态性

分支上的数字表示变异的数目(引自 Jeffrey 1982)

Baudry 等(2001)通过对番茄 5 个种(智利番茄、多毛番茄、秘鲁番茄、克留梅斯基番茄和醋栗番茄)的杂交特性分析发现:前 3 个品种表现为自交不亲合。并选择了观察 DNA 序列中 5 个单拷贝基因,发现它们分别位于染色体上高或低重组率的区域。研究表明,杂交系统对遗传多样性有着显著的影响,而对重组率影响较弱。在番茄中,重组率对遗传多样性的影响力比在其他物种中的作用都弱,包括果蝇(Drosophila),并认为造成这种现象的原因有以下几种可能:选择作用、重组率和与杂交系统相关的统计因子。目前有关番茄进化的研究都显示智利番茄是一个古老的品种,进化较早,和秘鲁番茄属于同一类。

9.3.2 遗传多样性

智利番茄由于地理分布广,生长环境显著差异导致了不同种群间表型的差异,某些表型的差异可能并不是受遗传控制,更可能是由于生理或代谢调节不同所致。Maldonado(2003)在不同灌溉水平下,对智利番茄 9 个群体的 20 个表型特征的变化研究。所用智利番茄种群收集范围从海拔 20 m 到 3 075 m，使其生长在正常环境条件中，并将土壤水分条件设置成不同，尽管实验材料原产地的气候不同，但种植在相同的环境下，9 个群体的表型特征均很相似。在所调查的 20 个表型中，只有 3 个表型在干旱处理中变化很明显（鲜果重量、果实体积和单果种子数）。或许是由于水分不足，使智利番茄的 12 个表型发生了变化，其中最明显的是：根干重，座果数和单果实种子数量。因此，可以初步推断智利番茄不同原产地表型差异有可能不是遗传所致，而与在不同生长环境中生理或代谢发生变化有关。

9.3.3 抗旱分子生物学研究

智利番茄起源于智利北部的阿塔卡马沙漠，已形成了适应干旱自然环境的特性。某些具有抗旱特性的智利番茄，在外界干旱逆境胁迫条件下，可以关闭气孔减少蒸腾，使之仍维持较高的叶片水势（Leaf Water Potential，LWP），可以从大气环境中充分地吸收水分，因而是植物进行抗旱研究较好的材料。富含脯氨酸、苏氨酸和甘氨酸的蛋白（Proline Threonine & Glycine Rich Protein，PTGRP）是与抗旱密切相关的基因，有研究结果表明，PTGRP 是第一个定位在细胞壁上的受干旱调节蛋白。Yu 等（1996）和 Hassan 等（1999）从智利番茄的叶片中分离获得了一个基因的全长 cDNA，并命名为 PTGRP。该基因编码一个富含 Pro 的蛋白，开放读取框（Open Reading Frame，ORF）为 552 bp，编码 12.6kD 的蛋白，该蛋白的 C 端有一段富含 Pro 的结构域，且含两个 Phe-Pro-Met-Pro-Thr-Thr-Pro-Ser-Thr-Gly-Gly-Gly-Phe-Pro-Ser 重复。N 端缺乏脯氨酸，具有疏水特性。与其他富含脯氨酸的蛋白不同的是，该蛋白还含有典型的富含 Gly 蛋白的结构域，5 个 Gly 重复 $(Gly\text{-}X)_n$。Southern blot 分析结果表明，PTGRTP 是智利番茄（*S. chilense*）基因组中一个小的基因家族的成员。Northern blot 研究发现，PTGRP 在干旱胁迫下，表达显著下调。经干旱处理后 4～8 天，叶片和果实中 PTGRP 的 mRNA 表达降低约 5～10 倍。当给干旱植物浇水时，mRNA 会表现出大量积累的趋势。原位杂交结果也显示，PTGRP 的 mRNA 在正常灌溉条件下植物叶片中的含量要比干旱条件下的植物高。经干旱处理和经脱落酸、甘露醇和 NaCl 处理的智利番茄悬浮细胞液中，PTGRP 的 mRNA 表达也呈现出下调趋势。基于富含 Pro 蛋白的一般特征（高 Pro、重复结构域和前导肽）以及与细胞壁的关系，PTGRP 蛋白很可能定位于细胞壁上。干旱胁迫下，*PTGRP* 基因表达下调可能是与在水的压力下细胞壁变形有关。免疫胶体金分析发现，大量的金粒子分布于木质部，且主要位于导管壁孔膜和分离的初生壁孔膜的更外面的部分（与内腔相连的部分），说明 PTGRP 确实与细胞壁的木质部相连，有可能与木质部发挥作用有关。Western-blot 和免疫定位分析发现，PTGRP 在干旱胁迫下表达量显著下降。在干旱胁迫下，PTGRP 和木质

素一样含量下降,有可能 PTGRP 和木质素共同通过参与细胞壁形成和改变其结构,从而调节植物的抗旱能力。PTGRP 降解很可能是涉及到在干旱条件下导管细胞壁的重塑,还有研究证明,在植物抗逆过程中参与木质素合成的苯丙氨酸解氨酶也会发生降解。有研究证实,水压会影响细胞壁的结构,如小麦胚芽鞘在渗透压处理后细胞壁硬度显著下降。同时,还认为 PTGRP 参与植物在抵抗病原菌入侵时产生防卫反应,是细胞壁重新塑造的一个部分。在这个过程中,不仅需要产生一些新的蛋白来抵御病菌入侵,同时也会降解一些在正常条件下对细胞壁功能所需要的蛋白。

智利番茄抗旱机制也可能还受外源脱落酸的调节。Chen 等(1994)研究智利番茄在水胁迫下蛋白表达情况时发现,缺水情况下,对总蛋白的影响并不大,而是诱导了 2 类新蛋白的合成。干旱诱导下新合成的蛋白在热激(39℃)或施用外源脱落酸(ABA)1 mM 时也会在叶片中积累。用干旱处理 4 天的叶片建立了 cDNA 文库,通过文库筛选和 Norther blot 研究发现,在不同细胞渗透压下而诱导产生的新蛋白,一部分是响应高温而另外一部分是响应细胞渗透压变化的,这些应答受 ABA 的部分调控。后来发现,诱导合成的新蛋白属于几丁质酶家族,这说明几丁质酶在植物发育和防御过程中发挥着重要的作用。

Chen 等(1993)研究番茄抗旱性以及寻找抗旱相关基因,以期改善栽培番茄的抗旱性。其中,发现并获得一个受干旱和 ABA 诱导基因的 cDNA,长度约为 1 100 bp,并命名为 pLC30-15;ORF 由 618 个核苷酸组成,编码 206 个氨基酸残基,编码蛋白的分子量为 23 164 D,等电点为 5.1。这个多肽序列中发现有 3 个富含 Lys 的重复序列,共 15 个氨基酸,而且第 3 个重复完全是第 2 个重复的拷贝。这个蛋白具有高度亲水,预测其结构为 α 螺旋。通过氨基酸序列比对发现,pLC30-15 与其他一些受干旱和 ABA 诱导的蛋白的序列与大麦和玉米里的脱水素和番茄里的 TAS14 有很多共同之处。这些蛋白的共同特点是普遍缺乏赖氨酸和色氨酸,而且高度亲水。另外,这类蛋白还包含许多保守的氨基酸序列,如一串丝氨酸和几个富含赖氨酸重复;它们的保守序列很可能与形成三级结构中一些基本结构,可能在植物对水分缺失的应答中发挥着关键作用。不过,pLC30-15 是目前所发现的与抗旱蛋白中唯一的一个富含谷氨酸(21.8%)和赖氨酸(19.4%)的蛋白,无论是在 N 端区域或是在同源盒内的插入序列与其他蛋白均无相似之处。根据上述结果,我们可以推断 pLC30-15 是脱水素中独立的一类,还有必要对其在智利番茄抗旱过程中所发挥的作用进行更深入的研究。

Wei 和 ÓConnell(1996)在普通番茄、潘那利番茄和智利番茄 3 个种中发现与植物组蛋白同源的 *His* 1 基因,也在干旱胁迫和 ABA 诱导下表达。在干旱诱导时,这个基因的转录本在叶片中积累与在烟草中情形类似。在根中,*His* 1 表达量在根尖中和在幼苗根的其他成熟组织中并无差别。在干旱环境中，伴随 *His* 1 的转录本在叶片中的积累，植物的形态也会发生一些变化。无论是耐旱和不耐旱的番茄，当叶片中的膨胀压下降(如从－1.3 降低至－1.4 MPa)时，均检测到了 *His* 1 转录本的积累。

在智利番茄的抗旱研究中还发现一些表达上调的基因，这些基因在植物抗旱过程中也发挥着一定的作用。*Asr* 2 基因编码一个转录因子(Franke et al 2003)，在对番茄进行缺水处理时，*Asr* 2 在叶片和根中的表达表现出上调。*Asr* 2 基因最早是从商业番茄品种(普通番茄与 Ailsa Craig 的杂交)中克隆获得的，随后也分别从 6 个野生番茄种中分离得到了 *Asr* 2 基因的完整读码框。在番茄种群内，比较智利番茄和秘鲁番茄及秘鲁番茄小种的 Ka/Ks(异义替换和同义替换的比值)比率(Ω)，尽管两者均等于或大于 1，不过两者对干旱环境的适应能力却不同。通过构建了番茄的系统发生树，比较两者 Asr2 氨基酸的同源性，发现：有 2 或 3 个氨基酸的差异导致了智利番茄、秘鲁番茄和秘鲁番茄小种形成不同的分支，所以不同分支的形成可能是由于 Ω 比值的不同决定的。另外对干旱环境应答的不同可能与 Asr2 蛋白的结构的改变有关，一般来说，干旱条件下番茄的 Asr2 蛋白的氨基酸替换比例增加，这也与达尔文进化论一致。

9.3.4 智利番茄果实成熟分子机制

1. 乙烯和番茄果实成熟

栽培番茄在成熟过程中将发生系列的生理、生化变化，包括果实变软、颜色和风味的改变、乙烯产生和呼吸作用的变化。很多研究发现，乙烯在番茄果实成熟起始发挥着重要的作用。在栽培番茄中，乙烯的产生会使果实的颜色、结构和风味发生改变，成熟的绿果可以在外源乙烯的作用下成熟，而减少环境中的乙烯果实的成熟又会受到抑制。

乙烯并不是调控果实成熟的唯一激素，对于尚未成熟的果实外源乙烯不能诱导其成熟。果实成熟前，果实内会发生各种变化，已有报道的有：膜透性、叶片内源激素水平和各种酶。不过，影响果实成熟关键因素以及在果实发育过程中对果实成熟和乙烯应答的系列的变化仍未完全阐明。

Grumet 等(1981)研究了番茄及其近缘野生种(9 个种)的果实成熟过程各种变化，比较了包括成熟过程中一些外部特征的变化、成熟时期和乙烯产生的变化规律。根据果实成熟过程中的一些特征的研究结果，可以将番茄果实分为 3 种类型：一类是在果实成熟时会发生颜色的变化，另一类果实成熟时仍为绿果，但是在成熟时会脱落，第三类果实成熟时仍为绿果也不脱落。果实颜色会发生改变第一种类型包括普通番茄、醋栗番茄和契斯曼尼番茄，与栽培番茄类似，这些种的果实成熟过程中有一个乙烯跃变高峰;不过,种间乙烯产生时间和量不同。乙烯产生的高峰期与果实的成熟期是一致的。第二类在成熟前脱落的智利番茄和秘鲁番茄2个种,果实成熟期产生乙烯能力有所改变;两者在内源乙烯和脱落酸产生时间上存在差异,说明这2个种果实成熟过程调控机制存在一定的差异。第三种类型番茄,果实成熟时仍为绿果,并且不从茎上脱落,包括克梅留斯基番茄和小花番茄,伴随着乙烯产生,果实将变软。而多毛番茄和潘那利番茄,乙烯产生与成熟过程中外部特征的变化没有任何联系;可见,乙烯在果实成熟中的作用仍然有待研究。

智利番茄在发育过程中,授粉后55天叶绿素开始显著减少,果实由绿变白,但并不伴随或引发类胡萝卜素的合成。叶绿素降解或损失将会持续几天,与红色或橙色果实品种不同,没有伴随呼吸峰的下降,也没有伴随而来的乙烯产生。慢慢褪绿而不产生很多乙烯是非呼吸跃变型的柑橘属果实的特征,许多研究者认为智利番茄也属于非呼吸跃变型的。研究一些老的果实发现,智利番茄也可以自然产生乙烯。叶绿素降解的果实可以分成两种类型,一种类型是在授粉80天后乙烯仍无产生,丙烯对增加内源乙烯没有作用。另一种类型是在授粉后收获果实80天后,有少量乙烯产生,乙烯产量达到40 μlkg^{-1}day^{-1};当用丙烯处理这些果实时,乙烯的产量可以达到300 μlkg^{-1}day^{-1}。果实授粉100天后会自然脱落,脱落的果实伴随有乙烯产量上升趋势,与平滑呼吸峰类似,产量可达300 μlkg^{-1}day^{-1},随后几天果实会变软。这个过程与鳄梨(*Persea americana*)果实类似,果实收获后会有一个伴随成熟的呼吸峰。鳄梨果实成熟和一些抑制因子的去除有关,而这些抑制因子是之前母体植物生长所需要的。对于智利番茄,将果实采摘下来有助于果实的变软,表明母体植物中或许也有一些抑制物抑制果实的成熟。

2. 乙烯信号调节途径与智利番茄成熟

在乙烯影响果实成熟的途径中,TLC1(Ty1/*copia*-like retrotransposon)家族是在智利番茄中研究比较清楚的一类基因,TLC1家族是从智利番茄中分离获得的4个LTR逆转录转座子家族中的1个。Tapia等(2005)研究发现,TLC1基因家族的逆转录和表达活性受多种逆境胁迫的调节,如创伤、原生质体状态和盐浓度。某些逆境(乙烯、甲基茉莉酸、水杨酸和2,4-二氯苯氧基乙酸)胁迫在体内均可以调节TLC1家族的表达。从基因组文库中分离获得了智利番茄的一个具有TLC1家族代表性基因——*TLC*1.1。对*TLC*1.1在叶肉原生质体进行瞬时和烟草稳定转化表达,研究结果表明在逆境胁迫条件下,*TLC*1.1基因的5'-LTR的U3区能够激发*GUS*(β-glucuronidase)的转录活性;在该区域中发现了两个57 bp的衔接重复序列,包括1个8 bp的基序(ATTTCAAA),该基序已经被证实是受乙烯调节基因的启动子区域的乙烯响应元件。将野生型的LTR(Long Terminal Reapeat)与单个或两个乙烯响应元件融合到GUS基因上游进行表达分析,发现这些元件对于乙烯调节基因在原生质体瞬时表达和转基因植物稳定表达是必需的；可以认为智利番茄中，乙烯信号调节途径中，TLC1.1 的元件对该基因表达扮演着重要角色。

Mónica Yanóz 等(1998)利用 DOP-PCR(简并引物寡核苷酸 PCR)从智利番茄中分离获得了约 300 bp 的 Ty1/copia 逆转座子保守片段。其中所获得的 20 个 DAN 片段中有 19 个与逆转座子相关序列同源。依据推测的氨基酸序列，可以分为 4 类：TLC1-TLC4，氨基酸相似性从 66.7%(TLC1 和 TLC2)到 42.6%，4 个家族总共占了基因组的 0.17%。TLC1 和 TLC2 与 *L. esculentum* 中报道过的番茄逆转座子 TOM1 和 TOM2 同源；而 TLC3 和 TLC4 是一类新的逆转座子。RT-PCR 分析显示，4 个 TLC 家族都有逆转座活性，这为解释智利番茄逆转座子多样性的产生提供了一种可能的证据。

9.3.5 智利番茄抗病的分子机制

目前对智利番茄抗病性的研究还只是限于对病菌种类和番茄抗病能力方面，从智利番茄中获得抗烟草花叶病毒的 Tm2 基因，并且已应用到番茄育种中，很多常见的栽培品种中都携带有基因。而目前以智利番茄为材料进行抗病分子机制的研究报道还很少。

9.4 智利番茄在番茄遗传改良中的应用

智利番茄因其遗传多样性和多种生态型决定了其对极端生存条件适应性和抗病、抗逆特性，是番茄遗传改良的一种重要资源，因而被许多番茄育种家所关注。智利番茄高抗烟草花叶病毒，对枯萎病免疫，智利番茄还具有抗霜冻、抗旱和耐盐碱特性，在番茄遗传改良上有重要应用价值。不过，智利番茄与普通番茄存在杂交障碍，使之应用受限；因而，如何解决其与栽培番茄种间的杂交障碍是智利番茄今后在番茄遗传改良面临的一个重要课题。

9.4.1 杂交育种

智利番茄与普通番茄的杂交障碍限制了其在番茄遗传改良中的应用。以智利番茄作母本与栽培番茄杂交，导致败育，但用智利番茄作父本给普通番茄授粉，可以结实，但是很难获得可育的种子；尽管杂交后有些花粉管可以伸长到子房，胚败育不能形成具有活力的种子。不过，以普通番茄作母本与智利番茄杂交，人工去雄授粉结果可达 42%～66%，但果内 99.9%以上“种子”中空无胚，仅有不到 0.1%的种子有细小、发育不健全的胚，这种胚在人工离体培养下部分可长成杂种苗株。

Gordillo 等(2003)研究了智利番茄与普通番茄的种间杂交。用栽培番茄(*S. lycopersicum*)的两个品种(Fla 7613 和 89S)作为母本,用 *S. chilense* 授粉后对栽培番茄子房施用 BA(6-benzylaminopurine),GA3(gibberellic acid)和/或 NAA(α-naphthaleneaceticacid)3 种激素,分别进行了连续激素处理 1、3 和 5 天。授粉 2 128 朵花,结实 1 920 个,得到杂种 21 个。通过实验得出以下 5 个结论:①NAA 处理比其他激素效果好;②21 个杂种中,8 个是激素连续处理 5 天的结果,有 6 个是外施 NAA 的;③将 Triton X-100 与激素结合使用,结实率下降,不过并没有影响杂种果实数目;④智利番茄的 LA2759 产生种间杂种数最多,295 个果实中有 7 个是杂种,而 LA130 产生的 293 个果实中没有杂种,其他的品种的杂交能力都介于这 2 个材料之间;⑤以 Fla 7613 作母本产生的杂种数约是 89S 的 10 倍。建议选择大果品种作为杂交母本,相对于小果品种杂交成功率要高些。

美国夏威夷农业实验站在普通番茄、秘鲁番茄、醋栗番茄、多毛番茄、智利番茄的混合杂交后代中选出对一系列 TMV 的抗病品种。法国利用智利番茄杂交在提高可溶性固形物含量和抗潜叶蝇育种方面取得了很好的效果。目前已经可以通过胚珠培养实现用 PC(*Peruvianum*-complex)品种与普通番茄的杂交。

9.4.2 抗病

智利番茄不仅能适应各种极端的温度、干旱和盐碱严酷环境条件,同样对多种番茄病害特别是病毒病具有较强的抵抗力。智利番茄具有强有力的抗烟草花叶病毒(TMV)基因,对枯萎病近乎免疫。另外还能抗曲顶病毒、黄瓜花叶病毒、番茄斑点病毒、番茄斑萎病毒和番茄黄叶卷曲病毒。

1. *番茄斑萎病(TSWV)*

Stevens 和 Scott(1994)对智利番茄、契斯曼尼番茄、克梅留斯基番茄、多毛番茄、小花番茄、潘那利番茄和秘鲁番茄的 188 个品系的 TSWV(85-9,Glox 和 T-2)抗性进行了研究;其中 TSWV(85-9)来源于阿肯色州,Glox 和 T-2 分别来自于德克萨斯州和夏威夷。用 TSMV 侵染后,用生理病症观测和 ELISA 检测确定抗性植株。研究结果发现,契斯曼尼番茄、克梅留斯基番茄、多毛番茄、小花番茄、潘那利番茄均感病,对 TSWV 不具有抗性。而对智利番茄的 63 个品系接毒后检测发现,其中 33 个品系的 1 268 株番茄中有 91 株抗 85-9,20 个品系中的 2 578 番茄植株中有 40 个植株抗 TSWV 所有毒株。在秘鲁番茄的 12 个品系中,其中 9 个品系中有 38 株抗 85-9,8 个品系中有 25 株抗 TSWV 的所有毒株。

2. *抗番茄黄花卷叶病毒病*

Zamir 等(1994)以智利番茄作为番茄黄花卷叶病毒(TYLCV)的抗源,通过与普通番茄杂交并多次回交的方法将耐 TYLCV 的主效基因 TY-1 转入到普通番茄,并确定位于第 6 染色体上,提高了普通番茄的对 TYLCV 耐病性。

普通番茄及其某些近缘野生种对 TYLCV 具有不同程度的抗性,Santana 等(2001)通过研究智利番茄(LA 1963、LA1967 和 LA1969)白粉虱传播的 DF1 的抗性研究发现,3 份供试材料均没有表现出感病症状;不过,经过点杂交后发现,这 3 份材料对双粒病毒 DF1 的反应并不完全相同。LA1967 是属于抗病品种,外部没有病症表现,体内也没有病毒 DNA;而 LA 1963 和 LA1969 是属于耐病品种,虽然植株没表现出症状,但是 10 株中约有 2~3 株的体内检测到了病毒 DNA;因而,可以推测智利番茄(LA 1967)是 DF1 的高抗材料。

3. 番茄叶霉病

番茄叶霉病菌(*Cladosporium fulvum*,又名 *Passalora fulva*)生理小种多,分化快;目前已研究确定至少有 13 个生理小种,是由显性单基因控制;在番茄中发现抗病基因有 24 个,其抗病基因源于醋栗番茄、秘鲁番茄,同时也已确认智利番茄对番茄叶霉病是免疫的。

9.4.3 抗逆性

智利番茄地理分布多样性和生长环境恶劣使其具有极强的抗逆性,同时长时期生长在高海拔地区的环境条件使得智利番茄品种具有良好的耐寒性;而生长在海岸地区的智利番茄品种则具有良好的耐旱性,这可能与其发达的根系有关;而生长在碱性土壤上的品种则具有耐盐性。目前收集智利番茄资源中,已经发现了一些耐寒的番茄种质,不过至今番茄耐寒育种的进展仍十分缓慢,主要原因是植物耐寒机制比较复杂,而且在不同生育阶段可能具有不同耐寒机制。因而,很难找到一个能用来对耐寒性进行辅助选择的简单、准确、可靠的鉴定方法。目前,直接在低温环境中进行选择仍然是耐低温育种的主要手段,寻找和采用更有效的育种方法仍是当务之急。

智利番茄是番茄遗传改良的重要资源之一,期待着通过对智利番茄从园艺学、分子生物学研究的深入,在对该资源充分了解和认识基础上,寻求跨越其与栽培番茄杂交障碍途径,使其在番茄遗传改良中应用成为可能。

参考文献

[1] Baudry E, Kerdelhue C, Innan H, et al. Species and recombination effects on DNA variability in the tomato genus [J]. Genetics. 2001, 158(4): 1725-1735.

[2] Maldonado C, Squeo A, Ibacache E. Phenotypic response of *Lycopersicon chilense* to water deficit [J]. Revista Chilena de Historia Natural. 2003, 76: 129-137.

[3] Chen R D, Campeau N, Greer A F, et al. Sequence of a Novel Abscisic Acid and Drought-

lnduced cDNA from Wild Tomato (*Lycopersicon chilense*) [J]. Plant Physiol. 1993, 103: 301.

[4] Chen R D, Yu LX, Greer A F, et al. Isolation of an osmotic stress- and abscisic acid-induced gene encoding an acidic endochitinase from Lycopersicon chilense [J]. Mol Gen Genet, 1994, 245(2): 195-202.

[5] Santana F M, da Graça Ribeiro S, Moital A W, et al. Sources of resistance in *Lycopersicon* spp. to a bipartite whitefly-transmitted geminivirus from Brazil [J]. Euphytica. 2001, 122: 45-51.

[6] Frankel N, Hasson E, Iusem N D, et al. Adaptive evolution of the water stress-induced gene Asr2 in Lycopersicon species dwelling in arid habitats [J]. Mol Biol Evol. 2003, 20 (12): 1955-1962.

[7] Gordillo L F, Jolley V D, Horrocks R D, et al. Interactions of BA, GA3, NAA, and surfactant on interspecific hybridization of *Lycopersicon esculentum* × *L. chilense*. *Euphytica* 2003, 131: 15-23.

[8] Jeffrey D, Palmer, Daniel Zamirtt. Chloroplast DNA evolution and phylogenetic relationships in Lycopersicon [J]. Proc. Natl Acad. Sci. 1982, 79: 5006-5010.

[9] Mónica Y, Isabel V, Mariana R. Highly heterogeneous families of Ty1/copia retrotransposons in the *Lycopersicon chilense* genomel [J]. Gene. 1998, 222: 223-228.

[10] Grumet R, Fobes J F, Herner R C. Ripeinmg Behavior of Wild Tomato Species [J]. Plant Phsiol, 1981, 68: 1428-1432.

[11] Stevens M R, Scott S J, Gergerich R C. Evaluation of seven *Lycopersicon* species for resistance to tomato spotted wilt virus (TSWV) [J]. *Euphytica* 1994, 80: 79-84.

[12] Wei T, ÓConnell M A. Structure and characterization of a putative drought-inducible H1 histone gene [J]. Plant Mol Biol. 1996, 30(2): 255-268.

[13] Yu L X, Chamberland H, Lafontaine J G, et al. Negative regulation of gene expression of a novel proline-, threonine-, and glycine-rich protein by water stress in Lycopersicon chilense [J]. Genome. 1996, 39(6): 1185-1193.

10 樱桃番茄 (*Solanum lycopersicum* var. *Cerasiforme*)

樱桃番茄(*Solanum lycopersicum* var. *cerasiforme*,以前 *Lycopersicon esculentum* var. *cerasiforme*,2n=24)也称微型番茄,是指单果重介于10～25 g和25～50 g小果番茄总称,是普通番茄的一个变种,因其果实貌似"樱桃"而得此名,是栽培番茄的祖先。以前,小果型番茄没有引起我国生产者的重视,近年来樱桃番茄是发展较快的重要特种蔬菜之一,其果形、果色似樱桃且具有丰富多样性,外观好,无畸形果和裂果,着色好,糖酸比高,富含维生素C,适应性强,产量适中,易贮运,品质佳,风味独特等特点,是集水果、蔬菜和观赏于一体的特种蔬菜种类。目前主要作为水果鲜食,深受广大消费者和种植者的喜爱;我国樱桃番茄的普及和育种起步较晚,但发展很快(唐树发和刘宝春 2004)。

10.1 樱桃番茄的起源、分布和生态环境

10.1.1 樱桃番茄植物分类学和资源

依据美国农业部(United States Department of Agriculture)农业研究服务中心(Agricultural Research Service,ARS)种质资源信息网(Germplasm Resources Information Network, GRIN, http://www. ars-grin. gov/cgi-bin/npgs/html/taxon. pl?22956),樱桃番茄经2007年7月26日,ARS Systematic Botanists对其分类做了修订,将其归于茄科茄属,茄亚属(subgenus *Solanum*),*Petota* 组(section *Petota*),*Estolonifera* 亚组(subsection *Estolonifera*),*Neolycopersicon* 系列(series *Neolycopersicon*),命名号(Name number):22956。目前美国国家植物种质系统收藏了547份材料。

10.1.2 樱桃番茄起源和地理分布

野生樱桃番茄分布于安第斯山脉东侧秘鲁的切娅德拉蒙大纳(Ceja de la Montana),以及玻利维亚和厄瓜多尔(Rick & Holle 1990)。樱桃番茄驯化过程如下:首先野生樱桃番茄起源于安第斯山地区,作为野草传到墨西哥,在那里被驯化;然后16世纪,被驯化的樱桃番茄传到欧洲;最后传播到世界各地(Rick 1991)。Rick和Holle(1990)指出,安第斯山脉东部可能是樱桃番茄的次级驯化中心而非初级驯化中心,这与传统的樱桃番茄在墨西哥驯化的观点一致;不过,他们又指出,墨西哥和安第斯山地区可能存在两个独立的樱桃番茄驯化中心(Rick et al 1990)。

收集自初级起源中心与次级起源中心材料多样性比较,包括源自中南美洲和墨西哥初级起源中心与次级起源中心材料及普通栽培番茄与樱桃番茄的比较(Villand et al 1998)。因使用样本数目的差异,普通栽培番茄和樱桃番茄间RAPD标记多态性会发生变化(普通栽培番茄的为0.155,樱桃番茄的为0.224),当均采用2000个样本时,差异就不明显了(Villand et al 1998),如表10-1所示。

表10-1 3个亚群的RAPD标记平均频率和多态性比较

亚　群	材料数	RAPD标记平均频率	RAPD标记平均多态性
初级起源中心	21	0.456	0.219
次级起源中心	38	0.368	0.137
*P*值		<0.001	0.008
中南美洲和墨西哥	58	0.423	0.175
次级起源中心	38	0.368	0.137
*P*值		<0.001	0.12
普通栽培番茄	84	0.395	0.155
樱桃番茄	10	0.459	0.224
*P*值		0.003	0.101

普通番茄作为樱桃番茄的后代,其生长区域可以划分为产生驯化品种的初级起源中心和远离初级起源中心但被驯化后仍有变异次级起源中心。与初级起源中心相比,源自次级起源中心的番茄基因变异程度相对较小(Vavilov 1926)。普通番茄初级起源中心位于南美洲西海岸,即赤道到南纬30°之间的安第斯山脉和加拉帕戈斯岛(Galapagos)的狭长地带,包括秘鲁、厄瓜多尔和智利,与初级起源中心邻近的地区还包括南美洲、中美洲和墨西哥。次级起源中心分布于世界各地。生长在

安第斯山地区以及墨西哥的番茄具有丰富的形态学变异。初级起源中心番茄的RAPD标记的多态性(0.219),高于邻近初级起源中心的中南美洲和墨西哥(0.175),也高于次级起源中心的多态性(0.137)。

10.1.3 樱桃番茄生态环境

野生樱桃番茄生长在热带潮湿环境中,喜光温暖气候,不喜低温弱光。Nuez等(1982)在墨西哥收集樱桃番茄和普通番茄种质资源时发现,野生樱桃番茄往往生长在刚灌溉的土壤或者没有灌溉而降雨较多的地方。用于商品化的樱桃番茄品种生长发育的最适宜温度为20～28℃,种子发芽期最适温度为25～30℃,低于14℃时发芽困难。幼苗期的适应温度:白天温度为20～25℃,夜间为10～15℃。开花座果期的适应温度:白天20～28℃,夜间15～20℃,低于15℃时生长发育缓慢,气温高于35℃时植株生长缓慢,会引起落花落果。

10.2 樱桃番茄的生物学特性

10.2.1 樱桃番茄生物学特征

1. 生物学特征

樱桃番茄株高0.3～2.1m、茎半蔓性或半直立性;总状花序;植株分为无限生长类型和有限生长类型(大多为无限生长型,只有少数观赏品种为有限生长型);无限生长型主茎6～7节着生第1花序,以后每隔3片叶着生1穗花序;有限生长类型着生第1花序后,每隔1～2片叶着生1穗花序,着生5～8个花序后生长点停止生长。羽状复叶,单叶全裂,叶缘为锯齿状,与普通番茄相比复叶的小叶较多(辛淼1999);茎、叶上被有短毛,分泌特殊气味,有避虫作用;完全花,花冠黄色,基部相连,先端5裂,花药连成筒状,雌蕊位于花的中央,子房上位;开花传粉后40～50天果实成熟;果皮呈红色(育成的商品品种有粉红、橙色和黄色);果形有圆球形和圆柱形(育成品种有樱桃形、梨形和李形),果肉呈红色;果肉厚度为4.4～5.8mm,果实直径为1.5～2.5cm;单果重10～20g;2心室;种子长1.5mm或更长,如图10-1所示。

2. 繁殖特性

自花授粉,天然异交率在4%以下;开花时花冠为深黄色,花药内侧面纵向开裂。花柱贴着花药壁伸长,花粉粒落到柱头上,完成自花授粉,约50小时完成受精作用。受精后子房内源生长素含量迅速增加,同化产物输入果实,幼果开始生长。花药在低于15℃的条件下不开裂,引起低温落花;花粉粒在高于33℃的条件下失去活力,引起高温落花。开花期间的适温为21～26℃。

图 10-1 樱桃番茄生态环境和植物学特征

A 和 B:樱桃番茄生态环境;C 和 D:智利番茄叶片、花和果实

10.2.2 樱桃番茄园艺学特征

1. 抗逆性

在逆境如干旱、热、氧化剂、强光等胁迫下,樱桃番茄叶绿体和线粒体能产生热激蛋白。叶绿体内的热激蛋白主要是保护(不是修复)在不利条件下光合作用中的电子传递,特别是类囊体内光合系统Ⅱ中氧化复合蛋白;线粒体内产生的热激蛋白主要是保护呼吸作用中的电子传递(Heckathorn et al 1999)。

1) 盐分胁迫

高盐胁迫对樱桃番茄产量影响比普通番茄小,说明樱桃番茄比大番茄有更强的抗盐性;而高盐对叶干重、茎干重、植株高度的影响在樱桃番茄和普通番茄表现相似(Caro & Craz 1991)。樱桃番茄品种 Naomi 栽培在 NaCl 浓度分别为 3 dS m^{-1}和 6 dS m^{-1}的基质中,总产量、番茄红素、谷胱甘肽受基质浓度影响不大

(3 dS m^{-1}的产量比 6 dS m^{-1}的略高一些)。产量降低可以通过干物质的量、可溶性固形物、维生素 C 和 α-生育酚弥补。樱桃番茄生长在高浓度 NaCl 环境时,果实直径在 25～35 mm 之间,而在 3 dS m^{-1}浓度时,果实的直径大于 35 mm(Serio et al 2004)。

2) 糖分胁迫

光合作用被强制终止以后,对根的影响很大,根的生长速度明显下降,碳水化合物和蛋白质含量也下降。在根内,由于内在糖分被完全消耗,蛋白质的降解也表现得很明显。呼吸作用下降,与细胞分裂和生长有关的基因被抑制,只有编码天冬氨酸合成的基因被诱导表达。当重新恢复糖分供应时,所有与糖饥饿相关的现象均会消失(Devaux et al 2003)。

3) 水分胁迫

与土壤湿度在 pF 1.5、pF 2.0 和 pF 2.5 相比,当土壤处于高湿环境条件时(pF 2.9),樱桃番茄干重和植物含水量均降低。在水分条件下,蔗糖含量比果糖和葡萄糖含量都低。果实中淀粉含量在 3 种水分条件下是相同的,而在成熟时均有下降趋势。与抗旱性有关的基因属 *Asr* 基因家族,包括 3 个成员;它们主要是在与碳水化合物移动和渗透调节有关的基因的转录上发挥调节作用。*Asr* 的 3 个成员基因同源性很高。其中 ASR1 蛋白有一个与 DNA 结合的"锌指"结构,并且被定位在细胞核和细胞质中。*Asr* 2 基因编码一个与脱落酸信号传导有关的调节转录因子。

2. 樱桃番茄抗虫特性

番茄的叶片、花、未成熟绿果内含有较高的番茄素,该物质有利于植物抗病虫害能力的提高,如真菌、细菌、蚜虫、地中海果蝇和大豆环状线虫等,对哺乳动物也有毒害。美国农业部的科学家首次从醋栗番茄和普通栽培番茄中分离获得了番茄素。番茄素溶解脂质体,从而破坏细胞膜;在果实细胞质内,番茄素以液态形式合成,而不像其他类固醇那样在细胞膜上合成。用老鼠试验研究番茄素毒性时发现,当喂食少量番茄素时,老鼠并没有表现出受毒害症状,可能是消化道中番茄素没有被吸收进血液;当静脉中番茄素的量达到体重的 1mg/kg 时,导致老鼠迅速死亡,死亡的主要原因是血压的降低和红细胞的溶解。到目前为止,番茄素的抗病机制还不是很清楚(Mert-Türk 2006)。决定番茄素的基因是隐性基因,并且很可能是单基因。

粉虱(*Bemisia argentifolii*)是大棚樱桃番茄栽培常发性害虫,属同翅目粉虱科,以成虫和幼虫群集在叶背和嫩茎上吸食汁液,造成被害叶片褪绿、变黄、萎蔫,甚至全株枯死,一年可发生 15 代,世代重叠。不同番茄种抗性存在差异,粉虱发生率也不同。普通栽培番茄发生率最高($x=7.50\pm0.14$),其次是樱桃番茄($x=2.02\pm$

0.92),最低的是多毛番茄(*S. habrochaites*)(x=0.36±0.35)。粉虱发生率与植株表面毛状体密度高度负相关($r=-0.38$,$p<0.0001$),这说明毛状体能阻止粉虱的侵害(Sánchez-Peña et al 2006)。粉虱还能引起果实的不正常成熟,主要原因可能是由于粉虱侵染导致赤霉素不正常分泌所致(Hanif-Khan et al 1997)。

棉铃虫(*Helicoverpa armigera* Hübner)是东亚和东南亚樱桃番茄生产上破坏力很强的虫害,抗性基因只存在于野生多毛番茄和潘那利番茄中。亚洲蔬菜发展研究中心(Asian Vegetable Research & Development Center,AVRDC)为了获得抗虫品种,从1980年至1996年致力于将这两个野生番茄种的抗性基因转育到栽培种中,然而均以失败而告终。1981至1988年间,他们将多毛番茄材料76W-PI134417-A、77W-PI134417-1与普通栽培番茄回交,从回交后代中获得了虫害发生率很低的材料,但是由于果实太小,商品性太差,无法被市场接受;1988至1995年间,他们用潘那利番茄材料LA716做抗性基因供体与普通栽培番茄回交。然而,在回交后代中,没有发现与供体亲本酰基糖含量一样株系(高水平酰基糖就意味着抗性强),酰基糖水平高后代花粉可育性很低并且园艺性状也不理想;1994至1996年间,他们借助于QTL手段,尝试从抗性材料典型多毛番茄LA1777引入抗性基因,但没有获得完整的典型多毛番茄的近等基因系(Talekar et al 2006)。

昆士兰实蝇(*Bactrocera tryoni* Froggatt (Diptera: Tephritidae))在樱桃番茄品种的产卵率要明显低于普通栽培番茄的两个品种Gross lisse(大球形果)和Rroma(鸡蛋形果实),这可能与樱桃番茄果皮粗糙和其他两个品种含有二丁醇和二丁醇胺有关(Balagawi et al 2005)。

线虫(*Meloidogyne* spp.)抗性基因基位于6号染色体的GP79和Asp-1之间;在实际生产中,除了选择抗性基因外,用优良樱桃番茄品种作接穗,野生茄子作砧木嫁接也是防治线虫病的一个重要措施(胡永军 2004)。

3. 樱桃番茄抗病特性

青枯病病原菌——茄科雷尔氏菌(*Ralstonia solanacearum* Smith,又名Pseudomonas solanacearum Smith)是番茄生产中常见病害,在潮湿、高温条件下易发生。樱桃番茄含有病抗性基因(Mohamed et al 1997)。

白粉病菌(*Oidium lycopersicum*)是最近在世界上流传的番茄真菌性病害,该病在高湿的温室环境中更容易发生;该病1988年第一次在荷兰发生,在1990年至1996年先后在西欧和东欧发生。美国和加拿大分别于1994年和1996年发生。这种病原菌对温室番茄生产危害严重,同时对种植在高湿环境中的大田番茄也能造成伤害,其主要症状如图10-2所示,除果实之外所有空中部分(如近轴叶片表面、叶柄、花)均出现白粉状病害(Jones et al 2001)。

图 10-2　病原菌 *O. neolycopersici* 在番茄品种 Moneymker 上的白粉状菌害
(引自 Jones et al 2001)

番茄野生种如多毛番茄、小花番茄、秘鲁番茄、潘那利番茄、契斯曼尼番茄、智利番茄、樱桃番茄中均携带有该病的抗性基因。Van der Beek 等(1994)发现了抗该病原菌的非完全显性基因 *ol*-1。Ciccarese 等(1998)在普通栽培番茄材料 LA-1230 中选育出抗病材料 LC-95,并证实该抗病基因是 *ol*-2,属隐性基因。

叶霉病(*Cladosporium fulvum*)主要危害番茄叶片,严重时也可危害茎、花和果实。叶片染病后叶面出现不规则形或椭圆形黄色褪绿斑,叶背病部初生白色霉层,随后霉层变为灰褐色或黑褐色绒状,最后叶片由下向上逐渐卷曲,植株呈黄褐色干枯(谭光新和黄光荣 2003)。

番茄叶霉菌抗性基因 *Cf*-2 和 *Cf*-5,位于番茄 6 号染色体,与抗线虫基因紧密连锁。*Cf*-2 来自醋栗番茄,*Cf*-5 来自樱桃番茄而不是醋栗番茄(Dickinson et al 1993);*Cf*-4 来自多毛番茄,*Cf*-9 基因位于番茄 1 号染色体的短臂上(Jones et al 1994)。分析 *Cf*-5 和 *Cf*-2 编码的蛋白质发现 *Cf*-5 基因编码的蛋白质包含有 32 个富含亮氨酸的重复片段,而 *Cf*-2 基因包含有 38 个。与 *Cf*-9 基因编码的蛋白相比,*Cf*-2/*Cf*-5 家族在 7 个相似结构中有 6 个在富含亮氨酸重复片段的数目上不同。重组导致的富含亮氨酸重复片段数目的变化可以产生新的抵抗不同基因型病原菌(小种)(Dixon et al 1998)。

细菌性斑点病病原菌——番茄丁香假单胞菌(*Pseudomonas syringae* pv. *tomato*)的抗性基因为 *Pto*;细菌性溃疡病病原菌为密执安棒形杆菌(*Clavibacter michiganensis* subsp. *Michiganensis*),引起木质部导管坏死。

研究发现,根际微生物固氮螺菌(*Azospirillum*)能诱导植株产生植物生长促进素。固氮螺菌诱导樱桃番茄产生的生长促进素要高于鲜食番茄。樱桃番茄与鲜食番茄相比更能抗细菌性溃疡病,但却易感细菌性斑点病。用固氮螺菌处理种子对抑制溃疡病侵染没有作用,用固氮螺菌处理过的材料的叶片与植株坏死延迟。固氮螺菌使樱桃番茄斑点病的发生更为严重,不过这种现象在鲜食番茄上却没发现(Romero et al 2003)。

10.2.3 樱桃番茄营养加工品质

1. 樱桃番茄营养品质

樱桃番茄与普通番茄相比,其可溶性固形物、总糖、糖酸比、维生素 C、Ca、Mg、Na、Mn、Fe、Cu、Zn 含量均高于普通番茄,甚至 Mn、Fe、Cu 含量几乎是普通番茄的 2 倍,如表 10-2 所示(黄丽华和李芸瑛 2005)。生长在珍珠岩中的樱桃番茄干物质、含糖和维生素 C 含量均高于普通番茄;不过,两者番茄红素差异不大(Halmann & Kobryn 2002)。

表 10-2 樱桃番茄与普通番茄物质成分比较

营养成分	红樱桃番茄	黄樱桃番茄	橙樱桃番茄	红普通番茄
水分(%)	91.8	93.2	91.0	94.6
灰分(%)	0.72	0.59	0.68	0.51
可溶性固形物(%)	8.0	7.3	7.7	3.2
总糖(%)	7.88	5.57	6.30	3.73
总酸(%)	0.302	0.195	0.258	0.325
糖酸比	26.1	28.6	24.4	11.5
维生素 C(mg/100 g)	67.21	66.62	65.74	61.72
Ca(mg/100 g)	8.10	7.36	7.56	6.50
Mg(mg/100 g)	7.80	7.50	7.75	5.58

（续表）

营养成分	红樱桃番茄	黄樱桃番茄	橙樱桃番茄	红普通番茄
Na(mg/100 g)	14.92	14.00	14.36	13.60
Mn(mg/100 g)	0.28	0.17	0.16	0.15
Fe(mg/100 g)	0.31	0.27	0.15	0.12
Cu(mg/100 g)	0.147	0.086	0.094	0.081
Zn(mg/100 g)	0.17	0.17	0.20	0.16

番茄红素和β-胡萝卜素是番茄果实中最普遍的2种物质，其中番茄红素含量约是β-胡萝卜素的10倍，两者均具有抗氧化功能，β-胡萝卜素还是维生素A的重要来源。最近医学研究发现，长期服用番茄红素可以降低前列腺癌和胃肠道癌发病率。番茄果实中红色主要是番茄红素，樱桃番茄的番茄红素含量高于普通番茄。生长于温室中番茄的番茄红素含量高于露地的。不过，生长在大田中的樱桃番茄番茄红素含量(平均值为91.9 mg/kg)要比温室的高(平均值为56.1 mg/kg)(Kuti & Konuru 2005)。

番茄果实中糖和有机酸含量占总干物质量的60%；在番茄成熟果实中，葡萄糖和果糖是糖的主要组成部分；柠檬酸和苹果酸是番茄果实中主要有机酸组分(Davies & Hobson 1981)。

环境因素也将对番茄果实品质产生影响。当温度上升和光照增强时，番茄红素和β-胡萝卜素含量下降，伴随着这一进程，脂质过氧化反应增强。由于抗坏血酸盐过氧化物酶和氧化酶活性增强，抗坏血酸盐还原酶活性受到抑制，使得还原性抗坏血酸盐的氧化程度增强。由于抗坏血酸盐的过氧化反应和因温度升高和强光所引起的脂质过氧化反应，使樱桃番茄外果皮中抗氧化剂含量下降，从而使生长在高温和强光下的果实失去了营养价值(Rosales et al 2006)。适度的盐分环境可以提高樱桃番茄类胡萝卜素和脂质的抗氧化能力，并可以降低甘油三醇的水平(Leonardi et al 2000)。

2. 樱桃番茄耐贮性

樱桃番茄和醋栗番茄均比处于正常成熟期的普通番茄杂交品种拥有更长的货架寿命(Zorzoll et al 1998)，与货架寿命有关因素及延长货架寿命的方法有以下几类：

(1) 谷氨酸盐含量。番茄果实中谷氨酸盐含量与货架寿命呈负相关，在货架寿命比较短的品种中，谷氨酸合成酶主要出现在绿熟期，谷氨酸酯脱氢酶却出现在成熟果实中；而用其他材料研究发现，上述两种酶都出现在番茄成熟阶段。也就是

说短货架寿命的番茄果实与高谷氨酸含量及其相关的谷氨酸酯脱氢酶和谷氨酸合成酶有关;长货架寿命与低含量谷氨酸和与之伴随的果皮中的上述的两种酶活性有关(Pratta et al 2004)。

(2) 1-甲基环丙烯(1-MCP)处理。用1-甲基环丙烯(1-MCP)处理樱桃番茄有利于延长樱桃番茄的货价寿命。高浓度的1-MCP延迟了绿熟期和受伤果实乙烯产生,从而导致果实呼吸跃变期的变化。用0.11 μl 1-MCP处理番茄果实后13天,对照果实的硬度只有被处理果实的55%。果实变软、叶绿素降解、番茄红素和类胡萝卜素积累的起始期均有延迟的趋势。高浓度的1-MCP处理阻止了番茄红素和类胡萝卜素的积累,因而果实颜色不如对照果实的鲜艳。用1-MCP处理绿熟期的番茄果实,可以提高果实的货架寿命;不过,使用1-MCP时要分清果实的成熟阶段(Opiyo & Ying 2005)。

(3) 热水浸泡和低氧处理。果实采收后,用热水浸泡和在塑料膜中低氧处理能延迟果实颜色的变化(Ali et al 2004)。冷藏前在40℃水中浸15 min的绿熟期的樱桃番茄果实,在冷藏后的完熟过程中腐烂率降低,表皮冷害症状也不明显,使果实的冷害得到了有效的控制(Nagetey & Mao 1999)。

(4) 脱水技术。番茄脱水是为了保存果实和延长货架寿命而经常采用的一种加工技术。然而,脱水后番茄品质变差,如果实萎缩、褪色和组织变得粗糙等是经常遇到的问题。特别重要而又无法通过肉眼观察到的是,番茄风味将发生变化和营养物质的丢失。渗透性脱水技术和超声波脱水的综合运用可能是一项很有潜力的技术,由于该项技术可以提高脱水番茄的品质。渗透脱水用27.5%的蔗糖、10%的盐和2%的乳酸钙结合超声波辅助空气干燥可以得到干燥的和有适当水分的番茄产品,这些产品的货架寿命较长,并且有良好的品质(Heredia et al 2006)。

10.2.4 樱桃番茄花发育习性

樱桃番茄花发育分20个阶段,如图10-3,图10-4,图10-5和图10-6所示。雌蕊和雄蕊在第4阶段出现;孢子细胞和腔壁组织在第6阶段开始分化,花粉减数分裂开始于第9阶段;胎座上胚珠原始细胞形成于第9阶段;大孢子发生于11～12阶段,胚珠囊分化和胚珠弯曲开始于14阶段(Brukhin et al 2003)。

樱桃番茄果实生长发育可以分为4个明显阶段:胚珠受粉和座果、细胞分裂、细胞膨胀和成熟,生长速度呈S型曲线。其中,第2阶段决定了将来果皮中细胞的数目,该阶段时间的长短和细胞分裂强度与将来果实大小有关;第3阶段主要是液泡中水分、有机酸和矿物质的积累,淀粉积累的暂时高峰也会出现,随后就转化为还原性糖;成熟阶段主要表现为果实变软,着色和糖化。

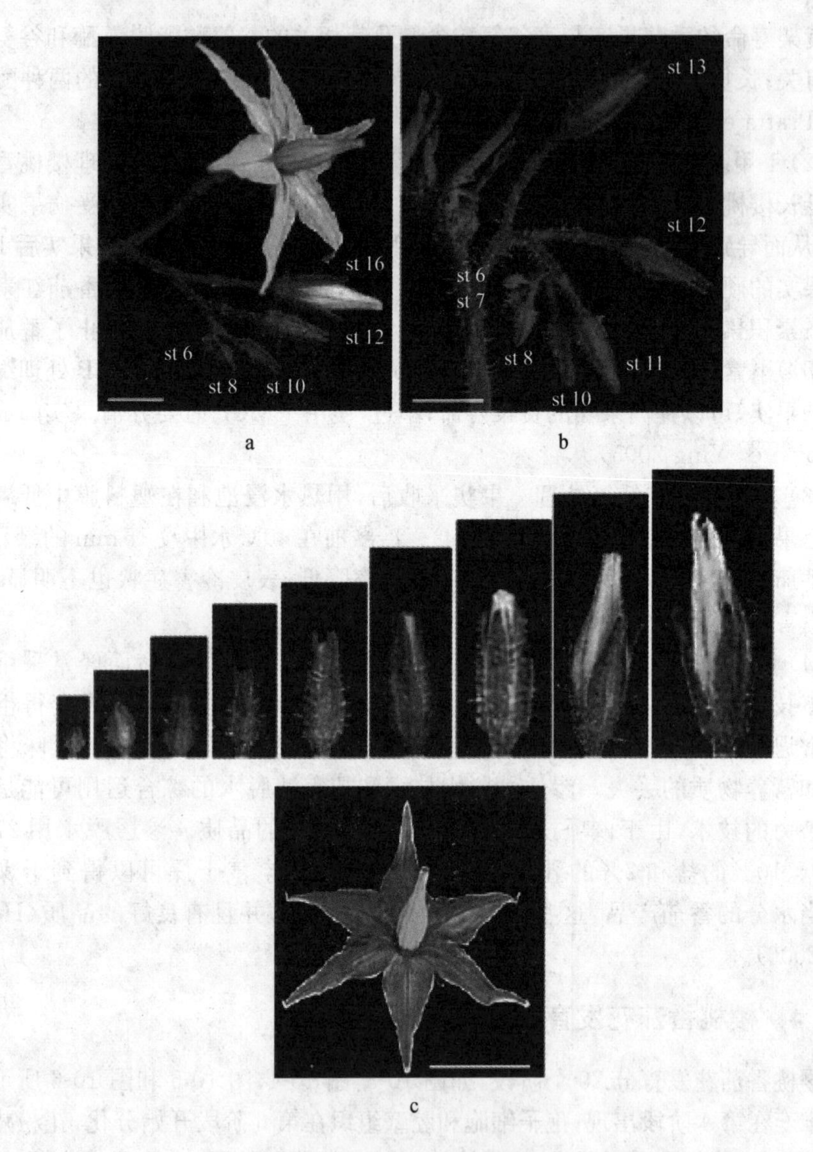

图 10-3 樱桃番茄花的发育过程

(引自 Brukhin et al 2003)

总状花序：a 和 b 花序，显示花发育的第 6～20 阶段的花蕾变化；c 为从第 6～20 阶段以上的发育进程

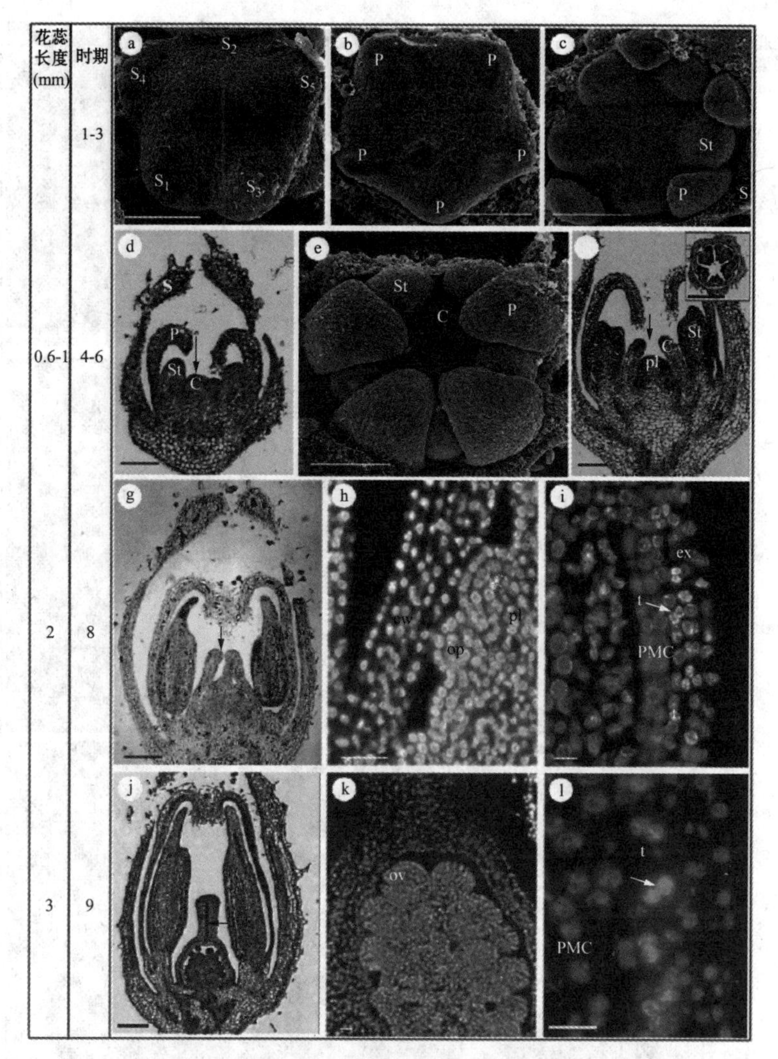

图 10-4　1～9 阶段花的主要发育特征

(引自 Brukhin et al 2003)

其中,a 为第 1 阶段:萼片原基(S)出现;b 为第 2 阶段:花瓣原基(P)替代萼片原基(已移开);c 为第 3 阶段:雄蕊原基(St)膨胀;d 为第 4 阶段:其余的分生组织折叠,显示了心皮(C)的开始;e 为第 5 阶段:心皮和子房室出现;f 为第 6 阶段:萼片向上生长,花瓣紧紧的遮盖住生殖器官。雄蕊显示出二裂形状(小图中的横断面),孢子细胞分化。心皮长大但是仍然没有融合(箭头指向),胎座(pl)的位置固定;g 为第 8 阶段:心皮刚融合(箭头指向);h 为子房放大图,图示心皮壁(cw),从胎座(pl)发育出胚珠原基(op);i 为花药放大图,图示了胼胝质沉积于花粉母细胞(PMC)周围以及双核绒毡层(t,箭头指向);j 为第 9 阶段:花柱伸长,传导管开始分化(箭头指向);k 为子房放大图,图示了胚珠的分化;l 为花粉入大图,图示了减数分裂期的花粉母细胞以及二核绒粘层(t,箭头指向)

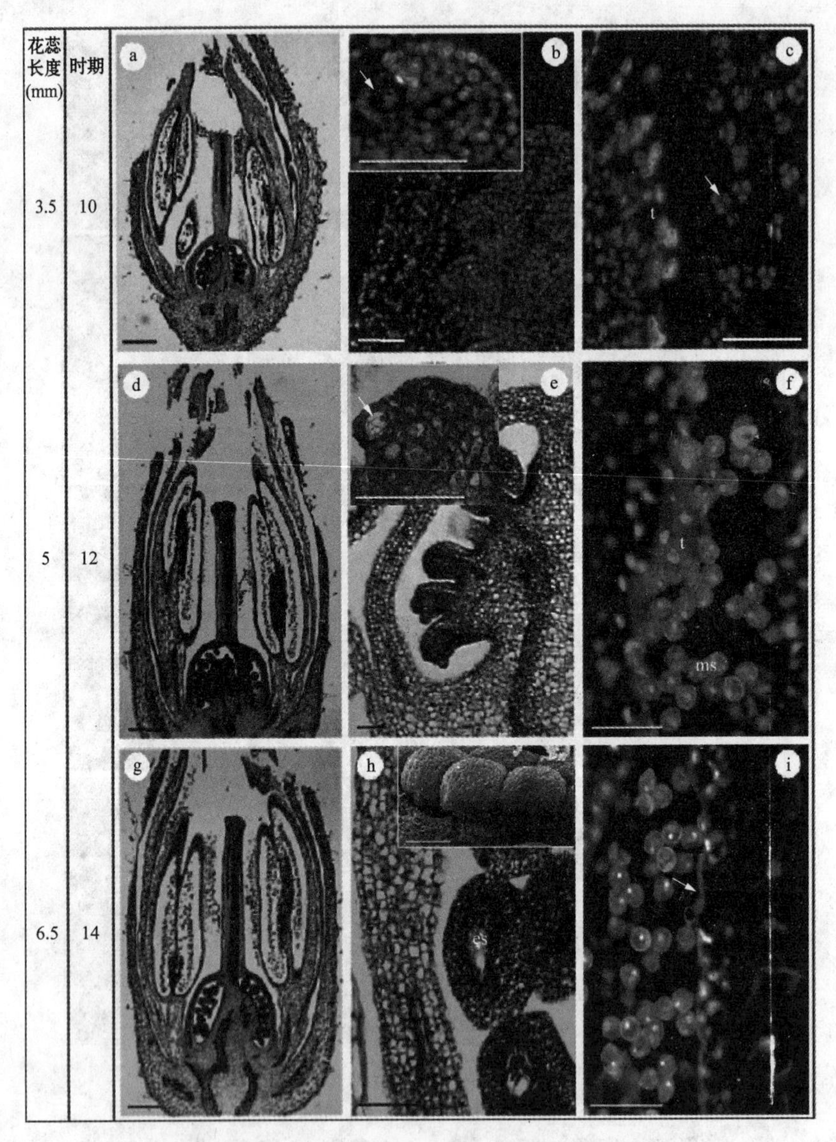

图 10-5 花在 10～14 阶段分化的主要特征

(引自 Brukhin et al 2003)

其中:a 为第 10 阶段;b 为子房放大图,图示了胚珠,小图是正在分化中的大孢子母细胞(MMC,箭头指向);c 为花药放大图,图示了小孢子四分体(箭头指向),t 为双核内侧绒毡层;d 为第 12 阶段;e 为子房放大图,图示了胚珠弯曲(ov)和大孢子减数分裂的开(箭头指向)始。f 为花药放大图,图示了自由小孢子,t 为绒粘层;g 为第 14 阶段;h 为子房放大图,图示了发育有珠被和胚囊的胚珠(小图中显示珠被围绕珠心组织而生长);i 为花药放大图,图示了花药室内的自由小孢子,而绒毡层正在退化(箭头指向)

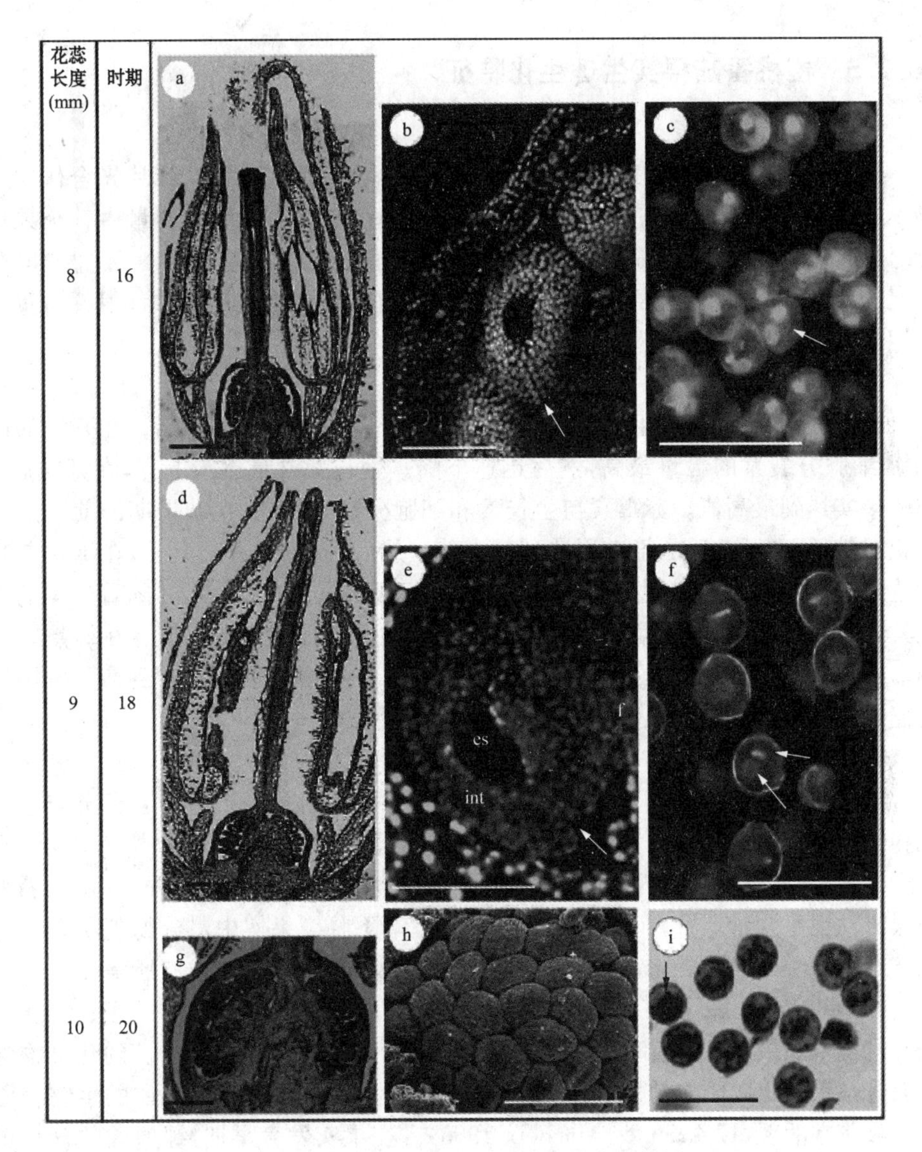

图 10-6　花发育的 16～20 阶段的主要特征

(引自 Brukhin et al 2003)

其中:a 为第 16 阶段;b 为子房的放大图,图示了分化中的胚珠和其上珠孔的形成(箭头指向);c 为花药的放大图,图示了小孢子的有丝分裂(箭头指向);d 为第 18 阶段;e 为子房的放大图,图示了典型的倒生胚珠。Int 为珠被,es 为胚囊,f 为珠柄,箭头所指为珠孔;f 为具有营养核和生殖核(箭头指向)的成熟花粉的放大图;g 为第 20 阶段的子房;h 为子房中成熟的倒生胚珠的分布(心皮壁已移去);i 为含有脂质体的成熟花粉(箭头指向)

10.2.5 樱桃番茄果实生理生化特征

1. 光合作用

果实自身的光合作用对果实产量有重要影响。露地栽培中，叶片光合作用产物不能满足果实生长的需要。绿色果肩(green shoulder)叶绿素含量占整个果皮叶绿素含量的17%～57%。尽管心室组织中含有较果皮高的叶绿素，不过它同化固定的CO_2却很低。花萼、果皮、腔室组织、果肩在CO_2吸收利用中都发挥着重要作用。

2. 激素变化

在番茄幼果中，促进生长激素含量远远高于成熟果实中的含量。在开始的前2周，细胞分裂素的含量最高，然后迅速下降。生长素含量逐步上升，在开花后3周的果实达到最高值。赤霉素与生长素和细胞分裂素相比，在幼果期的前2周含量相对较低，在开花后的第4周达到最大值。然后，脱落酸逐步上升，在绿熟期晚期达到最大。在果实中，发现了一种类似于脱落酸生长的抑制剂，并随着果实的生长其含量也逐渐上升，在第5周伴随着绿熟期的开始而达到最大值。在绿熟期没到来前，每小时单位果实的乙烯产生量低于2 μL，绿熟期到来后，达到最大。樱桃番茄果实成熟过程中乙烯生成模式与普通番茄类似。

3. 水分变化

核磁共振成像和核磁光谱学分析发现，樱桃番茄幼嫩小绿果内，水分分布于表皮和邻近细胞内以及种皮和种子内。随着果实生长，小绿果种子内高流动性的水逐渐消失，而种皮和腔室内高流动性的水分则上升。果实成熟过程中，果皮和隔膜中低流动性水含量上升，而果实中水分含量逐渐下降。果实中水分物理状态变化能够反映果实的生理变化，随着果实的成熟，可移动性糖分含量也有所增加。

4. 酚化合物

樱桃番茄果实发育过程中，酚化合物含量逐步上升，特别是单酚。酚化合物含量上升是果实走向成熟的标志。在果实生长过程中，果皮内的绿原酸的生物合成和积累非常活跃(Fleuriet & Macheix 1985)。在果实发育早期，绿原酸的含量迅速上升(第1周)，然后又稳步下降。果浆中绿原酸的含量高于果皮，其经常在幼嫩组织出现。只在果皮中发现了芸香苷，其含量高于绿原酸。随着果实发育，芸香苷也逐步下降(Fleuriet 1976)。

5. 蔗糖的变化

在果实成熟早期，蔗糖合酶(Sucrose synthase，EC. 2.4)活性达到最大，当果实停止生长后，其活性也逐渐降为零。可溶酸转化酶(Soluele acid invertase)随着还原性糖含量上升其活性也升高。蔗糖磷酸合酶(Sucrose phosphate synthase)在果

实整个生育过程中其活性都很稳定,这说明它不是樱桃番茄果实生长的"库"。因此,可能是蔗糖合酶、酸转化酶在樱桃番茄果实糖代谢过程中起到了核心作用(Islam 2001)。

10.3 樱桃番茄分子生物学的研究现状

10.3.1 樱桃番茄与番茄及其近缘野生种亲缘关系

樱桃番茄与普通番茄在遗传上具有较高的同源性,可能与它们生态区域重叠和可以杂交特性有关。Rick 等(1974)通过对 4 个过氧化物酶(Peroxidase)多态性分析发现,普通栽培番茄与樱桃番茄同源程度高于醋栗番茄,进而推测樱桃番茄很可能是普通栽培番茄的祖先。在果实成熟过程中,樱桃番茄和普通番茄乙烯生成模式类似,也进一步证明了两者亲缘关系较近。

*Fw*2.2 是控制番茄果实重量的数量基因。分析不同类群的番茄 *Fw*2.2 基因发现,导致果实重量的变化不是 *Fw*2.2 蛋白质序列变化引起的,而是由于大果实群体中启动子部位的 1 个或者 8 个核苷酸变化导致的转录改变所引起的。通过分子钟估计,普通栽培番茄中大果实 *Fw*2.2 等位基因存在于驯化之前。Nesbitt 和 Tanksley(2002)推测,被认为是普通栽培番茄祖先的樱桃番茄很有可能是野生番茄与普通栽培番茄混合物,而不是野生番茄和普通栽培番茄的过渡类型。

樱桃番茄品种近些年从国外大量引入,经过驯化和人工栽培,形成了遗传多态性较为广泛地方品种群,具有较丰富的遗传多样性,对它们遗传差异分析有助于樱桃番茄遗传改良和育种工作。不少科学家用 RAPD 技术对源自国内、国外的 32 个樱桃番茄品种基因型进行聚类分析。将筛选获得的 27 个引物对 32 个樱桃番茄品种进行 RAPD 分析,共扩增出 207 条 DNA 谱带,其中多态条带 139 条,多态性程度为 67.15%;每个引物可扩增出 2~12 条多态性条带,条带大小为 270~2000 bp,平均每个引物可以产生 7.67 条多态性条带。当遗传距离 D 值为 0.33 时,32 个樱桃番茄品种可聚为 3 类:2 个半野生种聚成一类(果皮为红色),果皮为黄色和少数红色的 14 份材料聚成一类,而果皮为红色的 16 份材料聚成一类。

Rick(1979)将樱桃番茄属分为普通番茄杂交群体 EC 和秘鲁番茄杂交群体 PC。其中,EC 包括其余 7 个种,PC 包括秘鲁番茄和智利番茄。EC 群体的 7 个种中,潘那利番茄和多毛番茄聚合一起,说明它们与其他群体相比,有不同的遗传背景。Correll(1958)将潘那利番茄归到茄属,但由于其能与番茄属杂交,后来 D'Arcy (1982)又将其划归到番茄属。

Rick 和 Holle(1990)根据果实大小、颜色、座果位置、种子大小、叶型等形态学上特征，将原番茄属分为 9 个种：普通番茄、醋栗番茄、契斯曼尼番茄、小花番茄、克梅留斯基番茄、多毛番茄、智利番茄、秘鲁番茄、潘那利番茄。

普通番茄包括 5 个变种：①普通番茄果大、叶多，茎半蔓性，为大面积栽培的主要变种；②大叶番茄叶似马铃薯叶，裂片少而较大，果实也大；③直立番茄茎粗节间短，带直立性；④梨形番茄果小且形如洋梨，叶小呈浓绿色；⑤樱桃番茄果小而圆，形似樱桃，长势较强；这些变种的染色体数均为 $2n=24$，可以相互杂交。樱桃番茄作为普通番茄的一个变种，其系统进化与分类地位与普通番茄存在一定的相似性。

10.3.2 樱桃番茄遗传连锁图谱的构建

Eshed 和 Zamir(1995)构建了普通栽培番茄背景下的来自潘那利番茄的渐渗群体。该渐渗群体的每个渐渗系，在相同普通栽培番茄遗传背景下都含有野生种不同染色体片段，这些渐渗系就将整个染色体分成了 107 个表达序列标签的聚合群；这是一个对果实性状、基因定位、遗传和分子研究很有用的工具。该群体可以用来分析数量性状如果实重量、可溶性固形物、pH 值、产量或者是和果实颜色相关的类胡萝卜素的含量；也可以用于对决定生长相对应基因克隆、颜色突变体克隆和控制果实糖含量的 2 个 QTL 的定位。

Causse 等(2004)为了筛选出与番茄果重、糖或酸含量连锁的候选基因，对参与果实大小和果实组成的基因进行 QTL 定位。基因是从 TIGR 番茄 EST 数据库的 EST 克隆中筛选获得，或者是从在果实发育早期中优先表达相对应基因 EST 克隆中筛选得到；这些克隆是通过渐渗系定位到番茄连锁遗传图谱上；这些渐渗系是在普通番茄(M82)的遗传背景下含有潘那利番茄(LA716)的片段。75 个渐渗系把整个基因组分成了 107 表达序列标签聚合群(gene bins)。Causse 等(2004)对 2 个候选基因群体进行了遗传作图，其中第一个图是由与碳代谢有关基因和 EST 组成，在 79 个基因座位中有 63 个与碳代谢相关基因，是一些参与卡尔文循环、醣酵解和 TCA 循环、糖和淀粉代谢、转运和一些其他功能的酶。第二个图是由在细胞分裂和膨胀时期优先表达基因和参与细胞周期调控 EST 序列组成；候选基因中有 7 个参与细胞调控(不同的细胞周期和 A 类型的依赖于细胞周期的激酶)和 37 个在果实发育早期优先表达的序列组成；其中，有 7 个细胞周期特异基因也被定位在 9 个基因座位上；14 个在细胞分裂时期优先表达的 ESTs 定位于 24 个基因座上，在细胞膨胀期优先表达的 23 个 ESTs 位于 26 个不同座位上。研究者同时也测量了每一个渐渗系的果实重量，糖和有机酸含量，对一些控制这些性状的 QTL 进行了定位。通过对 QTL 图谱定位和候选基因座位比较发现，预示了一些候选基因可能影响糖或酸含量的变异。此外，还对这些基因/QTL 位置与已定位到其他番茄群体座位的基因/QTL 进行了比较，如图 10-7 所示。

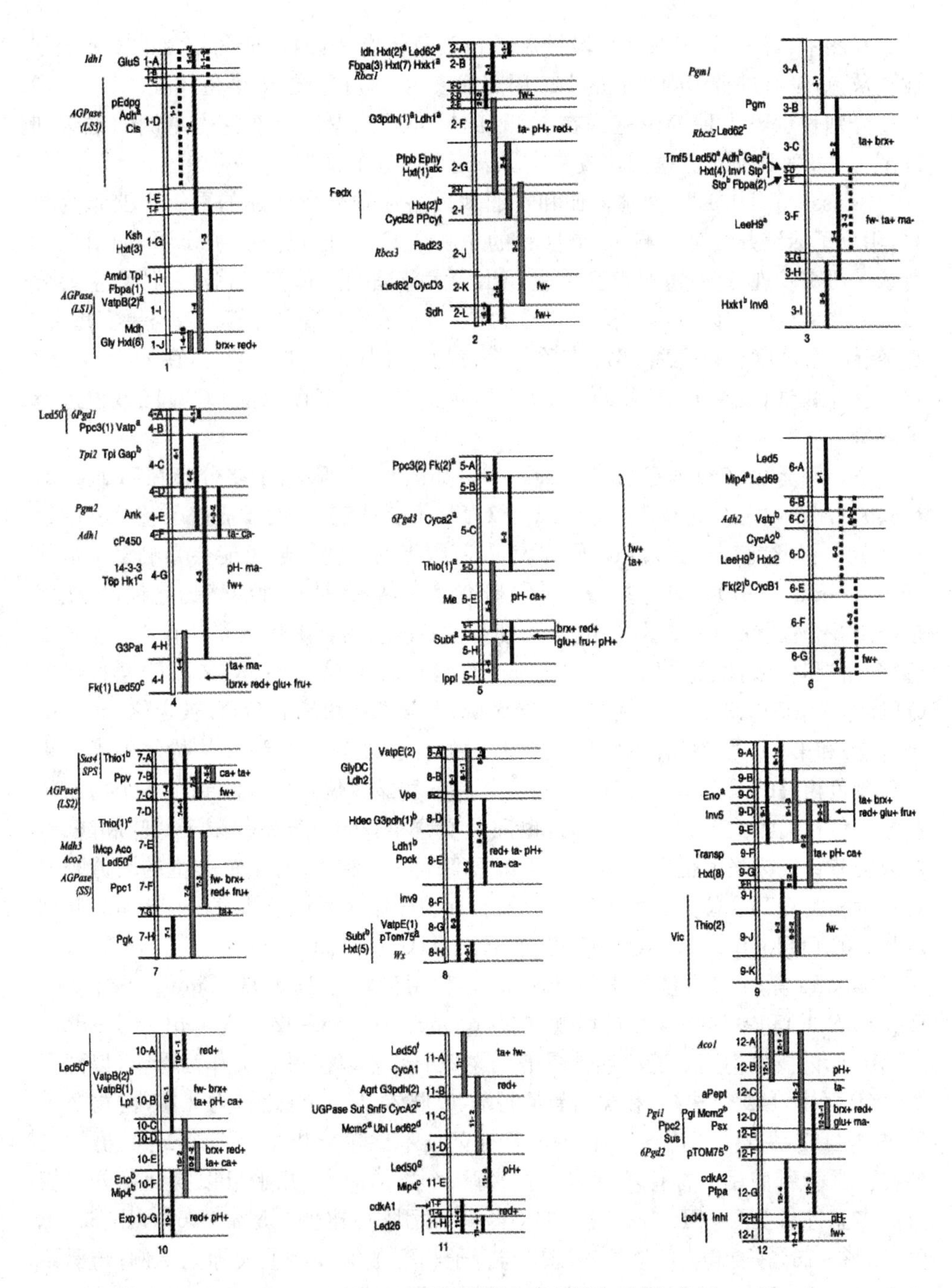

图 10-7 在番茄遗传图谱中的基因和 QTL 位置

在图中,每个 IL 中渗入片段被展示在染色体右侧:两年期间重复的 ILs 表示成浅灰色,没有进行田间实验的 ILs 用点线表示。QTLs 位于染色体右侧,“+”和“-”分别表示野生种等位基因在 QTL 的增加或减少值。染色体左侧的框架如 Pan et al(2002)所示。基因位置被指示靠近所对应的框架。

Causse 等(2004)以樱桃番茄和普通栽培番茄杂交所构建的重组自交系为材料,用分子标记方法对影响 38 个性状的 130 个 QTL 位点进行了作图,如图 10-8 所示。研究发现,这些重组自交系呈现出较大范围的遗传变异,QTL 位点主要分布在一些染色体的区域内。检测到的主要 QTL 位点(R^2 大于 30%)与果实重量、直径、颜色、硬度、软化度和 6 个芳香性挥发物等性状相对应。同时,在分析感官评定、机械测定相关性状 QTL 的图谱同时,对少数关于多性状的 QTL 区域也进行了评价。

Causse 等(2004)确定了许多 QTL 簇,如图 10-9 所示,主要分布在第 1、2、3、4、8、9、11 和 12 号染色体上;共有 86 个 QTL 位点被定位,大概覆盖了整个基因组长度 14%。此前对番茄 QTLs 研究表明,基因组的一些区域可能会影响多个性状(Fulton et al 1997)。对这些 QTLs 簇研究发现,要么是一种偶然的连锁,要么就是控制 2 个性状的 QTL 发生分离,可能与性状或相关新陈代谢差异有关。发现了感官性状和机械性状共位(Co-location)的 QTL。可滴定酸、酸味和柠檬香味的 QTL 位于第 1、2、3、9 号染色体的相同区域;糖含量和甜味的 QTL 被定位于第 2(2 个位点)和第 11 号染色体的相同位置上。在上述的 3 个区域中,均检测到了与果实重量负相关的 QTLs。在第 3 号染色体甜味和酸味位点间检测到了 1 个与甜味和酸味负相关的 QTL 位点。同时,也证实了糖和酸的贡献不仅限于甜味和酸味,对果实芳香气味强度也有贡献。位于第 2(顶部)、9 和 12 号染色体上的与芳香气味强度相关 QTLs 位点与酸味 QTL 邻近,而位于第 2 号染色体底部与芳香气味强度相关的 QTLs 位点却靠近甜味的 QTL 位点(Causse et al 2004)。

Villalta 等(2005)基于 2 个 F_6 群体,利用简单序列重复(Simple Sequence Repeat,SSR)和序列特异性扩增配式(Sequence Characterized Amplified Region,SCAR)标记技术构建了遗传连锁图谱。这 2 个群体以樱桃番茄作为母本,以醋栗番茄(P 群体,142 个株系)和契斯曼尼番茄(C 群体,115 个株系)为父本,构建 2 个 F_6 重组自交系群体。用 SSR 和 SCAR 标记技术比较分析来自 2 个 F_6 的群体的特征。尽管所使用的标记不同,但对于每一个群体而言,几乎可以找到百分数相近的多态性标记。SSR 多态性条带(共 93 对引物)比例(55%~56%)比 SCAR 的(13%~16%)要高。C 群体表现出与合子和配子偏分离最大标记比例;与醋栗番茄相比,该结果与先前报道的普通番茄与契斯曼尼番茄之间有较远的遗传距离一致。合子偏分离主要的原因是由于 2 个群体中杂合子的过量,暗示了纯型合子的

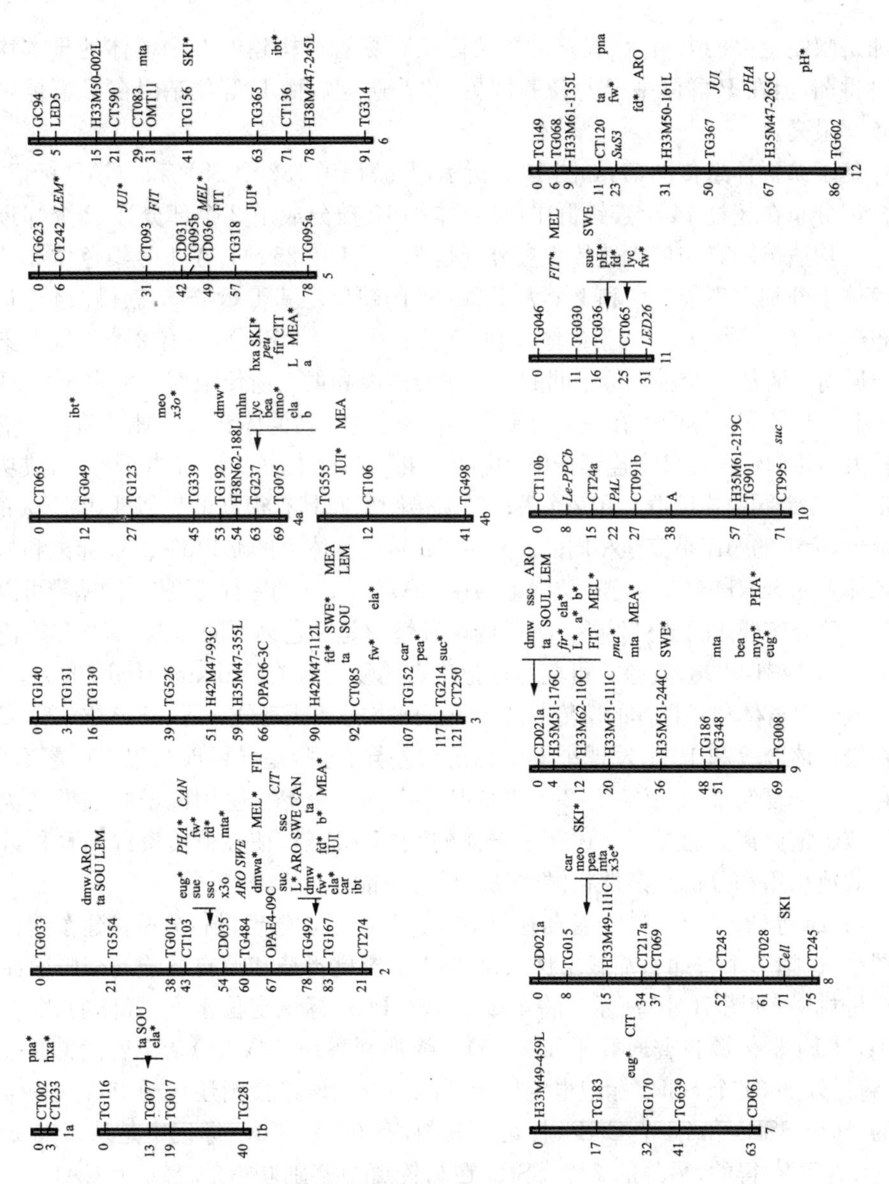

图 10-8 以樱桃番茄和大果番茄杂交的种内重组自交系为基础构建的感官品质性状的 QTL 图谱

(引自 Causse et al 2004)

在染色体右边的标记名称同 Saliba-Colombani 等(2000)。遗传距离在染色体的左边用 Kosambi cM 表示。用复合区间作图(CIM)和简单区间作图(IM)得到的 QTL 位点用黑体表示,仅用 CIM 检测到的用正常字体表示,仅用 IM 检测到的用斜体表示。星号表示的是 L 等位基因增加性状值的 QTL 位点。当多个 QTL 位点定位到相同的座位上时,用箭头表示其位置增加是限制生存能力/自我繁殖的主要因素。尽管所构建的2个群体的母本均为樱桃番茄,但在P群体中P等位基因更加“普遍”些,而E等位基因在C群体中出现频率最高。

基于P群体遗传图谱,如图10-9所示,共获得了132个SSR和SCAR标记,这些标记分布在超过14个连锁群中(染色体1、10被分成了2个部分)。2个邻近标记间平均遗传距离和最大遗传距离分别是3.8 cM和25 cM;在1号染色体和7号染色体上分别发现了2个和1个大于20 cM的缺口。基于C群体,获得114个标记分布于16个连锁群体中。染色体6和10被分成了2个部分,还有2个连锁群染色体归属尚不清楚;2个独立标记间的平均遗传距离和最大遗传距离分别为3.4 cM和27 cM,在9号染色体中存在一个大于20 cM的空隙。P群体和C群体的遗传图谱存在较大的相似性。在各个连锁群中,用48个共同标记中的1~6个共同标记,成功地鉴定了14个同源连锁群。在2个群体的遗传图谱间具有很高的相似性,除下述的4种情形,标记的顺序是完全相同的。其中,12号染色体上的CT156-1200标记和3号染色体上的SSR14-180标记在位置上存在1 cM和2 cM的差异,这些小的差异可以理解为大的分离群体的随机误差。另外的两种情形是染色体3的SSR6-180和染色体10的SSRW318-298,其差异可能与标记位点的复制有关(Villalta et al 2005)。

基于P群体和C群体的遗传图谱,标记间平均遗传距离分别是3.8 cM或3.4 cM,仅在染色体3、6和10上发现了4个标记的差异,这些差异可能与以下因素有关:①存在标记复制事件;②含有2个等位基因中的一个等位基因配子的选择性优势而导致了偏分离。通过对上述2个群体的QTLs比较,使在遗传资源和育种策略上有效地利用和分析复杂性状候选基因成为可能。

Frary等(2005)用19个番茄材料对番茄基因组多态性进行分析构建了遗传连锁图谱(包括7个普通番茄栽培株系材料、4个樱桃番茄和源自番茄5个野生品种的8份材料,如图10-10所示。将152个基于PCR标记定位于F_2群体的83个个体中,该F_2群体源自普通番茄(LA925)×潘那利番茄(LA716)杂交后代。通过测序,将另外的51个SSRs标记也定位于该群体中。该连锁图还包括来自同一个群体的76个SSRs和76个CAPs标记。其中,有69个SSRs标记中是从番茄EST序列中鉴别获得的,另外的7个SSRs在马铃薯中鉴别获得的。76个CAPs标记中,有42个CAPs标记源自EST标记,32个源自RFLP标记(29属于基因组DNA,3个属于cDNA),另外2CAPs标记是已知的QTL和它的同源物——位于第2染色体的*fw*2.2和第7染色体的*fw*7。绝大多数已定位的SSRs标记是三核苷酸重复(47%),这些3核苷酸重复中还带有较少的2核苷酸重复(26%)和复合重复(24%),仅有2个是4核苷酸重复。ATT和CTT是3核苷酸重复的主要类型,2核苷酸重复中90%都有AT基序(Frary et al 2005)。

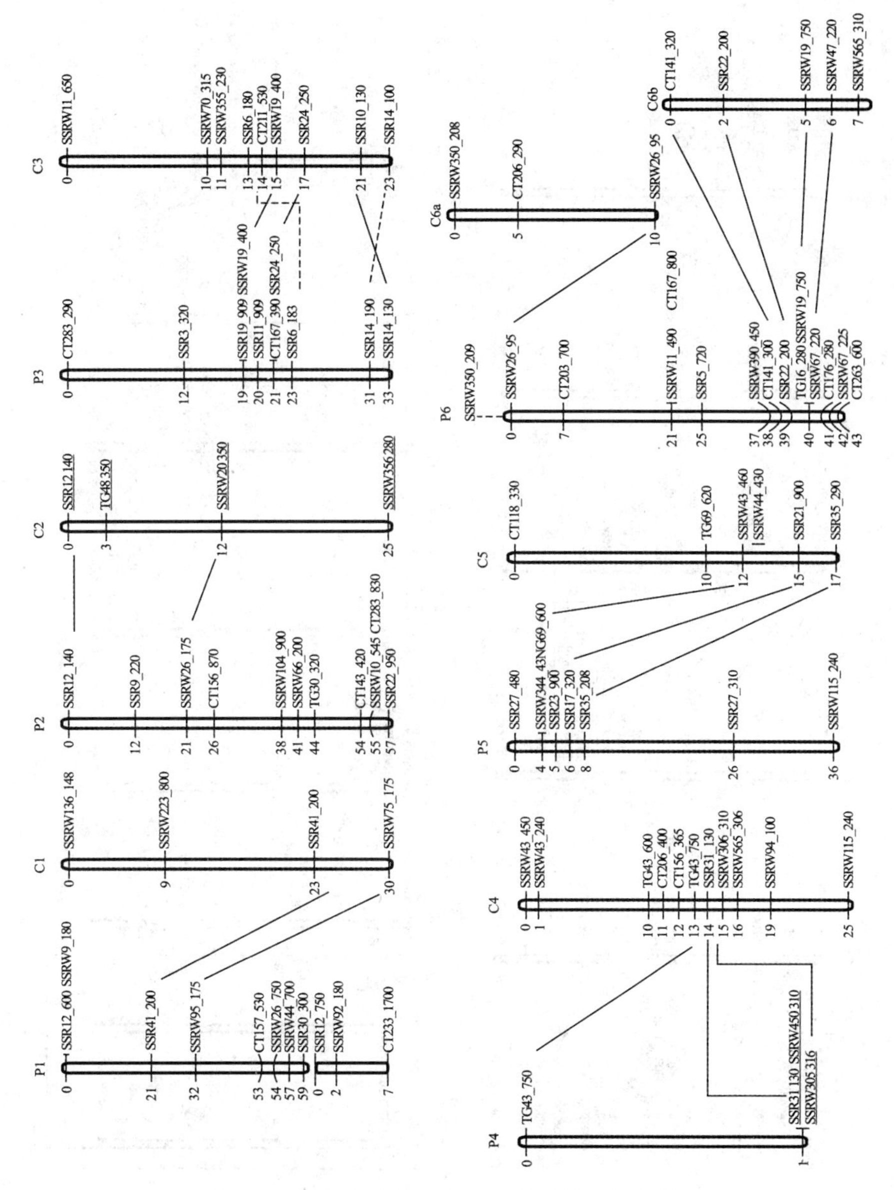

图 10-9 P 群体(樱桃番茄×醋栗番茄)和 C 群体(樱桃番茄×契斯曼尼番茄)的连锁图谱(a)

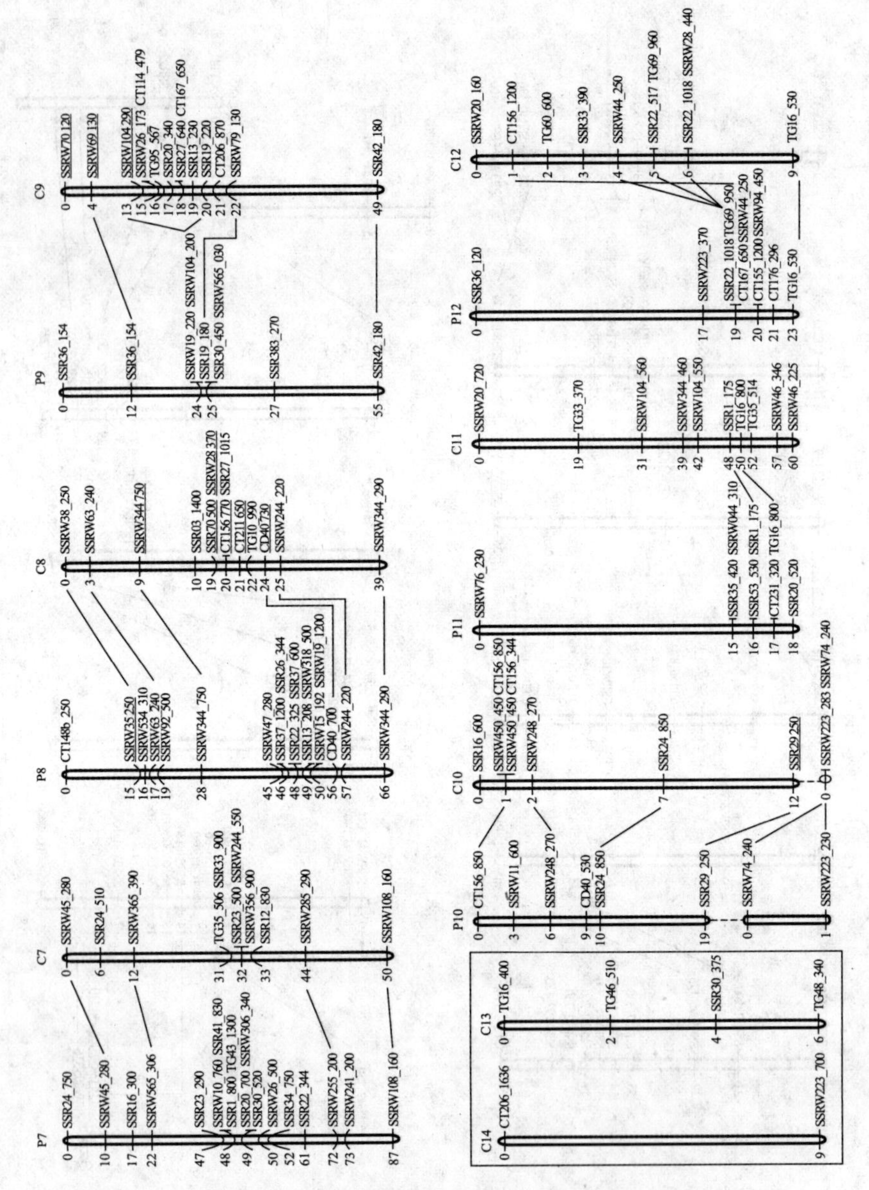

图 10-9 P群体(樱桃番茄×醋栗番茄)和C群体(樱桃番茄×契斯曼尼番茄)的连锁图谱(b)

(引自 Villalta et al 2005)

其中,共同的标记用线连接;如果标记顺序发生了改变,就用非连续的线标注。加框连锁图表示没有发现与其他连锁图共同标记。粗体表示的是标记显示出显著的(P<0.001)基因型偏分离;下划线标记显示出显著的(P<0.001)的配子体偏分离

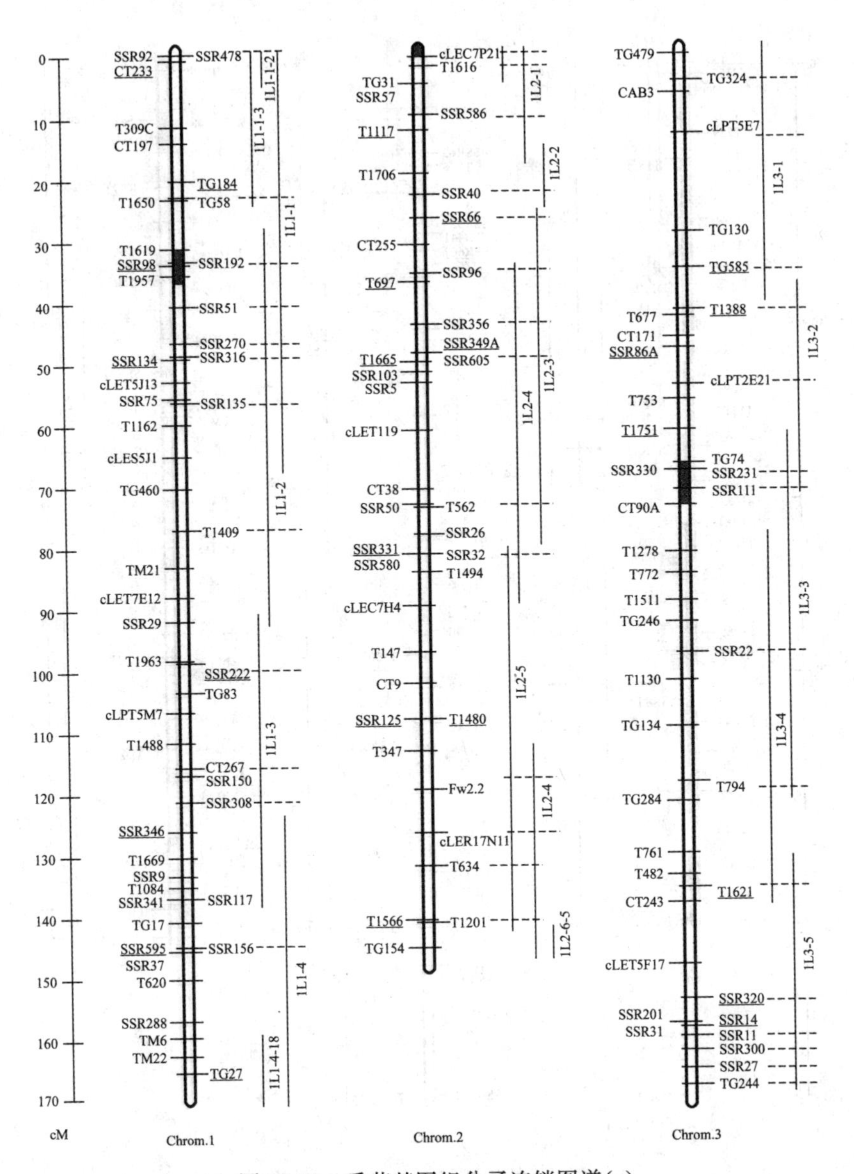

图 10-10 番茄基因组分子连锁图谱(a)

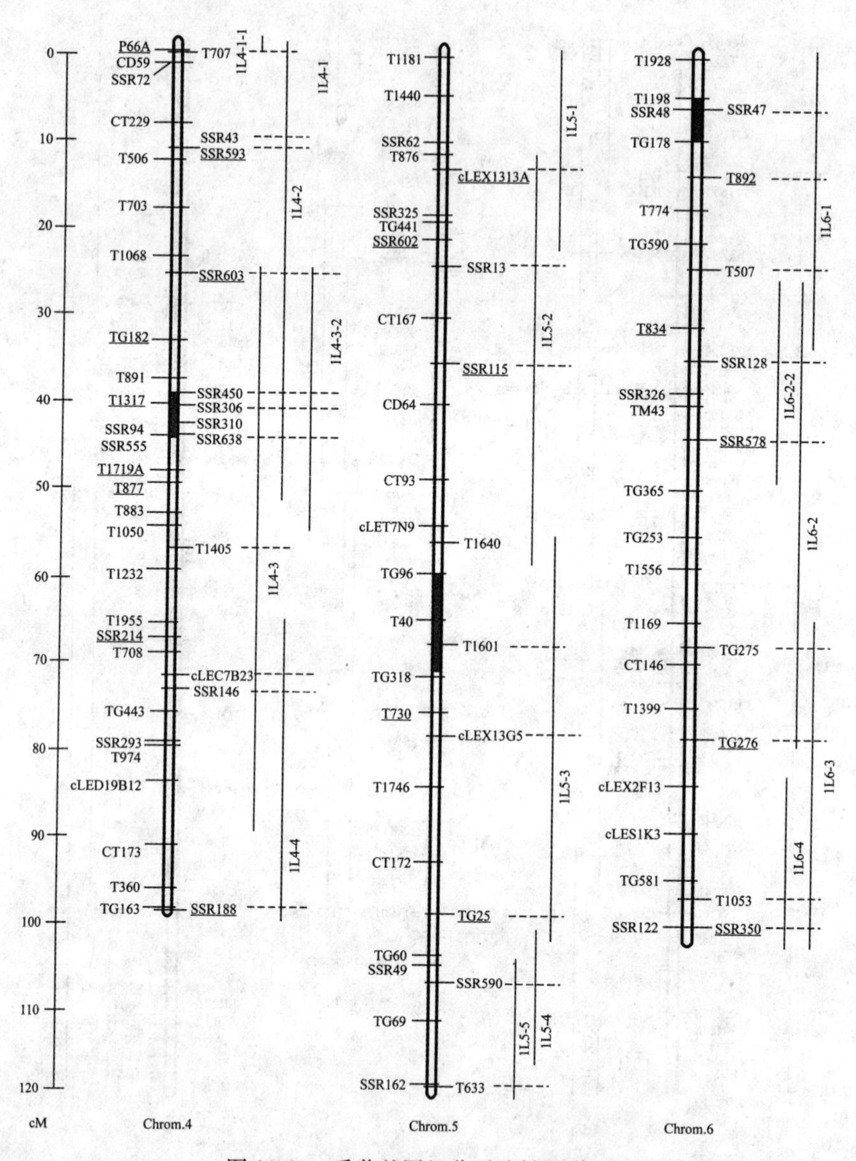

图 10-10　番茄基因组分子连锁图谱(b)

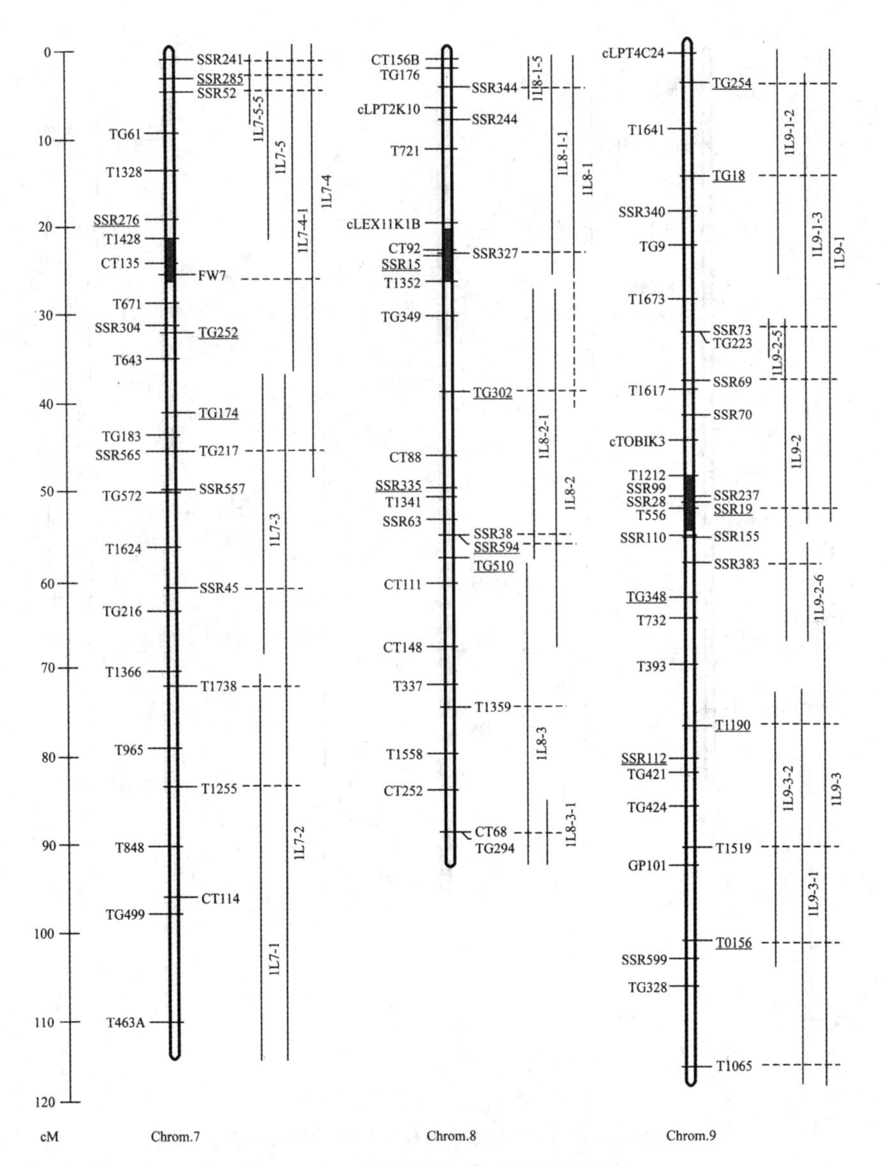

图 10-10　番茄基因组分子连锁图谱(c)

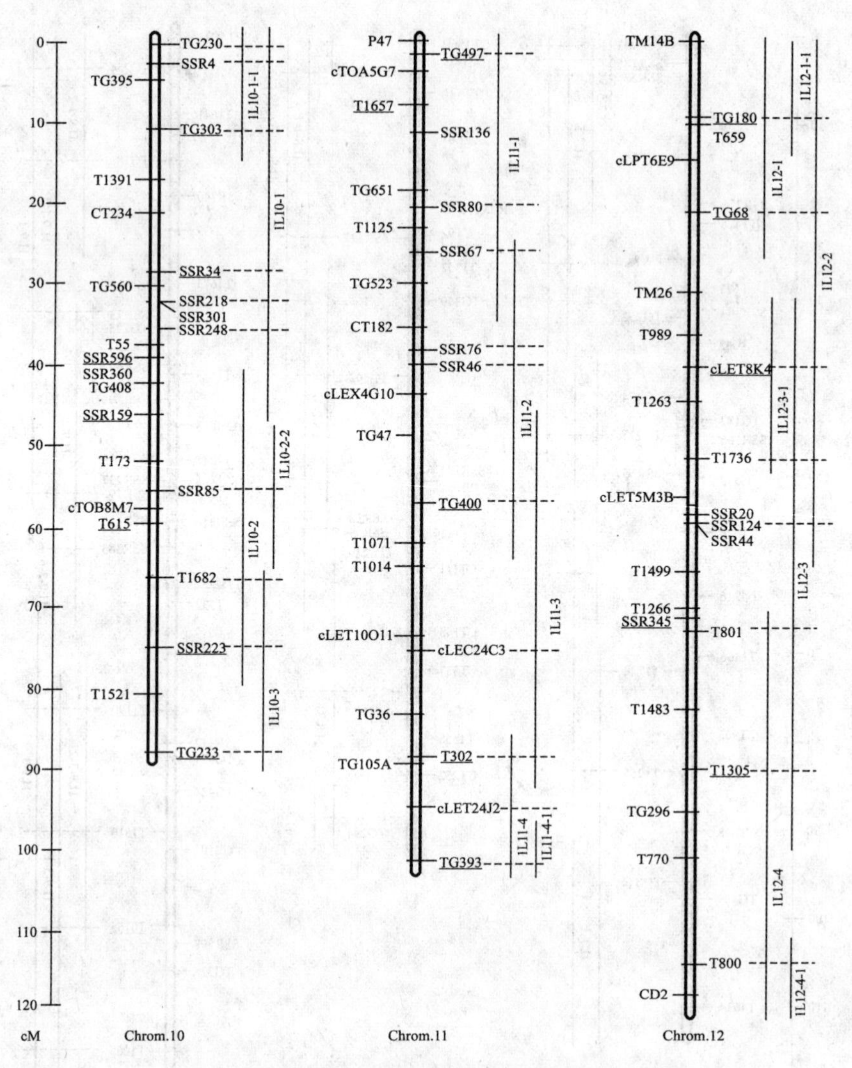

图 10-10　番茄基因组分子连锁图谱(d)

粗体表示在高密度图谱中的基于 PCR 的标记的位置

(引自 Frary et al 2005)

在每个染色体右边的基于 PCR 的标记是在琼脂糖凝胶中区分的，左边的是在测序仪上区分的。带有下划线的标记是在普通番茄与醋栗番茄间有多态性的标记。带有下划线的非粗体 PCR 标记是特别用来对普通番茄×醋栗番茄(LA1589)进行作图的群体作图的，它们并没有在醋栗番茄 F_2 群体中作图。(引物序列和其他的对于这些标记的信息在 SGN 网上可以找到)。每个染色体右边所划的垂线表示的是在醋栗番茄渐渗系中的渐渗位置。虚的水平线表示的是哪些标记被定位在渐渗系上。微卫星标记是前缀的 SSR，CAP 标记是根据 RFLP 标记或是它们所来源的基因来命名的。图距用 cM 表示，染色体着丝粒的大概位置用灰色条表示该遗传图谱涵盖基因组长1397cM，相当于一个高密度连锁遗传图谱所围绕总距离的95%(Fulton et al 2002)；与此前图谱相比，该遗传图谱在每条染色体上标记覆盖率介于86%(7号染色体)至100%(1、4和10号染色体)。每条染色体都含有9～18个的SSRs标记，平均遗传距离是10.0 cM。总体来看，84%标记(128个)遗传距离小于20 cM，70%标记(106个)小于15 cM。在染色体4上标记SSR146和SSR188之间最大的空隙是33.5 cM。同时，总共122个基于琼脂糖凝胶的PCR标记(SSRs)也被定位于潘那利番茄的近等基因系中(Frary et al 2005)。

基于普通番茄和樱桃番茄自交系(包括153个重组自交系)，Saliba-Colombani等(2000)构建了番茄连锁图谱，该图谱包括一个形态学标记、132个RFLP(包括16个已知功能基因)、33个RAPD和211个AFLP标记。比较3种分子标记多态性、分离和在整个基因组上分布发现，RFLP、RAPD和AFLP分别显示出8.7%、15.8%和14.5%的信息带。这与RFLP的30%探针多态性、RAPD的32%引物多态性和AFLP的100%引物组合多态性相对应的。在RAFL中8%背离所期望的1∶1比例要小于APLP的18%。RAPDs和AFLPs标记并不是随机地分布于基因组中，绝大多数(60%的RAPDs和80%的AFLPs)以簇的形式推测其存在于着丝粒区域附近。种内图谱跨越了965个cM的距离，标记间平均距离是8.3 cM。与高密度番茄遗传连锁图相比，种内遗传连锁图的覆盖长度并不比种间的长。

10.3.3 克隆自樱桃番茄的基因

据统计，目前从番茄中克隆抗病基因至少有13个，其中以抗叶霉病的*Cf*基因最多，如表10-3所示，这些研究对于探讨抗病基因作用机理和提高番茄抗病性均具有重要的理论和现实意义。

表 10-3 番茄中已克隆的主要抗病基因

(引自杲修杰等 2006)

基因名	编码蛋白类型	目标病害名称	病原菌学名	病原菌中文名
Pto	PK	细菌性斑点病	*Pseudomonas syringae* pv. *tomato*	番茄丁香假单孢菌
Prf	LZ-NBS-LRR	细菌性斑点病	*Pseudomona* spv. *tomato*	番茄丁香假单孢菌
Cf-9	LRR-TM	叶霉病	*Cladosporium fulvum*	番茄叶霉菌
Cf-2	LRR-TM	叶霉病	*Cladosporium fulvum*	番茄叶霉菌
I2C	NBS-LRR	枯萎病	*Fusarium oxysporum*	尖孢镰刀菌
Cf-4	LRR-TM	叶霉病	*Cladosporium fulvum*	番茄叶霉菌
Cf-5	LRR-TM	叶霉病	*Cladosporium fulvum*	番茄叶霉菌

（续表）

基因名	编码蛋白类型	目标病害名称	病原菌学名	病原菌中文名
Mi	LZ-NBS-LRR	线虫病	*Meloidogyne incognita*	南方根结线虫
I2	NBS-LRR	枯萎病	*Fusarium oxysporum*	尖孢镰刀菌
Hcr9-4E	LRR-TM	叶霉病	*Cladosporium fulvum*	番茄叶霉菌
Sw-5	LZ-NBS-LRR	斑萎病	Tomato spotted wilt virus	番茄斑萎病毒
Ve	CSLR	黄萎病	*Verticillium albo-atrum/dahliae*	黑白轮枝菌/大丽轮枝菌
Hero	NBS-LRR	线虫病	*Globodera rostochiensis*	马铃薯金线虫

美国康乃尔大学 Martin 等(1993)报道了用与 *Pto* 基因紧密连锁的标记和染色体步移技术，首次成功地克隆了 *Pto* 基因，用该基因转化番茄，赋予了感病品种的抗性。Martin 等(1993)研究也表明，番茄 *Pto* 基因抗携带无毒基因 *avrPto* 的丁香假单孢菌。用一个跨越 *Pto* 基因区域的酵母人工染色体克隆作探针去筛叶片 cDNA 文库；获得了一个 cDNA 克隆，属多基因家族，至少包括 6 个成员，与 *Pto* 基因有共分离。当选用一个 cDNA 克隆转化易感病的番茄品种，表现出对病原体有抗性。氨基酸序列分析结果表明，Pto 蛋白和丝氨酸——苏氨酸蛋白激酶相似，暗示了 *Pto* 基因在信号转导途径中可能有一定的作用。

对已克隆的番茄抗青枯病基因 *Pto* 所在基因座结构分析表明，*Pto* 基因座有 5～7 个与 *Pto* 同源基因，它们紧密连锁，其中包括决定对有机磷杀虫剂——倍硫磷敏感基因 *Fen* 和 *Prf*，这 3 个已知基因核苷酸序列同源性高达 80%，基因编码产物是参与相似信号传导途径中的组分，番茄对青枯病的抗性依赖于 *Pto* 和 *Prf* 基因同时表达。类似的番茄抗叶霉病 *Cf-9* 基因、烟草抗烟草花叶病毒基因 *N* 及拟南芥抗丁香单孢菌 *RPS2* 基因也是多基因家族。

研究发现，*Pto* 基因产物对 *avrPto* 基因产物的识别需要有 *Prf* 基因参与。*Prf* 基因与 *Pto* 基因紧密连锁，编码一个含 LRR 和 NBS 蛋白；从结构上看，*Pto* 和 *Prf* 基因所编码的蛋白分别类似于水稻中 *Xa21* 基因编码蛋白的胞外和胞内域，由此推测 Pto 和 Prf 蛋白很可能形成一个信号接收系统，在功能上相当于 *Xa21* 所编码的类酪氨酸受体激酶。是否还可以进一步推测，类型 4 的某些 *R* 基因(如 *Cf-9*)也与 *Prf* 基因一致，与编码类似于 *Pto* 激酶的另一基因是否共同完成与 *Xa21* 基因相当功能呢？不过，奇怪的是，含 LRR 的 Prf 蛋白却与特异性无关，*avrPto* 蛋白进入植物细胞后不是与 *Prf* 直接结合，而是与 *Pto* 直接结合，有可能是形成一个复合物后再与 *Prf* 结合。目前尚不清楚其他 *R* 基因对病原物 *avr* 基因的识别是否与 *Pto* 和 *Prf* 的关系类似，由类似的 *Pto* 基因决定其识别特异性，还是与 *Pto*-

Prf 不同,由含 LRR 的 *R* 基因完成对病原物的识别。虽然 LRR 一般与蛋白与蛋白互作有关,但目前 LRR 与病原物激发子间作用还缺乏直接的证据,对 LRR 的结构也不甚了解。

以“红玛瑙 213”为材料,克隆了 *E*8 基因启动子序列(1 121 bp),跨越 TATA-BOX 上游 1 054 bp,下游 60 bp,之后是 *E*8 基因的 CDS 序列。CAAAAAGTGAACT 是启动 *E*8 基因转录顺式作用元件,TATAAAT 是 *E*8 基因的 TATA box。*E*8*p*1 中包括了从 −936 到 −920 bp 的 E4/E8BP 的作用位点(Xu et al 1996)。随后构建了 pE8p1-GUS 植物表达载体,用农杆菌介导法转化“中蔬四号”下胚轴,在 *E*8*p*1 启动调控下,2 个单株成熟果实中均检测到了 *GUS* 基因的表达,但在叶片中则检测不到 *GUS* 基因的转录表达,而用 pBI121 转化植株果实中(35S 启动子)则仅检测到微弱的 *GUS* 基因表达。

Taylor 和 Scheuring(1994)在樱桃番茄中发现的 *RSI*-1 具备控制侧根发生开关基因的初步特征,该基因在侧根原基细胞中的特异性表达先于侧根原基发生,特别是在侧根原基与不定根原基发生初始期的“基础”细胞中高量表达,且受生长素的诱导;在根中,*RSI*-1 的表达量与侧根原基的发生量呈正相关。随后 *RSI*-1 基因的功能由王友华等(2006)通过在烟草中超表达或抑制表达而证实。

10.4 樱桃番茄育种及在番茄育种中的应用

樱桃番茄不仅是栽培番茄育种种质资源,樱桃番茄育种在生产中也占有重要地位。

除番茄近缘野生种外,还包括其他具有重要应用价值的育种材料:

(1) 染色体变异材料:美国加利弗尼亚大学 C M Rick 番茄遗传研究中心保存有许多可用的番茄属染色体变异材料。

(2) 染色体置换材料:将潘那利番茄(LA0716)与普通番茄杂交,杂种后代再多次用普通番茄进行回交,获得的杂种后代再自交,获得了 7 个外源染色体置换材料。

(3) 三体材料:在普通番茄遗传背景下,附加 1 条来自类番茄茄(LA2951)的染色体,目前已获得全部 12 个三体材料(单体外源添加系)。

(4) 同源四倍体材料:通过诱变或染色体自然加倍产生普通番茄同源四倍体,还有部分是智利番茄、醋栗番茄、秘鲁番茄、樱桃番茄的同源四倍体。二倍体樱桃番茄加倍成四倍体后,子叶变宽,组织器官也加宽加厚,宽度与长度比值与二倍体相比显著增大,果实趋向于球形。染色体加倍后,花粉和种子的形状都变大而花粉的可育能力则下降。

10.4.1 樱桃番茄育种及遗传改良

樱桃番茄作为普通番茄的一变种，在育种方面与栽培番茄有很多相近之处，仍以有性杂交为主。除此之外，以下育种方法在实际工作中也被利用。

1. 物理诱变和化学诱变

有报道称分别用γ射线和甲基磺酸乙酯(Ethyl methylsulfonate，EMS)处理樱桃番茄干燥种子，得到了20个植株矮化并且在形态学和果实特征不同的材料。经过两年的选择后，这些突变材料在果实大小，种子和收获指数都有明显不同。

2. 原生质体融合杂交

也有人利用普通栽培番茄和抗除草剂龙葵(*S. nigrum* L.)叶肉原生质体在聚乙二醇/二甲基亚砜溶液中杂交，获得了愈伤组织，培养后获得了3株苗。这些体细胞杂种植株具有2个亲本之间类型花以及简单叶片，但是由于花粉育性太差和花蕾早衰，开花数仅有5%。Southern杂交证实这3个植株是杂种。通过探针检测线粒体DNA发现，2个亲本的线粒体特异条带在杂交后代中出现缺失。

3. 不育性利用

用碘乙酰胺(iodoacetamide)处理普通栽培番茄叶肉原生质体，使线粒体失活；用γ-射线或X-射线照射*S. acauk*和马铃薯(*S. tuberosum*)原生质体，使细胞核失去功能；经处理的原生质体在Ca^{2+}和聚乙二醇介导下融合产生杂合体。体细胞杂交的番茄植株在形态、生理、染色体(2n=24)等方面均与原始材料很相似，却表现出不同程度不育性。不育主要是由于花粉囊畸变、花粉粒萎缩和外表正常的柱头不能正常发育。将该不育材料与包括1个樱桃番茄种在内的5个不同生长类型品种杂交，发现不育性为母性遗传，从而确定其细胞质不育。分析细胞质不育杂种线粒体DNA，表现为亲本线粒体DNA的重组。

4. 小孢子培养进展

20世纪70年代到80年代初，番茄花药离体培养研究取得了进展。Sharp等(1971)从番茄不成熟花粉时期获得单倍体愈伤组织；但到目前为止，只有Gresshoff和Doy(1972)得到了番茄单倍体植株。番茄花药离体培养获得单倍体困难的原因在于诱导频率低且不可避免地产生体细胞混杂。而在禾谷类作物上，采用低温预处理促进雄核发育以提高单倍体诱导频率已是一项成熟的技术，番茄花药培养采用4℃低温和10 mg/L 2.4-D预处理处于小孢子单核后期的花药，使愈伤组织加倍。通过小孢子培养获得单倍体植株，然后再通过染色体加倍后就可以获得纯合的二倍体植株，可以大大地缩短育种时间。不过，截止目前，樱桃番茄小孢子培养还没有取得明显的进展。

5. 樱桃番茄组织培养

自 Robbins(1922)首次报道成功培养番茄离体根尖以来,国内、外相继有大量采用番茄不同外植体如胚、茎段、茎尖、花药及原生质体等成功组培报道。樱桃番茄,生产中多为杂种,无法留种,种植者必须每年重新购种,增加了生产成本。对于优良品种,通过组织培养技术繁殖再生苗,即可以保持种性又可以降低生产成本,在生产中也有一定的应用前景。

曾有报道用樱桃番茄"圣女"和"金珠"叶片、茎段和幼芽作外植体可以诱导形成完整植株。不同培养阶段优化培养基组成为:

(1) 愈伤组织诱导:叶片以 MS+KT 4 mg/L+IAA 8 mg/L 为最佳;茎段和幼芽以 MS+NAA 0.1 mg/L+6-BA 1.5 mg/L 为最佳。

(2) 愈伤组织芽的分化:MS+IAA 0.2 mg/L+6-BA 2 mg/L。

(3) 腋芽萌生:MS+6-BA 2.5 mg/L+IBA 0.1 mg/L。

(4) 生根:无激素的 MS 或 MS_0。以"美味樱桃番茄"为材料建立其再生系统,以子叶叶盘和下胚轴切段为外植体,有人分析了不同激素种类和浓度对外植体芽再生和诱导生根的影响,以及外植体对抗生素卡那霉素的敏感性。结果表明,适于芽再生的培养基为 MS+ZT 2.0 mg/L+IAA 0.05 mg/L,生根培养基均为 MS+IAA 0.1 mg/L;卡那霉素筛选压以 50 mg/L 较为合适。秦改花和孟丽(2006)以樱桃番茄"情人果"无菌苗茎段为材料,研究了不同激素对不定芽再生和生根的影响,结果表明:

(1)诱导不定芽最适培养基配方为 MS+6-BA 0.5 mg/L。

(2) 生根最适培养基配方为 MS+NAA 0.05 mg/L。

6. 樱桃番茄转基因

番茄转基因方法主要有农杆菌介导法、花粉管通道法、电激法、微注射法和 PEG 法。迄今为止,所获得的近 200 种转基因植株中 80%以上是利用根癌农杆菌(*Agrobacterium tumefaciens*)介导完成的。

转化效率与受体植物基因型具有很大关系,张赛群等(1999)有报道称研究发现不同番茄品种间转化效率有很大差别,A57 的转化率高达 11.70%,而 A10 的转化率仅为 1.10%,主要是由于不同基因型对农杆菌的敏感程度不同引起。

番茄外植体组织包括子叶、子叶柄、下胚轴、茎段,不过外植体再生能力与其基因型直接相关。番茄遗传转化多选用子叶和下胚轴,另外也有报道称以番茄下胚轴和子叶作外植体进行遗传转化时发现,子叶的转化率(35.24%)略高于下胚轴(33.67%),而还有报道表明,番茄叶盘转化率不及茎段,后者是前者的 3~4 倍。

遗传转化前的预培养及预培养时间,因植物种类或基因型而定,烟草和豇豆叶片无需预培养,而番茄叶片转化需 2 天预培养。张赛群研究发现,相同品种番茄经预培养后再进行转化再生频率比未经预培养的要高。菌液浓度和浸染时间对植物转基因影响较大。菌液浓度因植物种类而不同，一般是对农杆菌敏感的植物采用较低的OD值和较短的浸泡时间，总之，以在后继培养中不造成污染和对植物细胞有毒害作用的前提下，随浸染浓度提高转化效率也上升。

Hamilton等(1990)首次将ACC氧化酶(1-aminocyclopropane-1-carboxylic acid oxidase)反义RNA转化番茄，在纯合转基因番茄果实中，乙烯的合成被抑制了97%，从而使果实的成熟延迟，储藏期延长。导入ACC合成酶(1-aminocyclopropane-1-carboxylic acid synthetase)反义基因的番茄也得到了类似的结果，转基因番茄的乙烯合成也被抑制了99.5%，果实不出现呼吸跃变，叶绿素降解和番茄红素合成也都被抑制。果实不能自然成熟，不变红和变软，只有用外源乙烯处理6 d后才能使转基因番茄恢复正常成熟。张治礼等(2005)利用根癌农杆菌介导法将嵌合基因P_{SAGA12}-*ipt*导入樱桃番茄，田间生长实验发现转基因植株生长发育及形态正常，而转基因植株下部叶片叶绿素和细胞分裂素含量明显高于对照，而上部叶片与对照基本一致；相同叶位叶片比对照延缓衰老15～20天。有报道称用樱桃番茄成功表达丙型肝炎(HCV)降钙素基因相关肽、凝血因子Ⅸ和胸腺素α1。

10.4.2 樱桃番茄分子标记辅助育种

在番茄研究中，分子标记技术一直是研究的热点。

有相关报道利用抗白粉病的樱桃番茄和感病的普通番茄(super marmande)杂交，在F_2群体中对*ol-2*基因进行分离分析，在感病普通番茄中扩增获得了一个1 500 bp的RAPD标记；不过，对于CAPS标记而言，这个片段却有所不同；同时，对F_2群体中对这2个标记与*ol-2*基因距离进行了分析。基于包括亲本和分离大群体，用26个引物组合进行分析，找到了2个和*ol-2*基因连锁AFLP位点。在番茄的遗传图谱中，CAPS标记和2个AFLP标记都已经定位到了番茄的染色体4上；将有利于番茄白粉病分子标记辅助育种。

Nienhuis等(1987)筛选到了与番茄抗虫紧密连锁的RFLP分子标记，利用筛选到的分子标记直接在DNA水平上进行选择，使入选群体中抗虫植株所占的比例明显增加；随后，其他科学家也陆续地筛选到了与番茄抗病毒基因*Tm-2*连锁的分子标记、以及与番茄抗线虫和可溶性固形物含量紧密连锁的RFLP标记。在番茄育种工作中已利用这些分子标记在DNA水平上进行了辅助选择，结果表明分子标记辅助选择技术的应用显著提高了选择效率，尤其是在抗病虫性状的选择上具有很大的优势。

分子标记辅助选择技术在番茄抗病虫育种中应用越来越广泛。据统计，目前与20余种抗病虫基因连锁的分子标记已找到了。在这些标记中，有的标记与靶基因紧密连锁，如番茄抗烟草花叶病毒病基因(*Tm-2a*)被定位于第 9 染色体位于分子标记 TG207 和 PG125A 之间，两侧的距离仅为 0.05 cM，而标记 R12 则与 *Tm-2a* 基因共分离，可用于对目标性状进行辅助选择，使得某些番茄抗病性状选择效率提高。许多种子公司利用与抗线虫基因(Mi)位点紧密连锁的分子标记(Aps-1)，已经成功地将抗线虫基因转入到不同的番茄材料中，使育种周期大大缩短。利用 *Tm-2* 基因两侧遗传距离为 1 cM 的 RFLP 标记，只通过 2 代就可以获得导入基因片段仅为 2 cM、含 *Tm-2* 基因的植株，而取得如此育种效果，用常规育种的方法则至少需要 100 代才能获得。

传统的植物育种对于抗病虫性状的选择是根据植株的表现型进行的，这种选择需要在病虫害自然发生条件或人为创造病虫害发生条件下才能进行，周期长、工作量大和效率低。现在利用与抗病虫基因紧密连锁的分子标记进行辅助选择，克服了传统选择方法的缺点，在植株未受病原物浸染或昆虫袭击的情况下就可进行选择。育种工作者只需要从植株上取样提取少量 DNA 而不必损害植株即可进行鉴定，而且可以在杂种早期世代就可以进行鉴定和选择。分子标记辅助选择技术的利用，既加快了育种进程，又提高了选择的准确性。番茄或樱桃番茄的分子标记辅助选择与传统的选择方法相比具有很大的优越性和广阔应用前景。

参考文献

[1] Brukhin V, Hernould M, Gonzalez N, et al. Flower development schedule in tomato *Lycopersicon esculentum* cv. sweet cherry [J]. Sex Plant Reprod, 2003, 15: 311-320.

[2] Causse M, Duffe P, Gomez MC, et al. A genetic map of candidate genes and QTLs involved in tomato fruit size and composition [J]. J Exp Bot, 2004, 55: 1671-1685.

[3] Ciccarese F, Amenduni M, Schiavone D, et al. Occurrence and inheritance of resistance to powdery mildew (*Oidium lycopersici*) in *Lycopersicon* species [J]. Plant Pathol, 1998, 47: 417-419.

[4] D'Arcy WG. Combinations in *Lycopersicon* (Solanaceae) [J]. Phylotogia, 1982, 51: 240.

[5] Devaux C, Baldet P, Joubes J, et al. Physiological, biochemical and molecular analysis of sugar-starvation responses in tomato roots [J]. J Exp Bot, 2003, 54: 1143-1151.

[6] Eshed Y, Zamir D. An introgression line population of *Lycopersicon pennellii* in the cultivated tomato enables the identification and fine mapping of yield-associated QTLs [J]. Genetics, 1995, 141: 1147-1162.

[7] Fleuriet A, Macheix JJ. Tissue compartmentation of phenylpropanoid metabolism in tomatoes during growth and maturation [J]. Phytochemistry, 1985, 24: 929-932.

[8] Fleuriet A. Evolution of phenolic compounds during the growth and maturation of cherry tomatoes (*Lycopersicum esculentum* var. *cerasiforme*) [J]. Fruits, 1976, 31(2):

117-126.

[9] Frary A, Xu YM, Liu JP, et al. Development of a set of PCR-based anchor markers encompassingthe tomato genome and evaluation of their usefulness for genetics and breeding experiments [J]. Theor Appl Genet, 2005, 111: 291-312.

[10] Hamilton AJ, Lycett GW, Grierson D. Antisense gene that inhibits synthesis of the hormone ethylene in transgenic plant [J]. Nature, 1990, 346: 284.

[11] Hanif-Khan S, Bullock RC, Stoffella PJ, et al. Possible involvement of altered gibberellin metabolism in the induction of tomato irregular ripening in dwarf cherry tomato by silverleaf whitefly [J]. J Plant Growth Regul, 1997, 16: 245-251.

[12] Heredia A, Barrera C, Andrés A. Drying of cherry tomato by a combination of different dehydration techniques. Comparison of kinetics and other related properties [J]. J Food Engin, 2006: 1-8.

[13] Jones H, Whipps JM, Gurr SJ. The tomato powdery mildew fungus *Oidium neolycopersici* [J]. Mol Plant Pathol, 2001, 2(6): 303-309.

[14] Kuti JO, Konuru HB. Effects of genotype and cultivation environment on lycopene content in red-ripe tomatoes [J]. J Sci Food Agri, 2005, 85: 2021-2026.

[15] Martin GB, Brommonschenkel SH, Chunwongse J, et al. Map-based cloning of a protein kinase gene conferring disease resistance in tomato [J]. Science, 1993, 262: 1432-1436.

[16] Nienhuis J, Helentjaris T, Slocum M, et al. Restriction fragment length polymorphism analysis of loci associated with insect resistance in tomato [J]. Crop Sci, 1987, 27: 797-803.

[17] Opiyo AM, Ying T-J. The effects of 1-methylcyclopropene treatment on the shelf life and quality of cherry tomato (*Lycopersicon esculentum* var. *cerasiforme*) fruit [J]. Int J Food Sci Technol, 2005, 40: 665-673.

[18] Pratta G, Zorzoli R, Boggio SB, et al. Glutamine and glutamate levels and related metabolizing enzymes in tomato fruits with different shelf-life [J]. Sci Hort, 2004, 100: 341-347.

[19] Rick CM, Holle M. Andean *Lycopersicon esculentum* var. *cerasiforme*: genetic variation and its evolutionary significance [J]. Econ. Bot, 1990, 44(3 S): 69-78.

[20] Rick CM, Zobel RW, Fobes JF. Four peroxidase loci in red-fruited tomato species: genetics and geographic distribution [J]. Proc Nat Acad Sci USA, 1974, 71(3): 835-839.

[21] Rick CM. Biosystematic studies in Lycopersicon and closely related species of *Solanum*. In: Hawkes JG, Lester RN, Skelding AD (eds) The biology and taxonomy of the Solanaceae [M]. Academic Press, New York London, 1979: 667-678.

[22] Rosales MA, Ruiz JM, Hernández J, et al. Antioxidant content and ascorbate metabolism in cherry tomato exocarp in relation to temperature and solar radiation [J]. J Sci Food and Agric, 2006, 10: 1545-1551.

[23] Saliba-Colombani V, Causse M, Gervais L, et al. Efficiency of RFLP, RAPD, and AFLP

markers for the construction of an intraspecific map of the tomato genome [J]. Genome, 2000, 43(1): 29-40.

[24] Serio F, De Gara L, Caretto S, et al. Influence of an increased NaCl concentration on yield and quality of cherry tomato grown in posidonia (*Posidonia oceanica* (L) Delile) [J]. J Food Sci Agric, 2004, 84: 1885-1890.

[25] Talekar NS, Opeña RT, Hanson P. *Helicoverpa armigera* management: A review of AVRDC's research on host plant resistance in tomato [J]. Crop Prot, 2006, 25: 461-467.

[26] Taylor BH, Scheuring CF. A molecular marker for lateral root initiation: the *RSI*-1 gene of tomato (*Lycopersicon esculentum* Mill) is activated in early lateral root primordia [J]. Mol Gen Genet, 1994, 243(2): 148-157.

[27] Van der Beek JG, Pet G, Lindhout P. Resistance to powdery mildew (*Oidium lycopersicum*) in *Lycopersicon hirsutum* is controlled by an incompletely-dominant gene *Ol*-1 on chromosome 6 [J]. Theor Appl Genet, 1994, 89: 467-473.

[28] Villalta I, Reina-Sanchez A, Cuartero J, et al. Comparative microsatellite linkage analysis and genetic structure of two populations of F_6 lines derived from *Lycopersicon pimpinellifolium* and *L. cheesmanii* [J]. Theor App Genet, 2005, 110: 881-894.

[29] Villand JM. Comparison of molecular marker and morphological data to determine genetic distance among tomato cultivars [D]. Madison, MS Thesis, Univ Wisconsin, 1995.

11 契斯曼尼番茄
(*Solanum cheesmaniae*)

11.1 契斯曼尼番茄的起源

契斯曼尼番茄是唯一不在番茄属进化中心秘鲁而是单独在加拉帕戈斯群岛上发现的番茄，由于在地理上与大陆种的完全分离，它与大陆上番茄物种的进化几乎没有什么相互关联，因此是单独进化而来的。加拉帕戈斯群岛上到处都有这个种，该种群是比较典型的类型，其中有一种叶片分裂为小叶程度更高的类型，将其称为“小番茄”型(*L. cheesmanii f. minor*)。

契斯曼尼番茄由于起源于加拉帕戈斯群岛，致使其表现出喜欢海拔低的旱生习性。契斯曼尼番茄的其中一个类型的植株可以在内地离海潮最高点只有5 m远的地方生长，该种喜欢选择低海拔处，可伸展到含盐的海岸处，与之共生的有多种盐生植物，诸如 Cacabus miersii (Hook. f.)，Ipomoea pes-caprae(L.)R. Br. 和 Nolana galapagensis (Christoph.) Johnston 等。据 Rick 的描述，虽然在这种环境下契斯曼尼番茄生长状态并非最好，但某些生长指标至少可以说明它们已在那里生长了2～3年之久。

11.2 契斯曼尼番茄的生物学特性

11.2.1 契斯曼尼番茄的植物学特征

契斯曼尼番茄(2n=2x=24)在植物学分类上属于茄科番茄属植物，是番茄属3个有色果种中的一个野生种之一，其植株生长势较弱，茎、叶细小，小叶极尖；并小叶分成网状叶，节间很短。其中网状叶的特征是由第6号染色体上的单基因决定的，这个等位基因被命名为 *Pts* 基因，对其他等位基因表现为不完全显性。契斯曼尼番茄的花细小(尤其是小叶极尖类型)，果细小(直径为1 cm)，但果皮厚，果坚实,圆形,成熟时为橙色、黄色、橙红色,如图 11-1 所示。

图 11-1　契斯曼尼番茄植物学特征

A:叶片;B:果枝;C:花序;D:果实

11.2.2　契斯曼尼番茄的生长发育习性

契斯曼尼番茄是高度自花授粉植物,表现为自交亲和,其群体一致性较强,通常被认为是纯系。果实发育较小(直径为 1 cm 左右),果实成熟时为橙色,这是番茄红素转变成 β-胡萝卜素的结果,有些同型遗传小种由于色素含量少,所以果实成熟时为黄色或者黄绿色,在深峡谷,有人收集到果实为紫色的一个品种。契斯曼尼番茄的种子比普通番茄的小,种毛少,种皮褐色而厚,因而发育不正常,但是同工酶的研究显示不同群体间存在遗传变异。

11.2.3　契斯曼尼番茄与番茄杂交

以栽培番茄作为母本与契斯曼尼番茄杂交,在当代能结出正常大小的果实,并形成正常大小的种子。关于番茄远缘杂交的亲和性,我国学者进行了比较详细的研究。1992年，吴定华等以契斯曼尼番茄和多腺番茄配制杂交组合，发现人工授粉后虽可结4%～20%的果实，但果实内所含的“种子”全部表现为中空无胚。1994年，吴定华等用潘那利番茄与契斯曼尼番茄进行杂交，只有以潘那利番茄作为父本时表现亲和，而以契斯曼尼番茄作为父本时杂交的结果率却为0，表现为不亲和。1988年，吴定华等以栽培番茄“粤农二号”与契斯曼尼番茄配制杂交组合，进行有性杂交。结果表明，以契斯曼尼番茄作为母本，以栽培番茄“粤农二号”作为父本的杂交组合表现为杂交不亲和。反交表现为杂交亲和，亲和性较高，如：授粉50朵花，结果实13个，无胚种子28粒，有完整胚的种子粒数为183个，播种后可以正常出苗。

远缘杂种植株由于双亲遗传上和生理上的不协调，杂种不能正常生长发育，尤其是生殖系统的破坏更为突出，导致不能形成生殖器官；或虽能开花、但由于形成配子时减数分裂过程中染色体不能正常联会，无法产生正常配子，特别是雄性细胞(精子)的形成破坏更为严重，因而不能受精产生后代，这种现象叫做远缘杂种的不育性。栽培番茄与野生番茄杂交的F_1，其多数性状表现为中间型而较多地倾向于野生亲本，其F_2，F_3等杂交后代的分离范围远较品种间杂种广泛，后代不仅会出现杂种类型，还出现与亲本相似的类型或亲本所没有的新类型。这种“颠狂分离”现象往往延续多代而不稳定，回交一代的性状一般倾向于回交亲本；但以野生亲本作回交亲本时，其回交倾向程度远比栽培亲本作回交亲本时更为显著。

1. 契斯曼尼番茄与栽培番茄间杂交后代

栽培番茄与契斯曼尼番茄的杂交一代性状较多地倾向于野生亲本，株型较细，茎干纤弱、少茸毛，叶片薄而细碎、淡绿色，花器比栽培母本细小，能正常开花，大量结果，果为圆形，单果重6～10 g，成熟果实呈橘黄至橘红色、黄色，果皮坚韧。子二代、子三代植株性状呈现分离，单果重3～18 g，熟果颜色为红色、橘黄色、黄色三种。子一代与栽培番茄回交(“Diego”×契斯曼尼番茄的F_1)×“粤农二号”的后代，性状较多倾向栽培番茄，果较大，单果重20～25 g，熟果呈红色至橘红色。

2. 契斯曼尼番茄与野生番茄间杂交后代

吴定华(1992)研究指出，以醋栗番茄和契斯曼尼番茄配制杂交组合产生的子一代，育性高，自然坐果率为35%，单果重可以达到2～3 g，果内含有13～18粒发育健全的种子，熟果呈淡红色。契斯曼尼番茄作为母本与潘那利番茄的杂交一代，自然坐果率为0，表现出高度的不育性。

以醋栗番茄×契斯曼尼番茄的F_1与潘那利番茄进行正反交所配制的组合中，只有以潘那利番茄作为父本的组合表现为亲和，杂交坐果率为6%～20%，果内含30～90粒可供播种或具可供人工离体培养胚胎的种子，这个组合所得的杂种一代，植株性状倾向于潘那利番茄，育性低，自然坐果率为1%～2%，单果中1～2 g，

果内含 2～18 粒发育健全的种子，熟果呈绿色至黄绿色。

11.2.4　契斯曼尼番茄主要园艺学特征

契斯曼尼番茄具有高度耐盐能力，可在 70%的海水灌溉下生存和结果，是番茄耐盐碱育种的宝贵材料。有些耐盐材料例如 *L. cheesmanii* (S. cheesmaniae) LA1401 较栽培种对高浓度盐具有较高抗性(Hassan et al 1990)。有报道显示在 75 mmol/L 和 150 mmol/L NaCl 条件下，对契斯曼尼番茄 LA166 野生资源材料和鲜丰、矮黄等 2 个栽培种进行了耐盐性比较发现，野生种明显优于 2 份栽培种。

研究还发现契斯曼尼小番茄亚种对于番茄黄化卷叶病毒表现出高抗，在自然接种一年后仍没有表现出感病症状(Atherton 1989)。另外，该种和栽培番茄不同，它有 β-胡萝卜素合成基因 *B*，该基因的作用主要是使茄红素减少而增加 β-胡萝卜素的含量，同时 *B* 的作用受到修饰基因 MO_B 的调节，在“野生型”状态下基因型为 $+^B/+^B$、$+^{MOB}/+^{MOB}$时，β-胡萝卜素的含量不到总胡萝卜素含量的 10%，即有 90%为茄红素，而当 *B* 存在时(B/B，$+^{MOB}/+^{MOB}$)，番茄红素与 β-胡萝卜素含量各占 50%左右；当 B 与 MO_B 同时存在时(B/B，MO_B/MO_B)，则 β-胡萝卜素含量提高到 90%。

11.3　契斯曼尼番茄分子生物学的研究现状

11.3.1　等位酶研究

等位酶的研究加深了对于番茄及其近源野生种的遗传变异的认识，丰富了番茄种间的遗传变异的知识。

利用等位酶研究的第一个番茄物种是契斯曼尼番茄，在被检测的 54 个群体样本中没有检测到杂合型植株，而且只在 3 个采集样品中找到了多态性的等位酶。这种群体极端的一致性主要是建立在这个种近乎完全自花授精的基础之上。不同的等位基因系列中，有 62%存在无效基因，但大多数呈现罕见的散发形式，其比例比任何一个其他的野生番茄种都要大得多，同时这种基因频率的分布反映了契斯曼尼番茄是在相当宽松的自然选择下进化而来的。鉴于其等位酶与秘鲁北部的醋栗番茄的同工酶种类十分近似可以认为契斯曼尼番茄和秘鲁北部的醋栗番茄的亲缘关系较近。

11.3.2　RFLP 技术

作物种间、品种间甚至育种的后代个体间、遗传上的差别，本质是 DNA 水平上的差别，而DNA的碱基序列差异，在某种程度上反映为这种限制性内切片段长度的多态性上，因而RFLP是检测遗传多样性的有效途径。Helentjaris等发现在番茄中利用RFLP进行检测时，种间可检测出有高度多态性的存在，但栽培品种间，却只有少数探针可用于多态性的检测。他们的试验所选用的探针，均为来自叶片mRNA的cDNA基因文库，在22个探针中，仅有3个探针可用于栽培品种间差别的检测；而在普通番茄与契斯曼尼番茄之间，可用于检测多态性的探针就有15个；在普通番茄与潘那利番茄之间，则22个探针全都可用于多态性的检测。这一现象说明，普通番茄种内的遗传变异，用上述探针不易测出，而与潘那利番茄或契斯曼尼番茄之间，则可检测出较多的变异。相比之下，潘那利番茄与普通番茄之间的亲缘关系较普通番茄与契斯曼尼番茄之间更远，它们的DNA差异程度更大，所以容易检测到。

11.3.3 RuBP羧化酶

RuBP羧化酶是叶绿体所特有的重要酶类，约占植物叶绿体蛋白总量的40%左右，占可溶性叶蛋白总量的50%左右，其功能是催化光合作用中暗反应的第一步生化过程，主要由两种亚基组成，大亚基和小亚基，通常RuBP羧化酶在进化上是比较保守的，因此其差异往往只反映在较高的分类层面之间，根据系统学的比较，可以认为大亚基起源较早，而小亚基的起源要晚得多，大约与被子植物起源处于同期。

Gatenby和Cocking(1978)报道了番茄属中RuBP羧化酶亚基的多肽组成。RuBP羧化酶分离采用亲和层析方法，进行盐析分级分离，并且在0～5℃条件下经柱层析后收集，发现：番茄属所有物种的RuBP羧化酶在羧甲基化后，并在8 mol/L尿素下解离作等电聚焦，其大亚基均显示出3条相同模式的多肽条带，各相差0.05 pH单位。小亚基有3个不同的多肽位置，分别以a，b和c标示三个位置的多肽。3个小亚基的多肽与大亚基的3条多肽不同，大亚基的3条多肽只有一个共同的编码DNA，多肽的电泳位置的差别是在翻译以后对多肽不同的修饰所致。而小亚基则可能来自不同编码的基因，多肽a的等电点较多肽c偏酸性，而多肽b则在a和c的等电点之间。多肽b在番茄属所有种中都存在，多肽a和c的存在与否对于每个种来说则不相同，潘那利番茄和多毛番茄都只有1条多肽b；而小花番茄和秘鲁番茄同样都有1条染色深的多肽b和1条染色浅的多肽c；但克梅留斯基番茄则有1条染色深的多肽b和1条染色浅的多肽a；契斯曼尼番茄、智利番茄、普通番茄和醋栗番茄都具有a，b和c，3条多肽，然而多肽a和b染色比多肽c更深一些。在不同的野生种或品种之间没有观察到多肽的组成上有变异，即使是用两种不同的提纯方法，分析结果也是如此。

小亚基数目的多寡,也可以作为番茄属内一个种与另一个种之间亲缘远近的指标。因为在植物的异源多倍性的进化系列中,数目多的物种起源比数目少的物种起源更近代一些。根据这个标准,可以认为契斯曼尼番茄、智利番茄、普通番茄和醋栗番茄 4 个种,都是具有 3 条小亚基多肽的,其进化要比 2 条多肽的克梅留斯基番茄、小花番茄和秘鲁番茄更晚一些;而多毛番茄和潘那利番茄只有 1 条多肽,则更为原始。

11.3.4 耐盐性的 QTL 分析

Monforte 等(1999)通过普通番茄 E9 和契斯曼尼番茄 L2 的 F_2 群体,鉴定出一个在盐胁迫下影响早熟性的主效 QTL,解释表型变异的 35.6%,该 QTL 在非胁迫下的效应明显减小,说明该 QTL 在盐胁迫下控制早熟性,也发现其他微效 QTL 和上位互作效应存在。耐盐的细叶番茄 L5 和契斯曼尼番茄 L2 影响早熟性和产量的 QTL 可以分为 4 组,包括对盐反应敏感的 QTL,这些 QTL 只有在非盐胁迫下存在,盐胁迫后效应明显下降;反应耐久的 QTL,即在胁迫下其效应也存在,但其加性效应的方向发生改变;组成型 QTL,即无论是否有盐胁迫,其效应均明显;改变的 QTL,即依盐胁迫是否存在,其显性效应改变。他们认为标记辅助选育,不仅要考虑到反应耐久性 QTL 而且还要考虑到反应敏感性 QTL,比较两个群体,只有少数 QTL 表现相同,因此对一些 QTL 不可能同时进行选择。在 171.1 mmol/L NaCl 盐胁迫下,从 Madrigal×细叶番茄 L1、樱桃番茄 E9×细叶番茄 L5、樱桃番茄 E9×契斯曼尼番茄 L2 等 3 个群体,共鉴定出 7 个耐盐 QTL 和早熟相关,9 个 QTL 和总产量相关,9 个 QTL 和坐果数相关,6 个 QTL 和果实大小相关,早熟耐盐 QTL 均存在上位效应,而且野生种同源 QTL 效应存在一定差异,来自契斯曼尼番茄的 QTL 总呈现负效应,而来自细叶番茄 L5 和 L1 的 9 个共同影响坐果数和单果重的 QTL,只有 2 个存在正效应,另外 5 个 QTL 的基因效应也不相同,QTL 间存在的加性和非加性效应可能会影响辅助选育(Foolad & chen 1998)。根据番茄高密度连锁图谱(Tanksley et al 1992),比较上述有关研究结果可以发现,只有少数 QTL 同位,大多数 QTL 不同,说明番茄耐盐 QTL 确实受环境影响较大(Foolad 2004)。

11.4 契斯曼尼番茄在番茄遗传改良中的应用

契斯曼尼番茄能和普通番茄杂交,可以将很多基因转移到普通番茄上(Rick 1967),包括无离层的花梗基因(j-2)。

Rick 和 Duffey 通过连续的回交,将厚果皮性状从契斯曼尼小番茄亚种中转育到栽培番茄-契斯曼尼番茄的复合体中。结果表明,厚果皮对粘虫有抗性,但是厚果皮并不能克制番茄钻心虫的幼虫(高元成等 1994)。

契斯曼尼番茄在提高果实固型物含量时,Garvey 等(1984)认为契斯曼尼小番茄亚种是更有希望的种质,它的果实中糖分含量特别高,达 12.1～16.0 brix,而在该种的其他变种内,一般果实糖分仅为 4.9～10.6 brix。通过种质渐渗,将这一特性转育到普通栽培番茄品系已有一定进展。

最近,Triano 和 Clair 用多次回交的方法将契斯曼尼番茄的高可溶性固形物基因导入到普通番茄中,得到了两个可溶性固形物含量较高的材料 8911323 和 8911122。

Tal 等研究番茄愈伤组织培养物的耐盐性,发现番茄叶、茎或根来源的愈伤组织对盐反应相同,契斯曼尼番茄的愈伤组织在含盐培养条件下,比敏感型栽培番茄的增殖程度大。Tal 等利用细胞培养的方法在普通番茄与契斯曼尼番茄(LA1401)的杂种细胞中,经过两步筛选后得到了一些耐盐的植株。

最近,我国耐盐番茄育种取得重大突破,山东省东营市农业科学研究所将耐重盐的野生小果型契斯曼尼番茄与中果型的粤农 2 号远缘杂交,再与耐盐亲本多代回交后,经系统选育培育出东科 1 号、东科 2 号两个小果型耐盐番茄品种,两者在土壤含盐量为 0.3%～0.5%的地块上比对照品种圣女增产 100%以上,随土壤含盐量的升高增产幅度增大,这两个品种还具有较强的耐低温性和抗灰霉病、抗叶霉病能力。

用秘鲁番茄 LA111、契斯曼尼番茄 LA166、潘那利番茄 LA716、细叶番茄 LA2184 等野生资源材料的总 DNA,利用花粉管导入法导入鲜丰、矮黄等 2 个栽培种,筛选出一个耐盐新品系。

用栽培番茄与野生种番茄进行远缘杂交,以解决日益繁重的番茄育种任务,特别是对抗病育种,提高品质为主要任务的加工番茄品种选育是一条有效的途径,也是创造植物新类型,甚至合成新物种的有效途径,在番茄育种中有着重要的现实意义。但是契斯曼尼番茄并非是提供有用抗病基因的来源,这是因为作为在加拉帕戈斯群岛上被独立分离的番茄种,不能像大陆上其他番茄属暴露在多种病虫害的影响下,从而受到天然的选择,因此该种在商业生产上不如细叶番茄和樱桃番茄的用途广泛。

目前全球约有 1026 公顷的土地为盐渍土,约占地球陆地总面积的 7.6%,占耕地面积的 25%,我国盐渍土面积约 353.1 公顷。因此研究植物耐盐性、选育耐盐新品种是缓解土壤盐渍化、次生盐渍化对农业生产影响的最为经济有效的方法。

在番茄耐盐常规育种工作中,育种专家们一直注重利用野生耐盐番茄类的种质资源,并由此使栽培番茄的耐盐性在很大程度上得到改良。其方法就是将耐盐性强的野生番茄与盐敏感的栽培番茄进行杂交,进而将野生番茄的耐盐性状和栽

培类型的优良综合农艺性状结合在一起,育成耐盐性强的番茄新品种。契斯曼尼小番茄的一个较为有价值特性就是抗盐,利用其野生种中海岸群体的许多基因与栽培番茄进行回交,使杂交种能在70%海水灌溉下生长并结果,这一特性将对今后利用契斯曼尼番茄进行植物耐盐的育种和遗传改良提供了很好的研究材料。

参考文献

[1] Balibrea M E, Cuartero J, Bolarín M C, et al. Sucrolytic activities during fruit development of Lycopersicon genotypes differing in tolerance to salinity [J]. Physiol Plant, 2003, 118(1): 38-46.

[2] Foolad M R, Chen F Q. RAPD markers associated with salt tolerance in an interspecific cross of tomato (Lycopersicon esculentum×L. pennellii) [J]. Plant Cell Rep, 1998, 17(4): 306-312.

[3] Foolad M R. Recent advances in genetics of salt tolerance in tomato [J]. Plant Cell Tissue and Organ Culture, 2004, 76(2): 101-119.

[4] Gatenby AA, Cocking E C. The polypeptide composition of the sub-units of fraction 1 protein in the genus *Lycopersicon* [J]. Plant Science Letters, 1978, 13: 171-176.

[5] Hassan A A, Al-Afifi M A, Matsuda K, et al. Screening for salinity talerance in the genus *Lycopersicon* [J]. Report of the Tomato Genetic Cooperative, 1990, 40: 14.

[6] Monforte A J, Asins M J, Carbonell E A. Salt tolerance in Lycopersicon species, Ⅶ. Pleiotropic action genes controlling earliness on fruit yield [J]. Theor Appl Genet, 1999, 98: 593-601.

[7] Tanksley S D, Ganal M W, Prince P, et al. High density molecular linkage maps of the tomato and potato genomes [J]. Genetics, 1992, 132(4): 1141-1160.

12 多腺番茄
(*Solanum corneliomuelleri*)

12.1 多腺番茄的起源

多腺番茄(2n=2x=24))起源于安第斯山脉西坡(中海拔或高海拔)的中部(利马东部)到秘鲁南部,属于 Rimac 流域高地,主要生长在海拔 3 000 m 处,因而可以经受 2~8℃的低温,偶尔在低海拔(1 000~3 000 m)的山脉斜坡处也发现有多腺番茄的存在,不过主要是河流的支流处。由于利马城(海拔 0~250 m)的存在,许多地区的多腺番茄资源被破坏,但是秘鲁番茄作为杂草可以在城市许多地区被发现。

此前番茄属分类主要采用 Rick(1976,1979)的分类方法,即将番茄属分为 2 个亚群 9 个种,即"普通番茄复合体"和"秘鲁番茄复合体"。其中,普通番茄复合体包括 7 个种:①普通番茄;②醋栗番茄;③契斯曼尼番茄;④多毛番茄;⑤潘那利番茄;⑥克梅留斯基番茄;⑦小花番茄。

秘鲁番茄复合体包括 2 个种:①秘鲁番茄;②智利番茄。

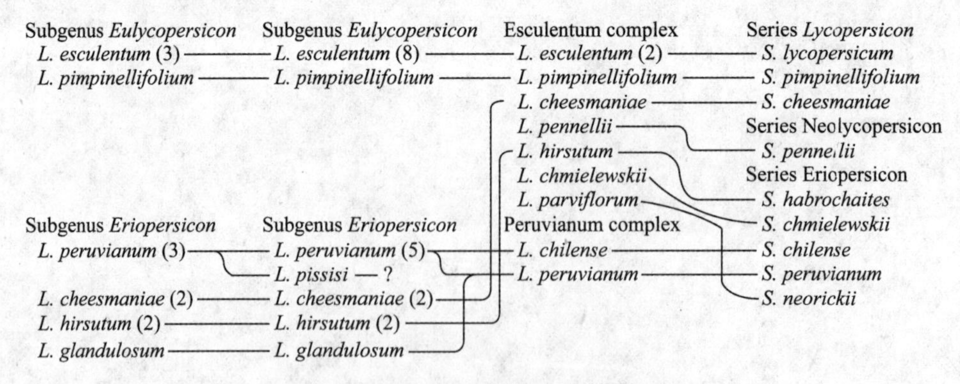

图 12-1 多腺番茄在茄科中的系统发育树

(引自 Peralta & Spoonerm,2001)

据此分类,并未发现多腺番茄的从属,主要是因为 Rick 认为,多腺番茄不是一个独立的种,仅是因高度选择而发生变化的秘鲁番茄的一个生态型。或者说是秘鲁番茄的一个变种,因为它与秘鲁番茄海岸小种交配完全能孕(Rick & Lamm 1955),此观点与 Child 1990 的相同,Peralta 和 Spoone(2001)也根据上述分析绘制了包括多腺番茄的番茄系统发育树,如图 12-1 所示,同样将其置于秘鲁番茄复合体。

12.2　多腺番茄的生物学特性

12.2.1　多腺番茄植物学特征

多腺番茄是多年生木本植物,枝条直立为匍匐状,根基部木质化,与地面积交接处直径为 1 cm,茎干直径约 7～12 mm,为绿色;表面连续着生浓密香毛簇,较粗壮的香毛簇由 5～9 个细胞的腺毛组成,这些腺毛或通过含有 1 个细胞的腺结构突起形成,或偶尔起源于含有 4 个细胞的腺结构。密集着生于茎部的香毛簇在形态、结构和组成上有多种变化。某些细小的香毛簇长度短于 0.5 mm,且比较稀疏;最普遍的腺毛是由 1～2 细胞并带有 4 细胞腺毛头,腺毛中的腺毛头通常呈椭圆状,8 细胞和单细胞的香毛簇带有单细胞的腺毛头情况也是存在的,不过只分散在大量普遍的香毛簇之中。

多腺番茄属于奇数羽状叶,长 3.5～13 cm,宽 1.5～6.5 cm,呈绿色,密集分布着与茎干一样的腺毛,着生更多的腺毛簇,近轴处由约 1 mm 长的腺毛簇形成密集的软毛,沿着叶轴和叶脉,短粗的腺毛簇在靠近叶脉处分布更多,当然在叶片上也存在。叶表面上分布的香毛簇要短于叶脉处和茎干上的。基部叶片有 3～5 对小叶,仅为普通叶的一半,为环状到椭圆状。基部为椭圆状叶片的多腺番茄来自于阿雷基帕(秘鲁一城市)附近,叶片倾斜或下斜至叶轴,叶片边缘呈不规则分裂状,叶片边缘不规则的裂口在叶基部更深些,叶片尖端较圆滑,侧生的叶片长 0.7～3 cm,宽 0.7～2 cm,小叶柄约 1 cm 长,也存在叶柄缺失的情况,叶片固着并下沿至叶轴。次生叶有时会出现于大量侧生叶片和末端叶片之上,次生叶片长 0.1～0.3 cm,宽 0.1～0.3 cm,下延到叶轴上,很少情况发育成三生叶片的;插入叶片 5～10 片,通常 2～4 片居于每片初生叶片,长 0.1～0.6 cm,宽 0.1～0.6 cm,有时带有约 0.3 cm 长短的小叶柄,或者 0.2～1 cm 长的叶柄。有时会出现假托叶,但不会出现在每个结点上,长 0.4～1 cm,宽 0.5～1 cm,边缘为锯齿状,与叶片一样外着腺毛,叉状花序,具苞片和假托叶。果实具有绿色或者深绿色条纹,果实有时为紫红色,味苦含茄碱,如图 12-2 所示。

图 12-2　多腺番茄生态环境及植物学特征

A：生态环境；B：叶片；C：花；D：果实

12.2.2　多腺番茄生长发育习性

1. 种子萌发习性

多腺番茄种子萌发的适宜温度为 25℃，但在低温情况下（低于 10℃），种子也能萌发，只是萌发时间会长一些，如表 12-1 所示。

表 12-1　多腺番茄种子在低温条件下的萌发天数

物　种	编　号	来　源	海拔（m）	1983 年发芽天数	
				10℃	5℃
S. corneliomuelleri	Pl 126444	Rio Canta，Peru	1 700	6	9

2. 植株生长习性

在南美，多腺番茄一般是高纬度专属植物，多生长在 7 000 ft（1 m＝3.28 ft）之上，在低于 3 500 ft 处很少见有多腺番茄生长；植株的生长发育对光照比较敏感，绿色果番茄包括多腺番茄属于短日照植物，在每天超过 18 小时的光照条件下很少开花,每天光照小于12小时开花比较多(Luckwill,1943)。

花朵带有微小的萼筒,长0.05 cm,裂片长为0.3～0.6 cm,宽为0.07～0.15 cm,带有密集的由单一香毛簇长出软毛;花冠半径1.5～2.4(～3.2)cm,为旋转星形,呈艳黄色,雌蕊(花柱)长0.3～0.8 cm;裂片宽0.6～0.9(～1.2)cm,远轴处着生稀疏排列的宽约0.5 cm白色柔软香毛簇,边缘处着生数量较少,香毛簇尖端密集着生柔软突起,开花期时反卷,边缘呈现不规则的波浪状。雄蕊(花药筒)长0.7～1 cm,宽0.3～0.4 cm,弯曲程度较大,花丝长0.5 mm,非成型的统一管状结构;花药长0.45～0.6 cm,半径为0.5 mm,弯曲,在长度1/2至3/4处密集分布腺毛,柱头从雄蕊向外伸出1～2.5 mm;头状花序,果实绿色,种子长1.7～3.0 mm,宽1.2～1.6 mm,厚0.5～0.8 mm,为倒卵型,呈深棕色;浓密地分布着毛状的由侧生种皮细胞壁构成的向外生长的毛,使果实显得光滑或者有时候有些粗糙。在户外条件下,多腺番茄的花期可以从八月一直持续到冬天结霜季节;在冬季,多腺番茄会在不规则的时间段内开花。

12.2.3　多腺番茄园艺学特征

一般情况下,栽培番茄在低于13℃时无法正常座果,低于10℃时即可受到冷害,长时间处于低于6℃时,植株生长受阻甚至出现死亡。不过,多腺番茄可以经受2～8℃低温。多腺番茄与潘那利番茄杂交二代甚至表现出耐霜冻性的特性。通过组织培养技术,可以诱导多腺番茄愈伤组织或再生植株产生有益的抗性。Rzepka-Plevnes(2007)利用多腺番茄体细胞培养生成的再生植株,当愈伤组织在25～100 mM的NaCl条件下,表现出了较强的耐受性。利用ISSR-PCR分子标记技术进行检测,发现在耐盐和非耐盐的愈伤组织之间的遗传组成发生了改变,所以利用组织培养技术可以诱导多腺番茄的遗传变异,从而产生具有优良性状的番茄品系也是一种较好的策略。

多腺番茄具有较强的抗根结线虫能力(Roberts et al 1990),如表12-2所示。研究发现多腺番茄子叶外植体偶尔具有抗根结线虫以及微小根结线虫的能力,从而确定了多腺番茄在番茄抗线虫育种工作中的潜力;同时,多腺番茄对病毒、细菌、真菌、蚜虫等也具有一定抗性(Sotirova et al 1990;Piven et al 1995)。Eddaoudi等(1997)发现多腺番茄还具有抗病毒病的能力。Muniyappa等(1991)发现:8株感染番茄缩叶病毒的多腺番茄有5株表现为敏感,3株表现为轻微感染。除了对多腺番茄进行人工接种进行抗病虫鉴定以外,还可以通过分子生物学方法进行检测。Bendezu(2004)利用正向引物扩增出的保守区以及内含子起始区,利用反向引物扩增出C端丰富的亮氨酸丰富区,在多腺番茄中扩增出抗性位点(Mi)标记的大小为1 kb的DNA片段。

表 12-2 多腺番茄和番茄其他种对不同根结线虫抗性

(引自 Ammati et al 1985)

番茄品种	*M. incognita*		*M. javanica*		*M. arenaria*		*M. hapla*	
	EI	GI	EI	GI	EI	GI	EI	GI
普通番茄								
Rutgers	5. 0a	4. 0a	5. 0a	5. 0a	5. 0a	5. 0a	5. 0a	4. 0a
VFN8	1. 4b	1. 0bc	4. 5ab	2. 5b	4. 0ab	5. 0a	5. 0a	4. 0a
契斯曼尼番茄								
379039	5. 0a	4. 0a	5. 0a	5. 0a	5. 0a	5. 0a	5. 0a	4. 0a
多腺番茄								
126440	2. 8b	0. 9bc	3. 0c	2. 5b	3. 1bc	0. 4b	3. 7bc	1. 8cde
126443	2. 1b	1. 0bc	4. 6ab	0. 0c	1. 3d	0. 8b	3. 7bc	2. 6bcde
小花番茄								
374033	1. 5b	4. 0a	5. 0a	5. 0a	5. 0a	5. 0a	5. 0a	3. 6ab
秘鲁番茄								
129152	1. 7b	1. 7b	3. 5bc	0. 0c	2. 4cd	0. 7b	4. 0ab	2. 1cde
128656	1. 8b	0. 8bc	4. 3abc	0. 4c	2. 3cd	0. 2b	3. 8bc	2. 1cde
126928	2. 3b	0. 0c	4. 8ab	0. 0c	3. 0bc	0. 7b	4. 0ab	2. 9abd
270435	2. 1b	0. 6bc	4. 1abc	0. 0c	2. 3cd	1. 2b	2. 8c	1. 4e
醋栗番茄								
379058	5. 0a	4. 0a	5. 0a	5. 0a	4. 0ab	5. 0a	3. 3bc	1. 6de
390691	5. 0a	4. 0a	5. 0a	5. 0a	4. 0ab	5. 0a	3. 7bc	3. 2abc

注:EI 表示虫卵数量,GI 表示受损指数。

12.3 多腺番茄分子生物学的研究现状

Frankel 等(2003)基于 *Asr* 2 基因对 7 个番茄种和类番茄茄进行系统进化分析。结果表明:多腺番茄与智利番茄的亲缘关系最近,如图 12-3 所示。除此之外,利用各种分子标记方法,为多腺番茄进一步准确划分提供了保证。

Zhao et al(2006)利用 RAPD 技术,分析了多腺番茄和其他番茄近缘野生种的亲缘关系,如表 12-3 所示,可以发现:秘鲁番茄与克梅留斯基番茄、小花番茄和类

番茄茄的遗传距离分别为 0.278、0.392 和 0.399。Brasileiro-Vidal et al(2009)对多腺番茄的染色体结构进行了绘制,如图 12-4 所示。

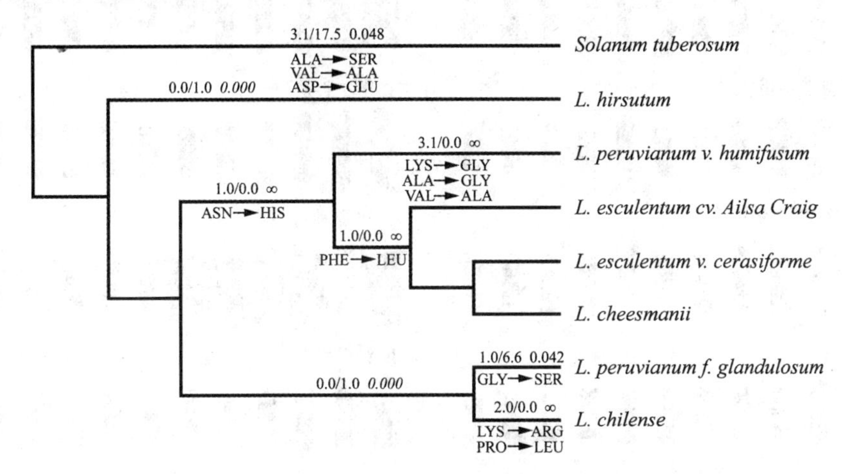

图 12-3 利用 *Asr* 2 基因绘制系统进化树

(引自 Frankel et al 2003)

表 12-3 多腺番茄与其他番茄野生种的遗传距离

(引自 Zhao et al 2006)

Species	*L. hirs*	*L. peru*	*L. pimp*	*L. penn*	*L. chil*	*L. chee*	*L. glan*	*L. chmi*	*L. parv*	*L. escu*	*S. lyco*
L. hirs	0.032										
L. peru	0.213	0.151									
L. pimp	0.261	0.224	0.099								
L. penn	0.324	0.317	0.337	0.061							
L. chil	0.220	0.188	0.219	0.335	0.088						
L. chee	0.273	0.252	0.191	0.308	0.222	0.050					
L. glan	0.208	0.199	0.226	0.305	0.191	0.254	0.040				
L. chmi	0.252	0.255	0.256	0.388	0.225	0.274	0.278	0.086			
L. parv	0.373	0.368	0.341	0.498	0.375	0.303	0.392	0.283	0.060		
L. escu	0.306	0.325	0.308	0.448	0.321	0.314	0.308	0.271	0.300	0.181	
S. lyco	0.361	0.333	0.341	0.374	0.304	0.364	0.339	0.343	0.406	0.365	0.043

L. hirs—*L. hirsutum*(多毛番茄);*L. Peru*—*L. peruvianum*(秘鲁番茄);*L. pimp*—*L. pimpinelliolium*(醋栗番茄);*L. penn*—*L. pennellii*(潘那利番茄);*L. chil*—*L. chilense*(智利番茄);*L. chee*—*L. cheesmanii*(契斯曼尼番茄);*L. glan*—*L. glandulosum*(多腺番茄);*L. chmi*—*L. chmielewskii*(克梅留斯基番茄);*L. parv*—*L. parvi forum*(小花番茄);*L. escu*—*L. esculemum*(普通番茄);*S. lyco*—*S. lycopersicoides*(类番茄茄)。

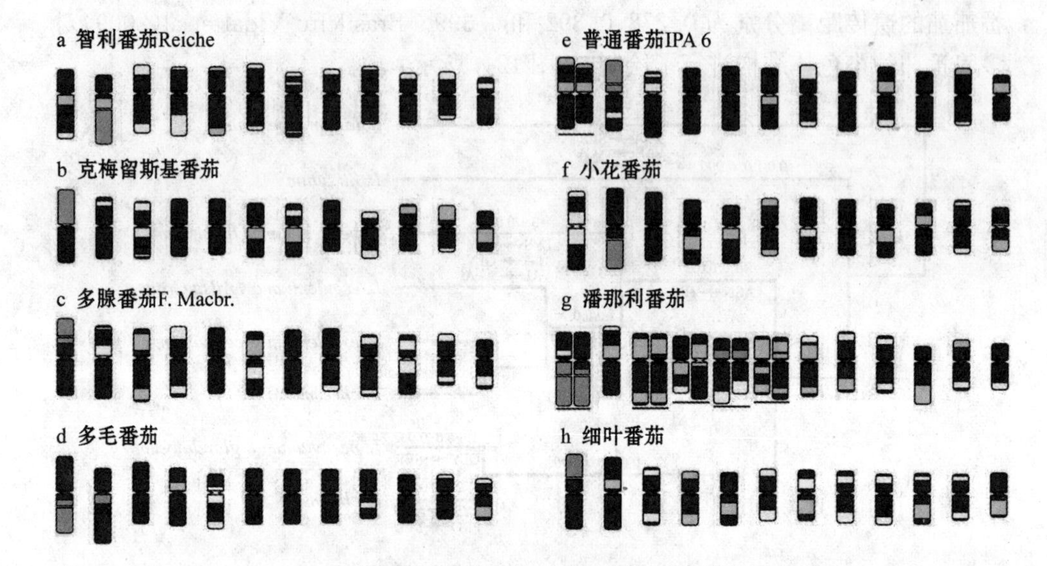

图 12-4 多腺番茄与其他 7 个番茄种的染色体形态和 CMA＋片段的分布

（引自 Brasileiro-Vidal et al，2009）

其中深色区域用黄色表示；浅色区域用白色表示；5S 用红色表示；45S 用绿色表示

12.4 多腺番茄在番茄遗传改良中的应用

多腺番茄拥有许多优良特征可以用于番茄遗传改良，不过利用传统的有性杂交进行遗传物质向栽培番茄转移时却表现出杂交不亲和，尽管可以通过胚培或胚拯救方法加以克服，不过母本的选择在很大程度上会影响到成功进行胚培养的效果（Imanishi 1988；Wu 等 2000）。Poysa（1990）利用胚培养方法提高了多腺番茄与秘鲁番茄的杂交亲和性。同时，也可以通过原生质体融合技术获得多腺番茄的再生植株。Pindel 等（1998）对多腺番茄进行叶肉细胞原生质体培养，获得了再生植株。

尽管多腺番茄与栽培种番茄进行杂交时存在不同程度的杂交不亲和性，不过其不亲和程度还不及栽培番茄与潘那利番茄或茄属类番茄茄的不亲和程度。麦克阿瑟和奇埃迅曾报道秘鲁番茄与多腺番茄、栽培番茄和多毛番茄、栽培番茄和秘鲁番茄只有部分组合杂交成功，其中多腺番茄与秘鲁番茄的亲和程度远远高于与栽培种番茄的亲和程度，说明其与秘鲁番茄的亲缘关系要比栽培番茄近。

因而，拟利用多腺番茄对栽培番茄进行遗传改良，首先要克服其与栽培种番茄的杂交不亲和及杂种后代不育的障碍，要解决这一难题，胚培养或胚拯救是目前利

用最多也是最有效的方法之一。多腺番茄在土壤温度高达 30℃时,对根结线虫仍具有很强的抗性,Cap 等(1991)通过胚性愈伤组织培养或胚克隆技术克服了杂交不亲合的障碍。另外,也可以通过秋水仙素进行人工诱导,获得多腺番茄与栽培种番茄杂交后代的异源多倍体,以增加其变异的多样性(Cheng et al 2004)。除此之外,还可以利用“种间桥”的方法,克服多腺番茄与栽培种间杂交不亲合性的障碍(Poysa 1990)。

可见,多腺番茄在番茄抗病毒、抗根结线虫和耐盐方面对番茄进行遗传改良具有重要的应用价值,用传统的有性或体细胞杂交具有一定的生殖或存活障碍;不过,随着分子生物学和基因工程技术的发展,为利用多腺番茄对番茄进行遗传改良做了必要的技术准备,对以后番茄种质创新和新品种的培育具有很好的应用前景。

参考文献

[1] Bendezu IF. Detection of the tomato M1 1.2 gene by PCR using non-organic DNA purification [J]. 2004, 34(1): 23-30.

[2] Brasileiro-Vidal A C, Melo-Oliveira M B, Carvalheira G M G, et al. Different chromatin fractions of tomato (*Solanum lycopersicum* L.) and related species [J]. Micron, 2009, 40: 851-859.

[3] Cap G B, Roberts P A, Thomason I J, et al. Embryo culture of *Lycopersicon-esculentum* X L Peruvianum hybrid genotypes possessing Heat-stable resistance to meloidogyne-incognita [J]. Journal of the American society for hotivultura science, 1991, 116(6): 1082-1088.

[4] Cheng YJ, Wu DH, Wang GP. Generation of allopolyploids *Lycopersicon-Solanum lycopersicoides* [J]. Journal of South China Agricultural University, 2004, 25(3): 123-124.

[5] Child, A. A synopsis of *Solanum* subgenus *Potatoe* (G. Don) D'Arcy [*Tuberarium* (Dun.) Bitter (s. l.)] [J]. Feddes Repert, 1990, 101: 209-235.

[6] Frankel N, Hasson E, Iusem N D et al. Adaptive Evolution of the Water Stress-Induced Gene *Asr* 2 in *Lycopersicon* Species Dwelling in Arid Habitats [J]. Mol Biol Evol, 2003, 20(12): 1955-1962.

[7] Luckwill L C. The genus *Lycopersicon* [J]. Aberd. Univ. Stud, 1943, 20: 120.

[8] Müller C H. A revision of the genus *Lycopersicon* [J]. U S D A Misc Publ, 1940, 382: 1-28.

[9] Muniyappa V, Jalikop S H, Saikia A K, et al. Shivashankar A. Bhat IRamappa H K. Reaction of *Lycopersicon* cultivars and wild accessions to tomato leaf curl virus. Euphytica, 1991, 56: 37-41.

[10] Peralta I E, Spooner D M. Granule-bound starch synthase (GBSSI) gene phylogeny of

wild tomatoes (*Solanum* L. section *Lycopersicon* [Mill.] wettst. Subsection *Lycopersicon*) [J]. American Journal of Botany, 2001, 88(10): 1888-1902.

[11] Poysa V. The development of bridge lines for interspecific gene transfer between *Lycopersicon esculentum* and *L. peruvianum* [J]. Theor Appl Genet, 1990, 79: 187-192.

[12] Pindel A, Lech M, Miczynski K. Regeneration of leaf mesophyll protoplasts from *Lycopersicon glandulosum*, *L-peruvianum* and *L-esculentum* Stevens × Rodade hybrid [J]. Acta biologica cracoviensia series botanica, 1998, 40: 41-46.

[13] Piven N M, Deuzcatebui R C, Infante D. Resistance to tomato yellow mosaic-virus in species of Lycopersicon [J]. Plant disease, 1995, 79(6): 590-594.

[14] Rick C M, Lamm R. Biosystematic Studies on the Status of *Lycopersicon chilense* [J]. Botanical Society of America, 1955: 663.

[15] Rzepka-Plevnes D, Kulpa D, Smolik M, et al. Somaclonal variation in tomato *L-pennelli* and *L-peruvianum f. glandulosum* characterized in respect to salt tolerance [J]. Journal of food agriculture environment, 2007, 5(2): 194-201.

[16] Roberts P A, Dalmasso A, Cap G B. Castagnone-Sereno P. Resistance in *Lycopersicon peruvianum* to isolates of *Mi* gene-compatible *Meloidogyne* populations [J]. Plant genetics and breeding, 1990, 22(4): 585-589.

[17] Sotirova V, Rodeva R. Sources of resistance in tomato to septoria-lycopersici speg [J]. Archiv fur phytopathologie and pflanzenschutz-archives of phytopathology and plant protection, 1990, 26(5): 469-471.

[18] Zhao L X, Li J F, Chai Y R, et al. Investigation on genetic relationship and cross compatibility of *S. lycopersicoides* and *Lycopersicon* [J]. Pakistan Journal of Biological Sciences, 9(6): 1160-1168.

13 类番茄茄
(*Solanum lycopersicoides*)

13.1 类番茄茄的起源

类番茄茄($2n=2x=24$)在植物学上分类属于茄科茄属，*Pachystemon* 亚属 *Tuberariu* 组 *Hyperbasarthrum* 亚组 *Juglandifolia* 系列，最近被划归于茄属番茄组(Peralta et al 2001)。

类番茄茄起源于南美，在智利—秘鲁(Chile-Peru)边境安第斯山脉西麓有广泛分布，多生长在海拔 3 000 m 以上高山，甚至在海拔 3 600 m 的高山也发现有类番茄茄(LA2408:3 450 m,LA1964:3 250 m)生长；类番茄茄是茄属番茄组中所处海拔较高的种，其生长环境经常伴随有极端低温和霜冻，因而其耐冷性一般优于番茄属(此前 *Lycopersicon*)的其他种(Chetelat et al 1997)。

13.2 类番茄茄的生物学特性

13.2.1 类番茄茄植物学特征

类番茄茄植株直立，属于小灌木。奇数羽状复叶，小叶 9～13 枚，叶缘锯齿状；其状酷似菊科(*Compositae*)的茼蒿(*Chrysanthemum coronarium* Linn)，与番茄属智利番茄相似；叶片面积为：叶长×叶宽$=15.13\times13.05$ cm^2，比普通番茄(叶长×叶宽$=28.07\times25.78$ cm^2)和多毛番茄(叶长×叶宽$=34.97\times30.58$ cm^2)的面积小，而略大于原 *Lycopersicon* 属的其他 7 个野生种均值(叶长×叶宽$=14.54\times11.68$ cm^2)；叶形指数(叶长/叶宽)为 1.16，居于普通番茄(1.09)和番茄野生种(1.24)之间；观察类番茄茄叶片的显微结构发现，其表皮细胞为不规则形，与原番茄属各个种无差异；外被表皮毛和腺毛；气孔形状也与原番茄属相同，两个附卫细胞为“肾形”，下表皮气孔(介于 90～160 个/mm^2 间，平均为 129 个/mm^2)多于上表皮(介于 49～76 个/mm²,平均为 66 个/mm²)。

叶片震动有特殊浓郁芳香气味,气味与番茄其他野生种如秘鲁番茄、智利番茄、多毛番茄、多腺番茄不同,也许与类番茄茄抗虫特性有关,如图 13-1 所示。

图 13-1 类番茄茄生态环境与植物学特征

A:生态环境;B:叶片;C:花;D:果实

类番茄茄系复总状花序,花瓣为艳黄色,花药为白色,5 枚花药不侧连,顶颈可育,顶裂,这一特征与番茄所有野生种不同,也是此前将其归入茄属的依据;花柱呈绿色,长为 1.013～1.018 cm,属柱头外露长花柱类型,这一特征与番茄大多数野生种相同。类番茄茄的花柱因 5 枚花瓣叠抱紧密而弯曲,随着时间的推移,弯曲现象会消失,这一特征与潘那利番茄因 5 枚花药长度不同导致花柱弯曲的原因不同;类番茄茄单侧"三角铲"状柱头明显不同于番茄及其野生种的头状柱头。

扫描电镜下观察类番茄茄花粉,其表面超微结构与番茄的其他野生种相同,形状也近圆形,具三孔沟,NPC(萌发孔 N:数目,P:位置和 C:特征)=345(Erdtman 1978);花粉直径均值为 31.228 μm(27.233～32.356 μm),显著($p=0.01$)大于番茄野生种的平均花粉直径 18.219 μm(介于 15.041～21.052 μm),是后者的 1.714 倍。

表 13-1 茄属番茄组部分种花粉直径差异显著性检验[a]

材 料	花粉直径(μm)	差异显著性	
		0.05	0.01
类番茄茄	31.228	a	A
多毛番茄	21.050	b	B
潘那利番茄	20.735	b	B
普通番茄	18.566	c	C
秘鲁番茄	15.704	d	D
智利番茄	15.041	d	D

a:表中数字为 100 个花粉粒的均值。

类番茄茄粗线期染色体总长度约是栽培番茄的 1.5 倍(Menzel 1962),两者花粉大小比例一致。

表 13-2 粗线期染色体片段长度(μm±S. E.)普通番茄(cv. Pearson)和类番茄茄

染色体	左 臂		右 臂		总长[a]	总数[b]
	近端	近基	近基	近端		
[c,d] Ⅰ *L. escu.*	4.2±0.16	4.1±0.21	4.9±0.20	22.0±1.15	35.2±1.37	19
Ⅰ *S. lyco.*	6.7±0.76	5.4±0.50	6.4±0.69	31.3±2.08	49.8±3.88	12
Ⅱ *L. escu.*	—	5.0±0.32	3.7±0.65	26.2±1.96	35.0±2.01	15
Ⅱ *S. lyco.*	—	7.4±0.50	6.2±0.68	29.9±2.97	43.5±3.08	10
Ⅲ *L. escu.*	7.0±0.37	1.1±0.08	5.0±0.23	19.0±1.61	32.1±1.69	11
Ⅲ *S. lyco.*	12.1±0.73	2.3±0.27	8.5±0.58	19.1±1.40	42.0±1.75	13
Ⅳ *L. escu.*	7.1±0.55	0.9±0.11	5.1±0.25	14.6±0.99	27.7±0.88	13
Ⅳ *S. lyco.*	10.6±0.89	2.7±0.34	10.8±0.31	21.0±1.53	45.0±1.41	15
Ⅴ *L. escu.*	8.4±1.77	4.0±0.29	4.4±0.25	11.4±1.02	28.2±1.78	14
Ⅴ *S. lyco.*	11.9±1.39	5.8±0.37	6.8±0.47	14.9±1.10	39.4±1.98	16
Ⅵ *L. escu.*	3.2±1.00	1.2±0.10	3.0±0.21	14.5±1.14	21.9±1.31	16
Ⅵ *S. lyco.*	5.6±0.22	2.6±0.27	4.1±0.41	20.0±2.19	32.4±2.46	11
Ⅶ *L. escu.*	4.8±0.51	2.1±0.31	4.3±0.20	11.7±0.59	22.9±0.94	12
Ⅶ *S. lyco.*	6.1±0.56	2.7±0.30	6.4±0.55	18.2±1.61	23.4±1.95	14
Ⅷ *L. escu.*	3.7±0.35	1.4±0.20	4.1±0.23	11.5±1.21	20.7±1.38	11
Ⅷ *S. lyco.*	6.4±0.43	1.5±0.15	7.3±0.60	17.0±1.13	32.2±1.40	17
Ⅸ *L. escu.*	5.6±0.38	2.4±0.16	4.9±0.38	10.5±1.28	23.4±0.20	10
Ⅸ *S. lyco.*	9.0±0.46	3.8±0.57	12.8±0.78	9.0±1.00	34.8±1.69	11

（续表）

染色体	左 臂		右 臂		总长[a]	总数[b]
	近端	近基	近基	近端		
Ⅹ*L. escu.*	3.6±0.25	3.2±0.25	6.1±0.41	6.5±0.42	19.4±0.88	12
Ⅹ*S. lyco.*	6.5±0.55	9.2±0.84	6.5±0.79	15.9±1.95	38.1±1.86	12
Ⅺ*L. escu.*	6.1±0.38	3.8±0.24	4.1±0.19	6.3±0.31	20.3±0.55	19
Ⅺ*S. lyco.*	8.6±0.68	4.6±0.46	6.2±0.62	10.8±0.65	30.2±1.19	12
Ⅻ*L. escu.*	4.1±0.27	3.7±0.15	4.3±0.26	5.2±0.30	17.4±0.77	19
Ⅻ*S. lyco.*	5.6±0.50	7.9±0.66	8.5±0.70	7.2±0.52	29.3±1.58	14

a：染色体总长度；b：测量2价体的数目；c：表中的罗马字为染色体的序号（依Barton系统）；d：*L. escu.* ＝*S. lycopersicum*，*S. lyco.* ＝*S. lycopersicoides*（引自Menzel 1962）。

类番茄茄果实成熟前是绿色坚硬小浆果，成熟果实因果皮细胞中富含花青素而呈黑色，直径均值为1.159 cm。

与番茄相比，类番茄茄种子从外观上来看更像茄子，大小介于普通番茄和某些番茄野生种如多毛番茄和潘那利番茄之间，与番茄某些野生种多腺番茄、细叶番茄相近。类番茄茄种子厚度为0.057 cm（0.040～0.074 cm），长径0.256 cm（0.332～0.216 cm），短径为0.201 cm（0.172～0.248 cm）。种子形态和颜色在不同材料间存在差异，除LA2951种子浅褐色和外被短毛外，其余的如LA1990、LA2386、LA2730、LA2776均为黑褐色，光滑无毛。

表13-3 类番茄茄种子形态指标观测结果[a,c]

供试材料	种子颜色	附属物	厚度(cm)	长径(cm)	短径(cm)
LA1990	深褐	无	0.058	0.251	0.203
LA2386	深褐	无	0.060	0.233	0.194
LA2730	深褐	无	0.057	0.239	0.194
LA2776	深褐	无	0.056	0.271	0.210
LA2951	浅褐	有毛	0.056	0.284	0.203
L 402[b]	浅褐	有毛	0.072	0.344	0.255

a：表中数字系30次测量结果均值；b：参照品种（*S. lycopersicum*）；c：引自赵凌侠博士论文（2000）。

13.2.2 类番茄茄生长发育习性

1. 种子萌发习性

常规播种类番茄茄种子不能萌发。作者曾于1998年对5份类番茄茄材料（LA1990、LA2386、LA2730、LA2776和LA2951）和原番茄属的9个种的43份材

料发芽进行了研究。类番茄茄在常规播种和正常管理条件下不能发芽,契斯曼尼和潘那利发芽也存在障碍,番茄其余的 7 个种发芽顺利(1998. 3～1998. 8),作者认为可能是由于种子吸水障碍所致。

据 Rick 的个人通信介绍,克服类番茄茄和番茄属种子发芽障碍可以用稀硫酸等化学物质处理,但缺乏安全性;以"巴拉圭"海龟内脏处理最有效,不过这种海龟内脏得之并非易事,同时从卫生学角度考虑也很不雅,其应用有局限性。用 50%市售的次氯酸(HClO)溶液处理类番茄茄种子 30 min 和原番茄属(*Lycopersicon*)发芽有障碍的种子 10 min,尽管种皮由褐变白,流水冲洗 2～4 h 后,种子像剥皮的"软蛋"一样令人担心它的生命力,但实践证明,这种担心是多余的,种子的发芽率均在 90%以上。同时,还发现用这种方法处理的种子,在植株生育后期并未表现出不良影响。

为了进一步勘定用次氯酸(HClO)处理番茄种子时间,作者设计了 3 个处理时间水平,分别为 10 min、20 min 和 30 min,用 50%次氯酸处理发芽无障碍的栽培养茄属番茄 L402 种子,结果显示随着处理时间延长,种子发芽有提早趋势,而且在整个幼苗生长期(7～8 片真叶),处理间并未发现差异。可见,用次氯酸处理番茄及近缘野生种的种子,对解决发芽障碍问题是行之有效的方法,一般用 50%市售的次氯酸处理类番茄茄种子 30 min 和有发芽障碍的番茄野生种的种子 10 min,种子发芽障碍这一难题便迎刃而解。不过,番茄及近缘野生种的种子大小、种皮厚度和革质化等方面存在差异,最佳处理条件最好通过预实验进行确定。

2. 根系生长习性

幼苗期,类番茄茄与普通番茄及番茄野生种相比,在生长发育方面存在差异,一般生长较慢。为了探究产生这一现象的原因,作者对类番茄茄苗期叶片和根系生长情况进行研究。发现在出苗后 20 天(1999. 8 上旬)分苗时,类番茄茄真叶虽然已有 3～4 片展开,而根仅有 1～2 条,多为 1 条主根,鲜见或无侧根;而作为参照的普通番茄"早粉 2 号"和番茄"L 402"真叶虽仅有 2 片(多数尚有 1 片未全展开),而根却有 3～5 条,多为 3 条。可见,导致类番茄茄在幼苗期生长缓慢可能与根系发育慢、营养吸收受限有关;产生这一现象的原因是由于类番茄茄"基因型",还是哈尔滨夏季高温季节不适于类番茄茄生长有待进一步研究。不过,可以得出对类番茄茄栽培有宜的结论,夏季高温季节类番茄茄的幼苗养育不宜早分苗。

3. 植株生长习性

类番茄茄植株蔓生,属无限生长类型;前期生长缓慢,而在生育中、后期生长势旺盛,即便是在哈尔滨秋季低温、弱光条件下,其分枝性也显著比番茄及其野生种强。

4. 开花结果习性

类番茄茄属短日作物，需要一定的日照长度（哈尔滨地区春天播种，10 月中下旬开花）和一定的植株大小（8 月份播种 12 月 9 日开花）。为了更准确地确认类番茄茄接受短日反应时间，作者根据类番茄茄在哈尔滨市开花时间和该地区日照长度，对类番茄茄接受短日反应时间进行了推算。根据我们实验的观察结果，类番茄茄的始花期和终花期分别为 10 月中下旬和次年的 5 月上中旬，番茄从花芽分化到开花所需时间为 30 天左右，以此推算类番茄茄的接受（或不接受）短日反应时间，开始（或停止）花芽分化的时间为 9 月中下旬和 4 月上中间，根据如图 13-2 所示的哈尔滨市平均日照图，分别为 12.50 h 和 13.00 h，均值为 12.75 h；因此，可以认为类番茄茄接受日长反应的临界值约为 12.75 h。根据这一结果，可以推断不同纬度或地区类番茄茄开花时期，从而来确定其最佳播种和栽培时期。

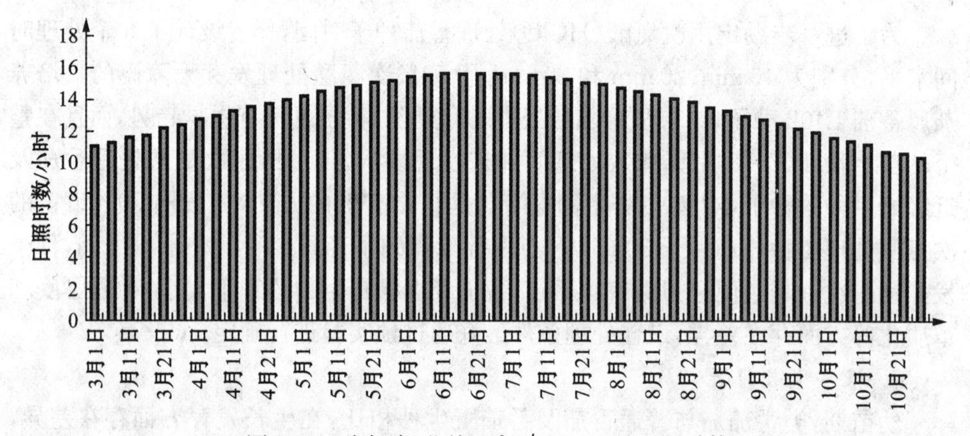

图 13-2 哈尔滨（北纬 45°46′）3～10 月日照时数

类番茄茄第一花序着生高度平均为 17 节，第一开花节位多在 21～24 节（因落花）；每个复总状花序平均 46 朵花（有的多达 120 朵），约是栽培番茄的 8 倍，而在不同类番茄茄材料间无明显差异。

类番茄茄一般清晨 4:00～7:00 时开花，每序每天开花 1～6 朵，有“大小天”现象，与果树结果“大小年”习性相仿；单花花期 5～6 天，活体植株花粉寿命 4 天（当日花粉活力为 94.50%，第 4 天为 1.44%）。类番茄茄花有“昼开夜闭”习性，番茄及其野生种中未观察到该现象。类番茄茄自花授粉不结实（属于自交不亲和），株间交的结果率冬季为 4%～5%，春季为 15%～17%。

13.2.3 类番茄茄向普通番茄基因渗入

类番茄茄是茄属中唯一可以直接与番茄进行有性杂交的种（*S. sitiens* 与番茄

杂交是借助番茄与类番茄茄的F1SL“桥梁”而实现的),并且由于其优良的抗病、抗虫和耐冷特性而被许多番茄育种家所关注(Rick 1951,Chetelat et al 1997)。

1. 有性途径

1) 属间有性杂种(F_1LS)首次获得

类番茄茄与番茄有性杂交研究始于20世纪50年代,Rick(1951)以番茄(cv. Pearon)作母本与类番茄茄(No. 30382)杂交,通过胚拯救方法首次成功地获得了属间有性杂种(F_1LS)。Rick调查了F_1LS的25个性状,结果显示,番茄在日长反应、花香味和花萼长度3个性状上表现为显性;类番茄茄在白花药等5个主要性状表现为显性;其余的17性状呈现出2个亲本中间类型,只是更倾向于类番茄茄而已。尽管属间杂种F_1LS(目前应称为属内杂种)比获得原番茄属内杂种(*L. esculentum*×*L. peruvianum* (L.) Mill)还容易;不过,F_1LS高度雄性不育(花粉活力为0.5%)和对番茄花粉的单侧不亲和,使从有性途径利用类番茄茄对番茄进行改良的愿望遇到了严峻挑战,直到80年代中期类番茄茄与番茄有性杂交研究才取得了一些进展(Rick 1986)。

类番茄茄与番茄F_1杂种基因组水平的重组率与番茄的相比,降低约27%(Chetelat et al 2000),倒位可能是导致重组率下降的部分原因,由于基因型异质材料在该倒位区重组完全被抑制;2个亲本物种的整个基因组间过多的序列差异性也可能是一个重要原因。用基因组原位杂交技术,很容易区分番茄与类番茄茄基因组间差异,甚至还检测到了它们在一些重复序列的拷贝数和/或位置上的差异(Ji et al 2004);同时研究还发现,两者在染色体大小以及收缩时间上也表现出差别。不过,异源4倍体杂种显示出了同源染色体之间配对的偏好性,可以形成完全的二价体,随后的育性也比异源二倍体杂种要高得多;这些结果均表明类番茄茄或里基茄基因组与栽培番茄的基因组间是部分同源的。

2) 倍半二倍体(SQDs)和单体外源添加系($MAAL_S$)获得

为了用类番茄茄对番茄进行遗传改良成为现实,Rick(1986)用0.2%的秋水仙素处理属间杂种F_1LS[番茄(cv. UC82B)×类番茄茄(LA1964)]腋芽,使之形成异源四倍体(LLSS),再用番茄cv. VF36)回交,首次获得了一株倍半二倍体SQDs(Sesqudiploid)8619-1(包括了番茄2套染色体和类番茄茄的1套染色体,LLS),花粉活力达10%以上(Rick 1986),番茄(LL)与属间异源四倍体杂种(LLSS)的回交成功,给通过有性途径利用类番茄茄带来了曙光。

Deverna(1987)用潘那利番茄(LA716)花粉给上述的SQDs授粉获得了24株三体(2n+1)(带1条类番茄茄染色体),包括形态迥异的9种类型,说明已得到了类番茄茄12个单体添加系中的9个。Chelelat(1998)用番茄(cv. UC82B)×潘那利番茄(*L. pennellii* LA716)的回交衍生物(LP)给SQDs授粉,后代中三体(2n+1)的比率高达31%，获得到了番茄背景下的全部12个类番茄茄单体外源添加系MAALs(Monosomic Alien Addition Lines，MAALS)。

3）二倍体水平回交的成功

借助SQDs和潘那利番茄，实现了类番茄茄和番茄间的遗传物质的转移或基因渗入。不过，SQDs育性低和单侧不亲合，MAALs因不同染色体间转移比率的差异[0(染色体6)～24%(染色体10)]难以获得和难以保存等原因，采用SQDs和MAALs手段实现类番茄茄向番茄基因渗入和进行遗传改良仍存在程序繁琐、操作性差的缺陷(chetelat1989，1997，1998)，因而通过二倍体水平属间杂交实现远缘优良基因渗入仍是人们所梦寐以求的。

Chelelat(1989)用潘那利番茄(LA716)及其与番茄(cv. UC82B)杂交衍生物(PP、F_1LP、BC_1LP)给F_1LS授粉得到的BC_1LS花粉育性为0～66%，用番茄(LL)回交得到的BC_2LS在田间大部分可以结果，标志着以潘那利番茄及其与番茄杂交衍生物作中间系，番茄(LL)与F_1LS在二倍体水平的回交已取得了成功。

Chelelat(1997)通过番茄(cv. VF36)与类番茄茄(LA2951)杂交，用胚拯救方法得到了一株F_1LS(90L4178—1)，花粉活力高达27%(S. E=3.61)，比以往任何一个F_1LS都高(cv. UC82B×LA1964：花粉活力=1.0%；cv. UC82B×LA2408：花粉活力=1.7%)。用cv. VF36作母本与属间杂种F_1LS回交得到了可育的BC_1，其中有55株BC_1与cv. VF36回交得到了BC_2种子，3株自交得到了BC_1F_2的种子。这是首次不经过中间系，实现了F_1LS与番茄在二倍体水平的直接回交，也是第一次跨越胚拯救方法获得了BC_1世代。

2. 无性途径

20世纪70年代初兴起的化学或电场诱导原生质体融合的体细胞杂交技术，作为绕过属、种间有性杂交障碍实现远缘物种间遗传物质转移的很有效方法，在许多作物中得到了广泛应用。这一阶段，番茄与类番茄茄原生质体融合的研究也很活跃，从融合技术来看，番茄和类番茄茄体细胞杂交经历了化学诱导和电场诱导两个阶段。

1）化学(PEG)诱导融合

Handley等(1986)用化学诱导方法实现了番茄(cv. Sub Artic Maxi)叶肉原生质体与类番茄茄(LA1990)悬浮培养原生质体的融合，首次获得了这两个种的体细胞杂种(2n=4x=48－68)。Guri等(1991)用化学诱导方法，获得了番茄(cv. VF36)和潘那利番茄(LA716)种间杂交种(EP)的叶肉原生质体与类番茄茄(LA1990)愈伤组织原生质体融合，获得了包含三个亲本遗传物质的体细胞杂种。McCabe等(1993)用不同剂量的^{60}Co射线(50、100、200-Gy)照射EP叶肉原生质体(目的是：破坏供体中染色体，减少其DNA的转移量)，然后再与类番茄茄

(LA1990)愈伤组织原生质化学诱导融合,也获得了包括三个融合亲本的非对称体细胞杂种。无性杂种的属性通过形态观察和同功酶分析得到了确认,不过体细胞杂种花粉育性低,无论是自交还是与融合亲本回交均无法得到成熟的种子。

2) 电场诱导融合

化学诱导创造的体细胞杂种花粉育性低,番茄育种家对利用该技术对番茄进行遗传改良渐渐的失去了兴趣,而后来发展起来的电场诱导融合技术使体细胞杂种育性得到了改善,独具魅力。

用电场诱导融合技术,Hossain 等(1994)用番茄(cv. Ohgata Zuijo),Matsumoto 等(1997)用番茄(cv. Eary Pink)×*S. peruvianum*. var. *humifusm*(LA2153)有性杂种分别与类番茄茄(LA2386)实现了叶肉原生质体的融合,并分别获得了包含 2 个和 3 个亲本遗传物质的体细胞杂种。用同工酶和 RAPD 技术确认了杂种的属性,所产生的 4 倍体和 6 倍体体细胞杂种花粉育性高达 42%~82%,自交、株间交以及与番茄回交均能得到具有活力的种子。

用有性和无性杂交手段均成功获得了类番茄茄和番茄属间可育杂种,使类番茄茄向番茄属间基因渗入成为可能,该成果对用类番茄茄改良番茄具有划时代意义,也是类番茄茄研究过程中的一个里程碑,为进一步研究利用类番茄茄对番茄进行遗传改良奠定了坚实基础。

13.2.4 类番茄茄园艺学特征

1. *类番茄茄耐冷性*

类番茄茄多生长于海拔 3 000 m 以上的高山,使之对低温有较好的耐性,甚至可以忍耐暂时的霜冻。类番茄茄(LA2386)即使在−1.25~5.3℃的温度条件下也可以正常开花、结果,而作为参照的栽培番茄(番茄 cv. Ohgata Zuiko)全部冻死无一株幸免。两者体细胞杂种对低温的耐性居于融合亲本之间,两者有性杂种(F_1LS)的耐冷性接近于野生亲本类番茄茄(LA1990)(Hossain et al 1994, Matsumoto et al 1997)。类番茄茄的耐冷性比原番茄属中较耐冷的多毛番茄还强;不过,研究显示低温胁迫下的细胞膜伤害率不同类番茄茄材料间存在显著差异,因此用类番茄茄对番茄耐冷性改良时应注重材料的选择。

2. *类番茄茄抗病虫特性*

类番茄茄不仅是番茄耐冷改良的稀有资源,同时其还为高抗黄花叶病毒(cucumber mosaic virus, CMV)(CMV 对番茄危害严重,目前缺乏或罕见高抗 CMV 育种材料);同时,类番茄茄对烟草花叶病毒、镰刀菌枯萎病(*Fusarium. oxysporum* f. sp. *lycopersici*)、细菌溃疡病(*Clavibacter michi-ganensis* ssp. *Michiganensis*, H. Bbolkan, pers. comm.)、疫病(*Phytophthora parasitica*)和灰霉病(*Botrytis cinerea*)也表现出较强的抗性或耐性(Chetelat 1997)。作者最近研究了类番茄茄(LA1990、LA2386、LA2730、LA2776 和 LA2951)对叶霉菌(*Cladosporium fulvum* Cooke)、CMV(Cucumber Mosaic Virus)和 TMV(Tobacco Mosaic Virus)的抗性,结果表明类番茄茄对叶霉菌(1. 2. 3 小种)表现出高抗或免疫,并且高抗 CMV(重花叶株系)和 TMV(1 株系)。

类番茄茄叶片还富含叶碱,使之免遭潜叶蝇(*Liriomyza trifolii*)和鳞翅目昆虫的侵害。作者在 1998 年秋实验中也观察到了在相同栽培环境条件下,类番茄茄和番茄所受潜叶蝇侵害存在较大差异。

最近,Davis 等(2009)在类番茄茄中发现了 4 个抗灰葡萄孢(*Botrytis cinerea* Pres. ex Fr.)QTL,其中 1 个主要与抗性有关的 QTL 被定位于染色体 1 的长臂,而将 1 个与灰葡萄孢感病 QTL 被定位于染色体 11;为今后番茄或其他植物抗灰霉病育种、分子标记辅助育种和靶基因克隆奠定了基础。

13.3 类番茄茄分子生物学的研究现状

截至 2006 年 12 月,以类番茄茄为材料所克隆的完整基因共有 5 条:*SlVe1*(AY262016,3 400 bp)、*SlVe2*(AY282580,3 655 bp)、5. 8*S rRNA*(AJ300212,651 bp)、*cf9-4*(未发表,2 571 bp)、*hcr2-5*(未发表,2 193 bp)。其中,*SlVe1*、*cf9-4* 和 *hcr2-5* 通过农杆菌介导法转化番茄(*S. lycopersicum* cv. Zhaofen No. 2),所获得转基因番茄粗蛋白提取液分别对致番茄黄萎病的大丽轮枝菌(*Verticillum dahliae* Kleb)和导致番茄叶霉病的黄枝孢菌(*Cladosporium fulvum* Cooke)有较强的抑制作用,有望通过转基因途径实现类番茄茄向番茄基因渗入和对番茄进行遗传改良。除此之外,以类番茄茄为材料,另有 18 条核酸序列也成功被克隆,尽管尚未提供完整的基因序列,但对于了解类番茄茄基因组信息和对类番茄茄开展进一步研究可以提供相应遗传信息(http://www.ncbi.nlm.nih.gov)。

作者曾用 RAPD(Random Amplification of Polymorphic DNA)技术对 5 份类番茄茄(LA1990、LA2386、LA2730、LA2776 和 LA2951)和原番茄属 43 份材料(全部 9 个种)的系统进化和遗传多样性进行了研究,类番茄茄与番茄及其野生种(9 个种)亲缘关系由远及近的顺序为智利番茄、秘鲁番茄、多腺番茄、醋栗番茄、克梅留斯基番茄、多毛番茄、契斯曼尼番茄、普通番茄、潘那利番茄、小花番茄,遗传距离(介于 0. 304~0. 406)(Zhao et al 2006),用 UPGMA 法依据 RAPD 结果所建立系统进化树如图 13-3 所示,取得了与前人一致的研究结果。

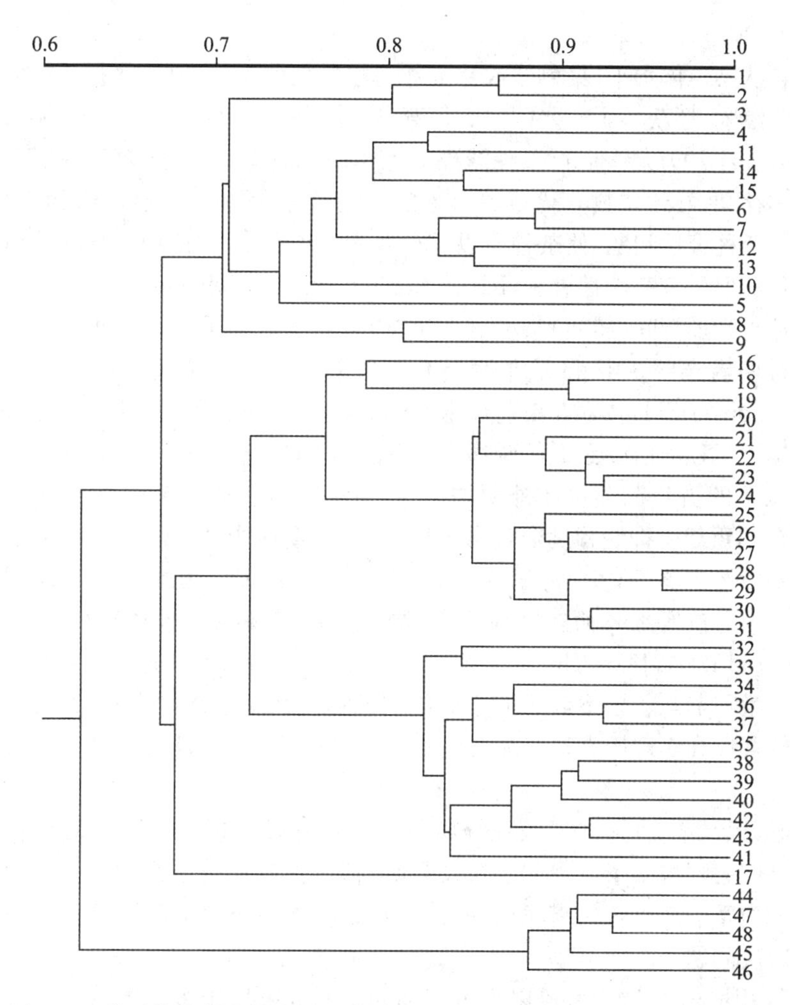

图 13-3 类番茄茄和番茄属 48 份材料 RAPD 聚类分析树状图(UPGMA 法)

13.4 类番茄茄在番茄遗传改良中的应用

类番茄茄是番茄育种不可多得的耐冷和抗病遗传资源,对番茄耐冷和抗病改良具有潜在的应用价值。

类番茄茄与番茄种间(此前属间)可育杂种获得(有性和无性)可以称得上是类番茄茄研究中里程碑式的工作(Rick 1951,Chetelat et al 1997,1998,Matsumoto et al 1997);不过,这并不意味着用类番茄茄对番茄进行改良已大功告成,后来的研究结果也确实证实了这一点(Chetelat et al 2000a,2000b,Pertuzé 2002,Ji &

Chetelat 2003)。

尽管从染色体水平(染色体或片段甚至整条染色体)实现了类番茄茄向栽培番茄的基因渗入,还获得了一些(几株)可育种间(属间)杂种(Matsumoto et al 1997, Chetelat et al 1997)。不过,杂种同源染色体联会时交叉率低、常常有不配对的单价染色体存在,导致减数分裂异常和花粉高度不育,再加之单侧不亲和,由于与栽培番茄的杂种育性问题,使杂种难以保存或进一步利用,致使用类番茄茄对番茄遗传改良目前仍没有突破性进展(Rick Chetelat et al 1997, Pertuzé 2002)。为了探究类番茄茄与番茄种间(属间)杂种育性机制,近年的研究重点又转回到了从染色体水平探讨两者亲缘关系和保守性上来。利用基因组原位杂交(genomic in situ hybridization, GISH)技术在染色体水平研究类番茄茄与番茄同源性结果表明,两者染色体重组程度由高到低的顺序依次为:2#、5#、8#→6#、9#→10#。番茄遗传背景下的类番茄茄单体外源添加系(MAALs)和替换系(substitution lines, SLs)染色体重组受抑制程度前者强于后者,丝球期或中期Ⅰ所形成的单价染色体91%~99.5%来源于类番茄茄,并且10号染色体占73%(可能是由于10号染色体长臂的臂内导位所致);而在替换系中,同源染色体联会高达90%(Chetelat et al 2000, Ji et al 2004, Ji & Chetelat 2003, Pertuzé et al 2002)。这些研究结果虽有助于阐释类番茄茄与栽培番茄间的染色体同源程度和用于遗传作图,但对于解决属间杂种的育性和实现用类番茄茄改良番茄遗传资源的研究所提供的还仅仅是理论依据。

同时,远缘杂交后代的“颠狂分离”和大量“垃圾”基因的导入,对后代选择和“垃圾”基因去除带来了巨大的困难,因此即便通过有性或体细胞杂交技术能够获得番茄和类番茄茄可育的属间杂种,使用传统技术用类番茄茄改良番茄也存在诸多需要解决问题。

因而,用分子生物学手段以类番茄茄为材料克隆用于番茄遗传改良的功能基因,用转基因技术将靶基因导入拟改良番茄亲本或骨干亲本,不仅可以实现对番茄进行遗传改良和达到种质资源创新的目的,对打破类番茄茄与番茄远缘杂交后代不育的“瓶颈”、减少“垃圾”基因导入和克服传统方法种质创新周期长和技术难度大的缺陷也具有积极作用,也可能是用类番茄茄对番茄进行遗传改良可以选择的一种途径。不过,利用转基因技术对番茄进行遗传改良,有必要在对转基因番茄生物安全评价基础上开展,使之符合食用和生态安全性才具有应用价值。

参考文献

[1] Chetelat R T, Rick C M, DeVerna J W. Isozyme Recombianalysis, chromosome pairing, and fertility of *Lycopersicon esculen tum* × *Solanum lycopersicoides* diploid backcross

hybrids [J]. Genome, 1989, 32: 783-790.

[2] Chetelat R T, Cisneros P, Stamova L, et al. A male-fertile *lycopersicon esculentum* × *Solanum lycopersicoides* hybrid enables direct backcrossing to tomato at the diploid level [J]. Euphytica, 1997, 95: 99-108.

[3] Chetelat R T, Rick C M, Cisneros P, et al. Identification, transmission, and cytological be havior of *Solanum lycopersicoides* Dun. monosomic alien addition lines in tomato (*Lycopersicon esculentum* Mill.) [J]. Genome, 1998, 41: 40-50.

[4] Chetelat R T, Meglic V, Cisneros P. A Genetic Map of Tomato Based on BC1 *Lycopersicon esculentum* × *Solanum lycopersicoides* Reveals Overall Synteny but Suppressed Recombination Between These Homeologous Genomes [J]. Genetics, 2000a, 154: 857-867.

[5] Chetelat RT, Meglic V. Molecular mapping of chromosome segments introgressed from *Solanum lycopersicoidesinto* cultivated tomato (*Lycopersicon esculentum*) [J]. Theor Appl Genet, 2000b, 100: 232-241.

[6] DeVerna JW, Chetelat RT, Rick CM. Cytogenetic, Electrophoretic, and Morphological Analysis of progeny of Sesquidiploid *lycopersicon esculentum-Solanum lycopersicoides* hybrid×*L. pennellii* [J]. Biol. Zent. bl., 1987, 106: 417-428.

[7] Erdtman G. 孢粉学手册[M]. 张金谈,译. 北京:科学出版社,1978:256-261.

[8] Guri A, Dunbar L J, Sink K C. Somatic hybridization between selected *Lycopersicon* and *Solanum* species [J]. Plant Cell Rep, 1991, 10: 76-80.

[9] Handley L W, Nickeks R L, Cameron M W, et al. Somatic hybrid plants between *lycopersicon esculentum* and *Solanum lycopersicoides* [J]. Theor Appl Genet, 1986, 71(5): 691-697.

[10] Hossain M, Imanishi S, Matsumoto K. Production of Somatic Hybrids between Tomato (*Lycopersicon esculentum*) and Nightshade (*Solanum lycopersicoides*) by Electrofusion [J]. Breeding Science, 1994, 44: 405-412.

[11] Ji Y, Chetelat R T. Homoeologous pairing and recombination in Solanum lycopersicoides monosomic addition and substitution lines of tomato [J]. Theor Appl Genet, 2003, 106: 979-989.

[12] Ji Y F, Pertuze' R, Chetelat R T. Genome differentiation by GISH in interspeci¢ c and intergeneric hybrids of tomato and related nightshades [J]. Chromosome Research, 2004, 12: 107-116.

[13] Matsumoto A, Imanishi S. Fertile Somatic Hybrids between F1 (*Lycopersicon esculentum* × *L. Peruvianum* var. *humifusum*) and *Solanum Lycopersicodes* [J]. Breeding Science, 1997, 47 : 327-333.

[14] Menzel M Y. Pachytene chromosomes of the intergeneric hybrid *Lycopersicon esculentum* × *Solanum lycopersicoides* [J]. Am J Bot, 1962, 49: 605-615.

[15] Pertuzé R A, Ji Y F, Chetelat R T. Comparative linkage map of the *Solanum lycopersicoides* and *S. sitiens* genomes and their differentiation from tomato [J]. Genome, 2002, 45:

1003-1012.

[16] Rick C M. Hybrids between *Lycopersicon esculentum* Mill. and *Solanum Lycopersicoides* Dun [J]. Proc Natl Acad Sci, 1951, 37: 741-745.

[17] Rick C M, Deverna J W, Chetelat R T et al. Meiosis in sesquidiploid hybrids of *Lycopersicon esculentum* and *Solanum Lycopersicoides* [J]. Proc. Natl. Acad Sci, 1986b, 83: 3580-3583.

14 胡桃叶茄
(*Solanum juglandifolium*)

14.1 胡桃叶茄的起源

胡桃叶茄系茄科胡桃叶茄(*Juglandifolia*)系列(Correll 1962,Rick 1988)植物,归于茄属 *Tuberariu* 组 *Hyperbasarthrum* 亚组 *Juglandifolia* 系列(2n=2x=24),如图 14-1 所示。

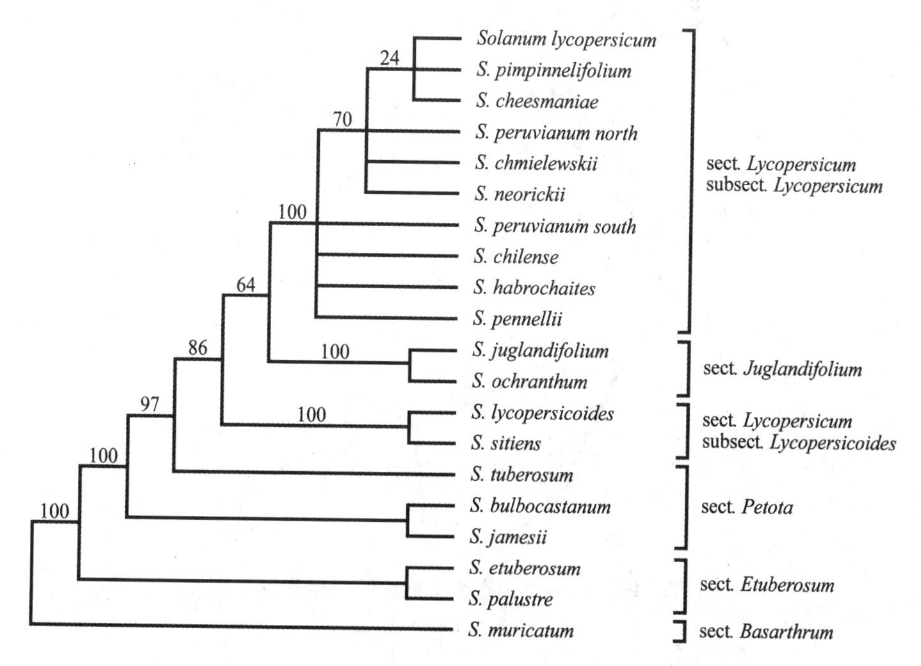

图 14-1　胡桃叶茄及其他番茄近缘野生种的分子进化树

(引自 Smith & Peralta 2002)

胡桃叶茄系列在分类地位上介于茄属和番茄属中间(Kochevenko et al 1996, Albrecht & Chetelat 2009)。传统分类法将胡桃叶茄和赭黄茄(*S. ochranthum*)划为马铃薯亚属,Shaw(1998)则将该系列划归番茄属,胡桃叶茄分类地位一直存在争议。最近采用叶绿体DNA酶切位点分析的分子系统学研究证据表明,胡桃叶茄系列是与番茄亲缘关系最接近的一个类群(Smith & Peralta 2002)。

胡桃叶茄起源于南美洲,分布于哥斯达黎加、委内瑞拉、哥伦比亚、厄瓜多尔及秘鲁等南美大陆,如图14-2所示。胡桃叶茄分布范围相当广泛,从森林到公路周边均有发现;其生长环境范围在海拔1 200～3 048 m之间,平均海拔在2 201 m(Smith & Peralta 2002),如图14-3所示。

胡桃叶茄和赭黄茄分布区域相同,两者沿着南美洲北部的安第斯山脉的两侧分布。胡桃叶茄呈现连续分布,沿着厄瓜多尔和哥伦比亚的东部出现;在哥伦比亚,胡桃叶茄主要分布在山脉的西部,中部和东部(Smith & Peralta 2002)。

图14-2 胡桃叶茄在南美地区的地理分布

(引自Smith & Peralta 2002)

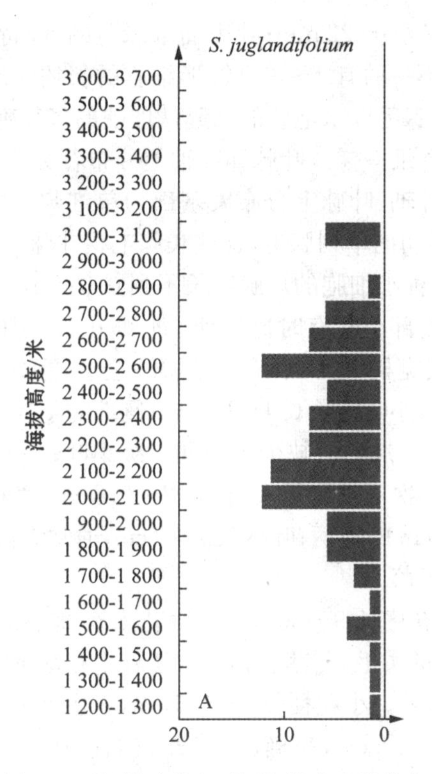

图 14-3　胡桃叶茄在不同海拔高度的分布
(引自 Smith & Peralta 2002)

14.2　胡桃叶茄的生物学特性

14.2.1　胡桃叶茄植物学特征

胡桃叶茄是一种大型的木质攀缘植物(或称藤本植物),植株高达 10 m 甚至更高。基部茎直径可达 50～80 mm,茎中、上部绿色,茎表面覆盖一层疏密不同的软毛,由不同类型腺毛混合组成:包括简单的单列腺毛、头部含有 1～2 种小细胞的及 4 种小细胞的短腺毛。近生长顶端部位腺毛特别丰富,有头部含 1～2 种小细胞的白色腺毛和由 8～10 种小细胞组成直径达 2～3.5 mm 的透明长腺毛。腺毛主要着生于坚硬的多细胞基部,有时也着生于单细胞基部;随着茎的发育,腺毛会渐渐从茎上突出,最后从基部脱落,成熟的茎是无毛。

(1) 叶:胡桃叶茄五个叶片组成一个合轴单位,节间长 4～15 cm,随着植株的生长而伸长。胡桃叶茄叶片为奇数羽状复叶,小叶大小不一、参差不齐或大小相间的分布，长 9～35 mm，宽 5～22 mm；叶表面浓绿色的，叶背面有时为浅白色；近轴叶片中间分布着疏密不一的有 1～3 个锥形细胞的长约 1mm 的腺毛，其基部由较大的多细胞构成，成熟腺毛以水泡状的凸起从僵硬的多细胞基部脱落，使叶片表面很粗糙甚至摸起来像砂纸一样。叶脉和叶轴上分布着源自单细胞基部的简单的单列长腺毛，远轴叶片、叶轴、叶脉上分布着基部为单细胞、由 2～7 个细胞组成的长约 1～2 mm 的简单、透明的单列腺毛，这些长腺毛在叶脉上很多。而短腺毛则比较稀疏，这些头部含有 4 种小细胞的短腺毛长不到 0.5 mm，沿着叶轴有密集的柔毛。初级小叶有 3～4 对，基部小叶有时比其他小叶略小，截短的基部小叶有时甚至着生在茎上，呈椭圆形或宽椭圆形，倾斜着展开，全缘，顶端尖型；末端小叶长 5～10 cm，宽 2.5～4.5 cm，小叶柄长 0.4～1.1 cm；侧部的小叶长 4～11.5 cm，宽 1.6～4.5 cm，小叶柄长 0.3～0.8 cm；缺少二级和三级小叶；一般没有突然插入的小叶，偶尔每 6 片叶子出现一次不规则插入，长 0.2～0.8 cm，宽 0.2～0.4 cm，通常无叶柄或者仅有不足 0.05 cm 的短柄；叶柄长 2～7 cm，通常无假托叶，偶见假托叶也发育不良并且每年都会脱落。

(2) 花：胡桃叶茄花序长 9～30 cm，每序花上有 20～100 朵花，无苞。花梗长 5～15 cm，着生有浓密的柔毛(与茎上相同)，还着生有浓密的约 0.5 mm 长的由1～2 个细胞组成的单列腺毛。小花梗长 1～1.5 cm，近中处通常有一深色的节点。花长 0.8～1 cm，宽 0.4～0.5 cm，呈椭圆形，开花期前从花萼的中间或更里面伸出花冠。

花朵有花萼管，长 0.3～0.4 cm，圆裂片长 0.45～0.55 cm，宽 0.25～0.3 cm，三角形到长尖形，由 1～2 mm 长的简单的单列腺毛形成浓密的柔毛状，有的是头部含 4 种细胞的更短的腺毛。花冠为星形、呈黄色，直径为 1.8～3.3 cm，管长 0.3～0.6 cm，圆裂片长 0.7～1.5 cm，宽 0.6～0.9 cm，远轴端由长 0.5 mm 的简单的单列腺体毛形成浓密的白色柔毛，中脉处有更多的较短的头部含有一种小细胞的腺毛，在顶端有浓密的乳头状突起，在开花期下弯。无雄蕊柱，雄蕊自由伸直，里面的花丝长 0.05～0.2 cm，无毛或具有白色柔毛，花粉囊长 0.4～0.65 cm，顶颈可育；子房为圆锥形、无毛；花柱长 0.8～1.3 cm，直径 0.8～1 mm，在基部约一半处有稀疏白色软毛，柱头伸出花粉囊的顶端 1～3 mm；柱头是绿色头状，如图 14-4 所示。

胡桃叶茄的花药具有茄属植物典型形态学特征，并不是侧连闭合形成筒状花药，而是顶端开裂且可育。不过，其他形态特征，细胞遗传学、生物化学及其杂交特性，胡桃叶茄系列物种与番茄属植物相似。例如，羽状全裂叶片、黄色花冠及不形成花粉管(花药不交联成筒状)等(Kochevenko et al 1996，Albrecht & Chetelat 2009)。

图 14-4　胡桃叶茄生态环境和植物学特征

A 和 B:生态环境;C 和 D:叶和花序;E 和 F:叶、花和果实

(3) 果实:胡桃叶茄果实圆形、表皮绿色,直径 1.5～2 cm,有两个小室;果柄长 2～3 cm,木质化且较粗;成熟果实的花萼圆裂片木质化和并呈扩散状排列,长 0.4～0.6 cm,宽 0.2～0.3 cm,托于浆果底部。

(4) 种子:胡桃叶茄种子为浅褐色、呈倒卵形,长 2.8～3.0 cm,宽 1.7～2.1 cm,

厚0.6～0.8 cm；侧面外种皮细胞壁长有发状柔毛，使种子形成了柔滑的外表。使用含有0.6%的醋酸或含有2%的盐酸的果胶溶解酶溶液，可以促进种子萌发。而赭黄茄的种子只能在含有0.6%的醋酸的果胶溶解酶溶液的得理后才能萌发，用2%的盐酸的果胶溶解酶溶液处理赭黄茄种子，对其萌发毫无作用。

(5) 生长发育习性：胡桃叶茄是异花受粉植物，常年可以开花和结果；不过，每年7月到9月之间是花期最旺盛时期，如图14-5所示。胡桃叶茄原来归属于马铃薯分支，最近被划入茄属的番茄组，作为胡桃叶茄系列的一个成员处理。

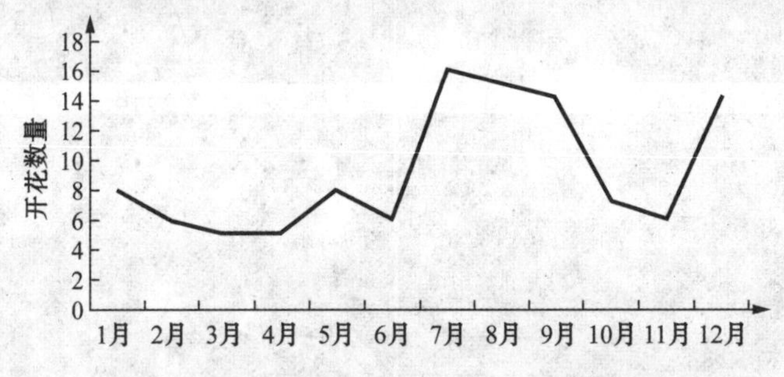

图14-5 胡桃叶茄全年过程中样本开花数量

(引自Smith & Peralta 2002)

在番茄组中，胡桃叶茄与赭黄茄的亲缘关系最近，具有许多相似的生物学特性。在南美洲森林到路边均有二者生长的踪迹；不过，在南美洲热带高山草地只发现有生长。Rick(1988)曾谈及，胡桃叶茄和赭黄茄这两种植物都喜欢生长在多雨地区，特别是在河边很常见。通过胡桃叶茄颜色暗淡和粗糙叶子、少有突然插入小叶、星形花冠嵌有长和尖锐花萼圆裂片，很容易将其与赭黄茄区别开来。特别是，胡桃叶茄中片极其显著的特征是上部叶片表面非常粗糙，无论是在活的植物还是干燥标本集中的样本的叶片表面由于毛状突起存在摸起来像砂纸。与此相对应的，尽管赭黄茄叶表面有时也表现得有些粗糙，不过赭黄茄腺毛底部永远都不会发育得像胡桃叶茄的那么大，即便是在显微镜下赭黄茄也未观察到突起。这恰是Correll(1962)用显微镜区分这两个种的关键形态特征。赭黄茄和胡桃叶茄缺刻小叶明显不同，前者叶片上无缺刻小叶或者仅有很少的圆形缺刻小叶，而胡桃叶茄在叶子上的各种大小的缺刻小叶是很常见的。事实上，胡桃叶茄和赭黄茄相比，胡桃叶茄除了有较少的突然插入的缺刻小叶外，它的小叶也比赭黄茄的小叶少。有些标本由于很难判别花和果实的有无，仅凭叶的特性用Correll方法判断干燥标本容易产生混淆。在胡桃叶茄中，假托叶发育不良甚至经常不出现，即便有假托叶也是每年都脱落，与其相对应的赭黄茄，假托叶很常见，并且在每个节点都发育良好。

对胡桃叶茄的描述主要基于小叶的大小、软毛差异和叶片粗糙度。之所以不

考虑同物种间差异在分类学意义，主要是由于沿着胡桃叶茄分布范围，发现同物种间的形态变化与其生活环境选择和地理分布并不是表现总一致。

14.2.2　胡桃叶茄与其他番茄杂交的特性

胡桃叶茄和赭黄茄有很好的抗虫特性，还耐涝和抗根部病害(Rick 1987，Albrecht & Chetelat 2009)；在遗传育种方面，是难得的遗传资源。不过，胡桃叶茄与番茄所有种表现出杂交不亲和特性，致使两者间有性杂交受到限制(Kochevenko et al 1996)；迄今为止，胡桃叶茄、赭黄茄与番茄的杂交还没有取得成功，不过最近Albrecht和Chetelat(2009)研究结果显示，胡桃叶茄和赭黄茄是与栽培番茄亲缘关系最近的外围组，比类番茄茄和里基茄还近，因而最有可能与栽培杂交成功和用于番茄的遗传改良。尽管通过原生质体融合技术获得了胡桃叶茄和赭黄茄与番茄的体细胞杂种，不过后代高度不育。因而，截至目前，尚未找到或开发出实现胡桃叶茄与番茄间遗传物质转移的方法。Rick(1979)尝试了用异体授精的方法对胡桃叶茄和赭黄茄进行杂交，尽管获得了果实，但未获得存活的种子，认为这种杂交不亲和性可能是由于合子胚生殖障碍所致。直到最近，通过胚拯救方法获得了两者的杂交后代。

1996年，Kochevenko等尝试用三周年龄的胡桃叶茄为材料，分离叶肉原生质体，采用血球计数数进行计数。然后在液体培养基TM-2中进行培养，分离后3～4天开始重新合成细胞壁，5～8天开始进行第一轮细胞分裂，但效率较低，仅为3%。在原生质体培养了16～20天后，形成的微型细胞克隆再转移到固体培养基GM上形成微型愈伤，经过12～17天的培养可以形成2～5 mm直径的绿色愈伤，诱导效率达到86%，但是无法再生植株。随着原生质体分离，培养及融合技术的发展和完善，使野生资源与栽培番茄遗传物质交换成为可能。

14.3　胡桃叶茄分子生物学的研究现状

截至目前(2009年12月)，以胡桃叶茄为材料所克隆的完整基因共有23条，如表14-1所示。

表14-1　克隆白胡桃叶茄基因及功能

序号	基因库编号	分子类型	基　因	功　能	参考文献
1	FJ599236.1	DNA(640 bp)	COSⅡ_At5g14320	未知	Rodriguez et al 2009
2	FJ599217.1	DNA(309 bp)	COSⅡ_At3g55800	未知	Rodriguez et al 2009
3	FJ599196.1	DNA(370 bp)	COSⅡ_At3g16150	未知	Rodriguez et al 2009

（续表）

序号	基因库编号	分子类型	基 因	功 能	参考文献
4	FJ599176.1	DNA(624 bp)	COSⅡ_At3g10920	未知	Rodriguez et al 2009
5	FJ599156.1	DNA(373 bp)	COSⅡ_At2g38020	未知	Rodriguez et al 2009
6	FJ599137.1	DNA(289 bp)	COSⅡ_At2g36930	未知	Rodriguez et al 2009
7	FJ599118.1	DNA(841 bp)	COSⅡ_At2g24270	未知	Rodriguez et al 2009
8	FJ599096.1	DNA(772 bp)	COSⅡ_At2g15890	未知	Rodriguez et al 2009
9	FJ599077.1	DNA(818 bp)	COSⅡ_At1g77470	未知	Rodriguez et al 2009
10	FJ599056.1	DNA(294 bp)	COSⅡ_At1g73180	未知	Rodriguez et al 2009
11	FJ599037.1	DNA(1 213 bp)	COSⅡ_At1g50020	未知	Rodriguez et al 2009
12	FJ599016.1	DNA(881 bp)	COSⅡ_At1g30580	未知	Rodriguez et al 2009
13	FJ598996.1	DNA(777 bp)	COSⅡ_At1g20050	未知	Rodriguez et al 2009
14	FJ598977.1	DNA(366 bp)	COSⅡ_At1g16210	未知	Rodriguez et al 2009
15	FJ598957.1	DNA(911 bp)	COSⅡ_At4g43700	未知	Rodriguez et al 2009
16	FJ598935.1	DNA(452 bp)	COSⅡ_At1g32130	未知	Rodriguez et al 2009
17	FJ598916.1	DNA(722 bp)	COSⅡ_At3g03100	未知	Rodriguez et al 2009
18	FJ598897.1	DNA(680 bp)	COSⅡ_At1g13380	未知	Rodriguez et al 2009
19	DQ180449.1	DNA(1 771 bp)	trnT	tRNA-Thr	Weese & Bohs 2007
20	DQ169034.1	DNA(1 616 bp)	GBSSI	颗粒结合淀粉合成酶	Weese & Bohs 2007
21	AY875565.1	DNA(1 115 bp)	waxy	颗粒结合淀粉合成酶	Peralta et al 2001
22	AY875564.1	DNA(1 110 bp)	waxy	颗粒结合淀粉合成酶	Peralta et al 2001
23	AF500837.1	DNA(2 018 bp)	ndhF	NADH脱氢酶亚基	unknown

一个受植物生长激素调节的 *ARPI* 基因在众多红果与绿果的 *Lycopersicon. spp* 中发现有多个拷贝数，在胡桃叶茄和赭黄茄中发现有 2～4 个拷贝（Young et al 1994）。

用胡桃叶茄和赭黄茄的 F2 代作为作图群体，用 CAPs，RFLPs 和 SSRs 等 Markers 标记，绘制了一张与番茄相对应的遗传连锁图如图 14-6 所示，形成了所期望的对应于番茄 12 染色体的连锁群；不过，与番茄相比出现了两个不一致的连锁群，

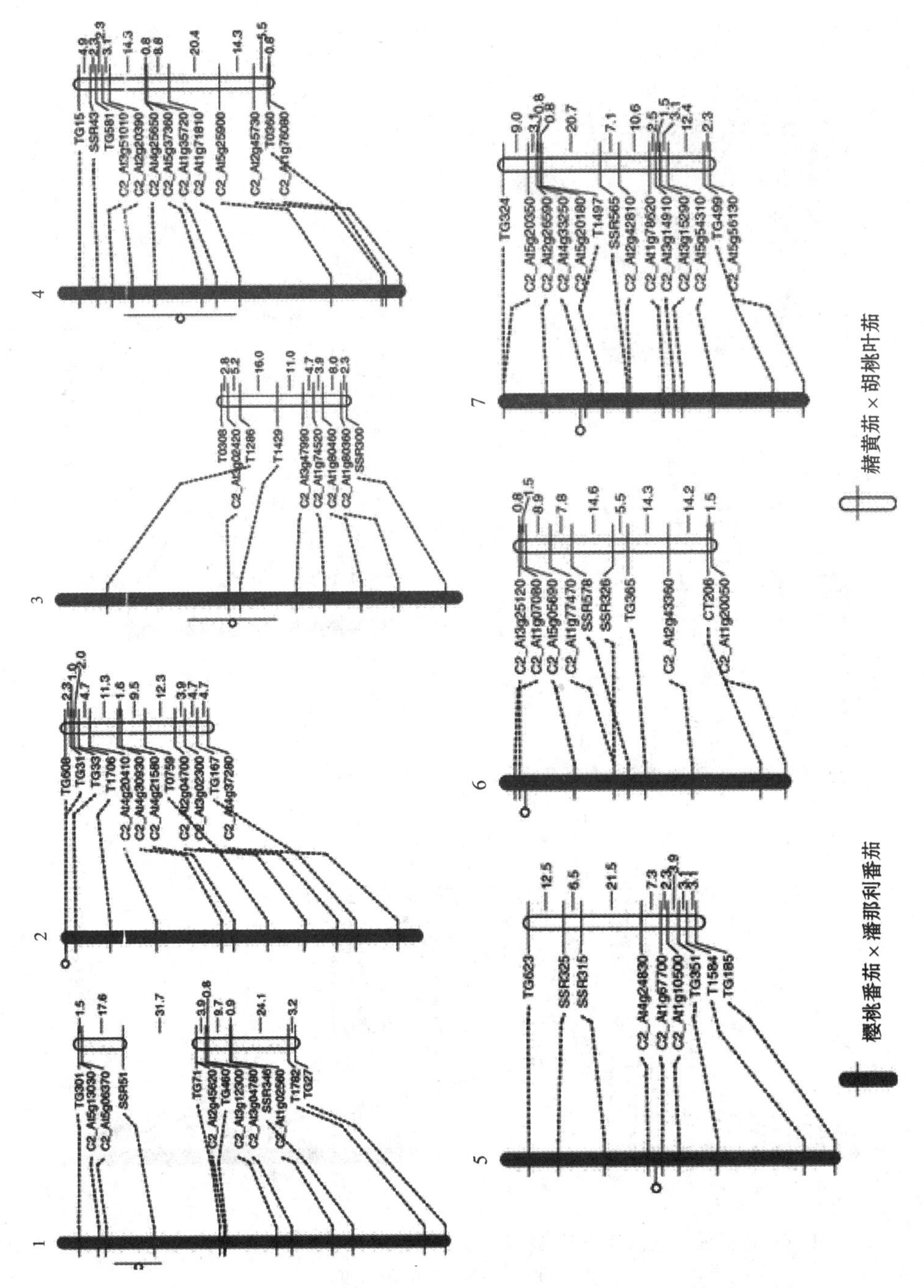

图 14-6 赭黄茄×胡桃叶茄 F_2 遗传连锁图及标记在番茄基准图上相应位置(a)

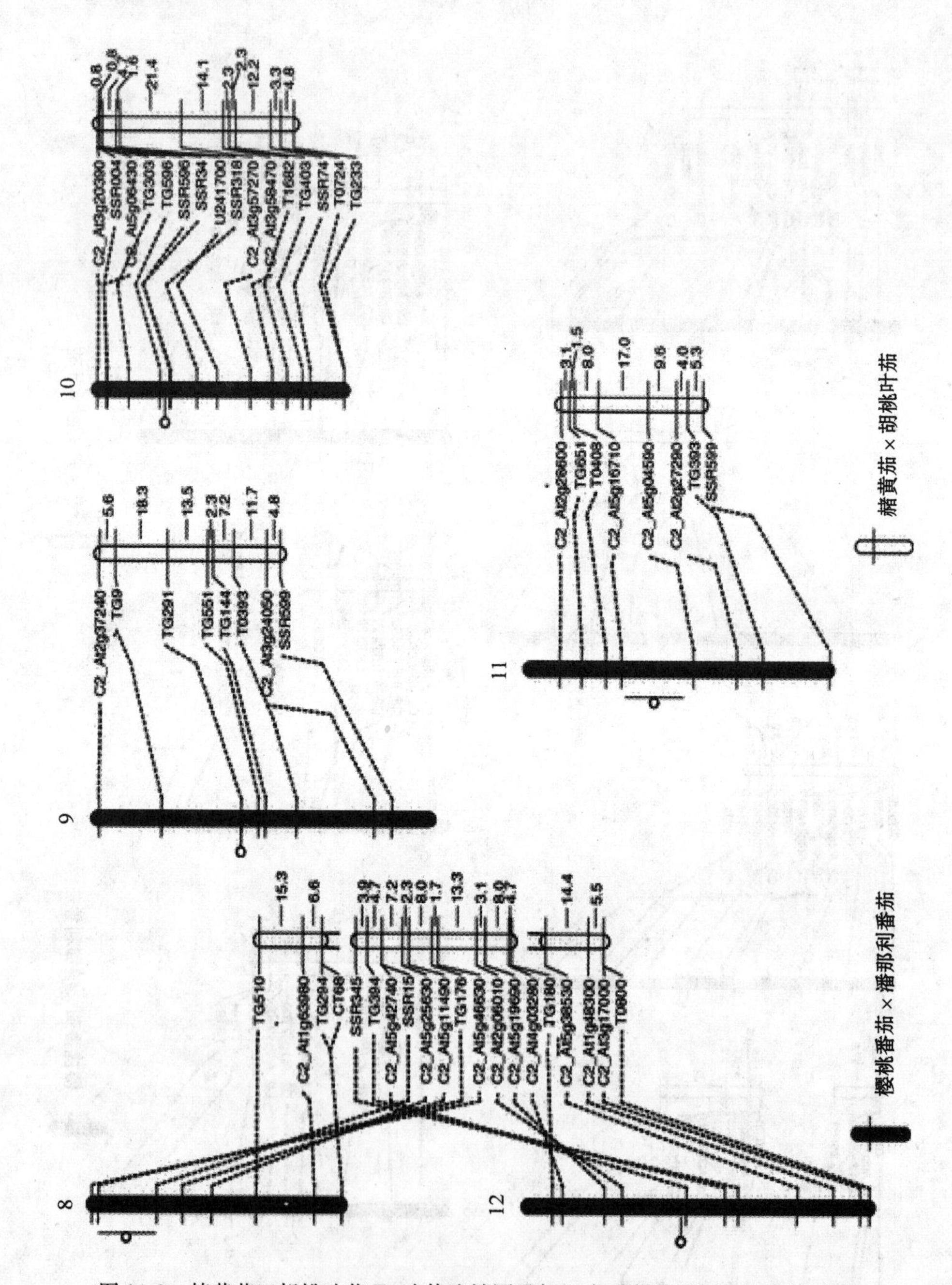

图 14-6 赭黄茄×胡桃叶茄 F_2 遗传连锁图及标记在番茄基准图上相应位置(b)

(引自 Albrecht & Chetelat 2009)

其中染色体 1 分成了两个不同的连锁群,而染色体 8 和 12 连接成 1 个连锁群。从由胡桃叶茄和赭黄茄所构建的连锁群可以发现,胡桃叶茄和赭黄茄基因组与野生番茄、类番茄茄与里基茄基因组有很高的相似性,为后续杂交育种和分子研究提供了基础(Albrecht & Chetelat 2009)。到目前为止,许多分子标记类型用于在从分子水平研究番茄物种之间的亲缘关系,并取得了很好的研究进展。线粒体 DNA 限制性酶切位点,细胞核和叶绿体 DNA 限制性长度片段多态性(RFLP)以及单拷贝细胞核基因 GBSSI 片段等(Peralta & Spooner 2001)。

14.4 胡桃叶茄在番茄遗传改良中的应用

Smith & Peralta(2002)在比较胡桃叶茄和赭黄茄基础上得出结论:胡桃叶茄和赭黄茄在生态学、地理分布和表型上只有很少差异,生态地理学调查为相近物种间基因流动提供了一种潜在、有效的分析方法(Smith & Peralta 2002)。最近,Albred 和 Chetelat 为了对胡桃叶茄和番茄的基因组进行比较,通过胚拯救成功地获得了胡桃叶茄和赭黄茄杂种后代(Albrecht & Chetelat 2009)。通过比较和分析发现,胡桃叶茄和赭黄茄是与番茄特别是番茄栽培种间亲缘系最近的外围组,为胡桃叶茄与番茄有性杂交提供理论参考和希望。Kochevenko 等(1996)报道了胡桃叶茄和赭黄茄原生质体分离、培养和植株再生方法。这些研究都将为胡桃叶茄和番茄杂交和遗传物质转移奠定基础。

由于胡桃叶茄和番茄间的杂交不亲和,致使到目前为止用胡桃叶茄对番茄进行遗传改良研究仍没有实质性进展。因而,探究胡桃叶茄与番茄种间(属间)杂种育性机制和寻找克服这一障碍的有效途径将成为近年研究热点,特别是从染色体水平探讨胡桃叶茄和番茄的亲缘关系,有可能为今后的两者有性杂交和基因渗入提供依据。尽管目前用胡桃叶茄对番茄遗传进行改良中还有许多的困难需要克服,但是番茄育种家们和科学工作者正在为能利用胡桃叶茄这一难得遗传资源而进行着不懈的努力。并且许多遗传图谱的构建可以很大程度上弥补早期细胞学研究工作的不足,特别是越来越多的遗传学方法(外源基因添加、基因取代和基因渗入)、分子标记和基因工程等现代育种技术的应用,我们有理由相信,不久将来胡桃叶茄将成为番茄遗传改良可以利用的重要资源之一,并将为番茄遗传中发挥巨大作用。

参考文献

[1] Albrecht E, Chetelat R T. Comparative genetic linkage map of *Solanum sect. Juglandifolia*: evidence of chromosomal rearrangements and overall synteny with the tomatoes and

related nightshades [J]. Theor Appl Genet, 2009, 118: 831-847.

[2] Correll DS. The potato and its wild relatives [J]. Contr. Texas Res. Found., Bot. Stud., 1962, 4: 1-606.

[3] Kochevenko A S, Ratushnyak Y I, Gleba Y Y. Protoplast culture and somaclonal variability of species of series *Juglandifolia* [J]. Plant Cell, 1issue and Organ Culture 1996, 44: 103-110.

[4] Peralta I E, Spooner D M. Granule-bound starch synthase (GBSSI) gene phylogeny of wild tomatoes (*Solanum* L. section *Lycopersicon* [Mill.] Wettst. subsection *Lycopersicon*) [J]. American Journal of Botany, 2001, 88: 1888-1902.

[5] Rick C C. Genetic resources in *Lycopersicon* In: Nevins DJ, Jones RA (eds.). Plant Biology, Liss, New York, 1987: 17-26.

[6] Rick CM. Tomato-like nightshades: affinities, autecology, and breeders opportunities [J]. Econ Bot, 1988, 42: 145-154.

[7] Smith S D, Peralta I E. Ecogeographic Surveys as tools for analyzing potential reproductive isolating mechanisms: an example using *Solanum juglandifolium* Dunal, *S. ochranthum* Dunal, *S. lycopersicoides* Dunal, and *S. sitiens* I. M. Johnston [J]. Taxon 2002, 51(2): 341-349.

[8] Young RJ, Francis DM, StClair DA, et al. A dispersed family of repetitive DNA sequences exhibits characteristics of a transposable element in the *Genus Lycopersicon* [J]. Genetics 1994, 137: 581-588.

15　赭黄茄
(*Solanum ochranthum*)

15.1　赭黄茄的起源

赭黄茄为二倍体(2n＝2x＝24)(Correll 1962),在植物学上分类属于茄科茄属,*Pachystemon* 亚属 *Tuberariu* 组 *Hyperbasarthrum* 亚组 *Juglandifolia* 系列,如图 14-1 所示。*Juglandifolia* 系列在分类地位上介于茄属和番茄属中间(Kochevenko et al 1996,Albrecht & Chetelat 2009)。赭黄茄和胡桃叶茄是胡桃叶茄系列的两个种,最近的分子系统学研究证据表明赭黄茄是与番茄进化关系较近的一种野生资源(Smith & Peralta 2002)。

赭黄茄起源于南美,从哥伦比亚中部到秘鲁南部广泛分布,通常生长在开阔的地区和路边,或在森林空旷地的边缘,尤其喜欢在潮湿的区域,例如河边(Smith & Peralta 2000)。在海拔 1 900～4 100 m 间均可生长,平均海拔高度为 2 474 m,如图 15-1、图 15-2 所示。

15.2　赭黄茄的生物学特性

15.2.1　赭黄茄的植物学特征

赭黄茄属大型木质藤本植物,高 8～10 m,茎部底端直径为 60～80 mm,幼茎呈绿色,有髓,直径 4～5 mm,呈浅棕绿色,浓密的白色软毛上带有简单的单列的毛状体,最长的有 4～6 个细胞长度,有一个 4 细胞长的腺状头部,总长 1.5～2.5 mm,从多细胞的基部生出,与长约 0.5 mm 的通常从单细胞基部或长约 0.05 mm 腺状的毛状体生出的稍短些白色软毛混合。

赭黄茄 5 个叶片为 1 个单位,表现为合轴结构,节间长 2～10 cm,在老的茎上会更长。叶片为绿色,奇数羽状复叶,长 13～15 cm,宽 11～20 cm;叶片远轴一侧颜

图 15-1 赭黄茄在南美洲的地理分布

(引自 Smith & Peralta 2002)

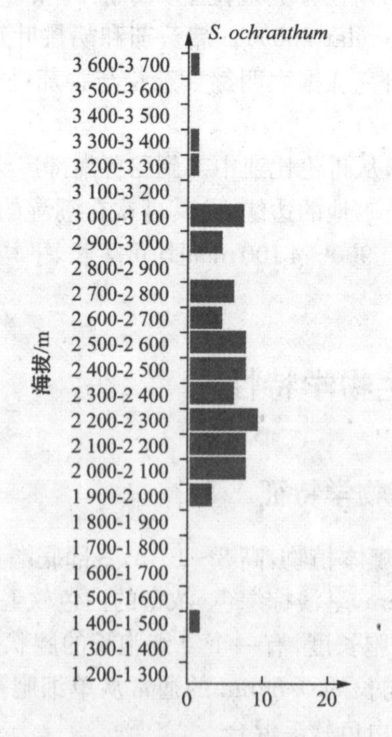

图 15-2 赭黄茄在不同海拔高度的分布百分比

(引自 Smith & Peralta 2002)

色明显变浅。叶片外被腺毛，远轴一侧浓密，而近轴侧腺毛则相对稀疏且透明，属于简单的单列腺毛，长 0.5～2 mm，具有多细胞基部，随着腺毛的脱落，表面摸上有粗糙感。在干燥的标本中，远轴的叶片叶脉呈暗黑色；初级小叶 3～5 对，基部小叶要比其余的叶小得多，从椭圆形到倒披针形，从基部截短的到叶轴完全下垂的，基部倾斜的及边缘呈全缘，顶端呈尖型；末端小叶通常要比侧面的小叶大得多，长 6～11 cm，宽 2～4 cm，小叶柄长 0.6～1.1 cm；侧面的小叶长 7.5～10 cm，宽 2～3.5 cm，叶轴向基部下垂，或带有一个 0.2 cm 长的小叶柄；没有二级小叶和三级小叶；插入的叶片有 7～16 片，呈对生或近乎对生的，长 0.1～0.5 cm，宽 0.1～0.4 cm，在初级小叶之间插入 2～3 片，在叶轴上完全呈下延型；叶柄长 2～4 cm；通常有假托叶并且在所有节点上都生长得很好，长 0.5～1.5 cm，宽 0.4～1.5 cm，像叶片一样有软毛。赭黄茄的一些标本有些粗糙近轴面叶片，但不如胡桃叶茄粗糙。

赭黄茄花序长 8～20 cm，有多个分支，由 2～60 朵花组成，无花苞；花梗长 3.5～12 cm，像茎一样具有浓密的柔毛，这些柔毛在分支的顶端更加浓密。小花梗长 1～1.5 cm，中间具有一显著隆起的关节点。芽苞长 1 cm，宽 0.5 cm，为椭圆形，在即将开花期，花冠在部分从花萼中伸展出，如图 15-3 所示。

赭黄茄花的花萼管长 0.25～0.4 cm，圆裂片长 0.2～0.5 cm，宽 0.2～0.3 cm，三角形且不规则破裂，顶端尖锐，从单细胞基部生出的稠密的白柔毛带有 1～2 个细胞长度长约 0.5 mm 的腺毛；花冠直径为 2.4～3.5 cm，从轮状到星形轮状，明亮的金黄色，花管长 0.8～1.1 cm，圆裂片长 0.5～1 cm，宽 0.5～1 cm；在远轴端以简单单列腺体呈浓密柔毛方式覆盖在花瓣表面，在顶端和中脉处柔毛浓密且交错，圆裂片散布在开花期；无雄蕊柱，雄蕊自由伸直，细丝长 1.5～2 mm，光滑的或具有浓密的白色柔毛，花药长 0.5～0.6 cm，无顶端及附加物；子房呈圆锥形，光滑或顶端带有少量白色单列长约 0.5 mm 的腺毛，花柱长 1～1.3 cm，在 1/2～3/4 处有柔毛，基部的柔毛更为稠密，直径为 0.5～0.7 mm，在雄蕊的顶点会伸长 1～3 mm；柱头呈头状花序状，绿色，偶尔会有二裂式，如图 15-3 所示。

赭黄茄果实直径 2～5 cm(有时会更大些)，皮厚且为木质，有 2～3 个小室，绿色，光滑；果茎长 1.5～2.5 cm，更加厚实木质，直径 0.5 cm，笔直或在节间处稍微弯曲；花萼圆裂片长 0.2～0.3 cm，宽 0.2～0.3 cm，厚实木质，稍微下弯然后停止(Smith & Peralta，2002)，如图 15-3 所示。

赭黄茄种子长 4.3～5.0 mm，宽 3.0～3.5 mm，厚 0.8～1.0 mm，倒卵型至球型，浅棕色，外种皮边有毛发状软毛，使表面呈现出柔软，翼状围绕在整个种子周围。

图 15-3　赭黄茄生态环境和植物学特征

A 和 B:赭黄茄生态环境;C:叶和花;D:花和果实

15.2.2　赭黄茄的生物气候学

赭黄茄全年均可开花结实,但在六月份开花数量最多,如图 15-4 所示,雨季的开始对其开花是一个刺激因素,雨季始期可以促进赭黄茄开花。生长在秘鲁和厄

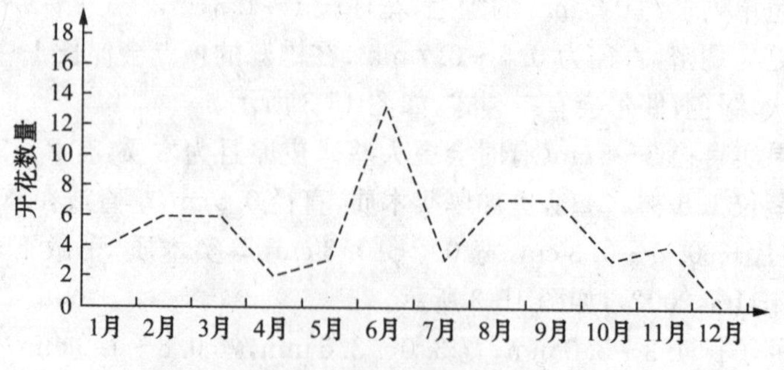

图 15-4　赭黄茄全年过程中样本开花数量

(引自 Smith & Peralta 2002)

瓜多尔赭黄茄主要在1～3月及5～11月开花，生长在哥伦比亚的在4～10月间均有零星开花(Smith & Peralta 2002)。

15.2.3 赭黄茄与胡桃叶茄

尽管赭黄茄与胡桃叶茄亲缘关系最近，但很容易从叶片底面显著浅的颜色、更多插入的小叶及旋转、艳丽的金黄色花冠和尖的花萼圆裂片等方面与后者相区分。叶片底面浅色部分主要由柔毛浓密程度决定，也与叶片颜色浅有关。一些赭黄茄材料叶表面近轴有些粗糙，但其粗糙程度尚不及胡桃叶茄。进一步用解剖显微镜进行观察可以很容易地将两者区分开。与胡桃叶茄相比，赭黄茄总是生长在更高海拔处，特别是在那些两者都会分布的区域。

赭黄茄果实很大，直径大于5 cm，特别是其果皮成熟时明显木质化，这种特征在番茄属植物是少见的，如图15-3所示。尽管起源于南美洲南部的刺茄的果实也较大，不过其果实外壁并不木质化。

Bitter描述同属赭黄茄的不同品种间在叶片大小，小叶种类数量及柔毛程度等方面皆存在一定的差异。某些群体有更加多毛，其差别也仅仅是一种程度及随着赭黄茄分布区域而随机地出现特征的变化。

由Jameson收集被标注了“*Jameson 829* at BM，NY，US，W[LL neg. 788]”的赭黄茄标本已经被注解为赭黄茄的一品种(var. *connascens* J. G. Hawkes)的近缘材料，这可能由于它们整体形态与W. *S. ochranthum*的标本相似性有关。然而，在厄瓜多尔山脉却非常的一致，其实这些收集的样品可能是由英国的鸟类学家William Jameson于19世纪在基多地区收集制作的。Jameson样品的收集地点甚至在小量的标本中也不一致，在W的全型标本没有标注采集地点或位置，而Jameson 829却标注了基多山脉。它们可能是近缘材料，由于它们和var. *connascens*的全型标本非常相似，不过尚缺少明确的证据来证明它们是根本不同的，因此标注了Jameson 829的标本仍不能被认为是该型号的同一批收集品。

15.2.4 赭黄茄与番茄的杂交特性

赭黄茄是生长在野外的栽培番茄的近缘种。赭黄茄在形态学及遗传学上，与栽培番茄具有相似性，赭黄茄的果实比任何野生番茄大，经过长期(8～9个月)的成熟阶段，发出苹果一样的香味，种子是大型的并且带有翅膀。不过，赭黄茄与番茄间存在严重的生殖障碍。有关茄属与番茄属杂交的研究，国外最早通过胚培养得到栽培番茄×类番茄的属间杂种(Rick，1951)；随后，又用栽培番茄的叶肉原生质体与类番茄茄的悬浮细胞原生质体融合获得了体细胞杂种，但它们高度不育(Lerfrancois & Chupeau 1993)。由于赭黄茄与番茄之间不能进行有性杂交，因此一直希望通过体细胞杂交的方法来克服有性杂交障碍以期实现遗传物质的交换。

体细胞杂交的方法使用赭黄茄对番茄种质进行遗传改良成为可能。将赭黄茄的叶肉原生质体与番茄叶肉原生质体用聚乙二醇介导化学方法融合，将得到的原生质体开始时在MS(Murashige & Skoog)培养基培养(1 mg l^{-1} NAA，0.5 mg l^{-1} N6-benzyladenine，0.5 mg l^{-1} 2,4-dichlorophenony-acetic acid)，产生了四倍体和六倍体的杂种细胞，如表15-1所示。番茄体细胞杂种身份通过形态学特征，如图15-5所示，过氧化物同工酶及RAPD标记加以确定(Kobayashi et al 1996)。

表15-1 用赭黄茄细胞在OM和MO＋AC上培养，植株高度、根干重、原生质体产量及原生质体培养效率百分比的平均值

(引自 Kobayashi et al 1996)

繁殖培养基	株高(cm)	根干重(g)	原生质体产量($\times10^4$ 原生质体数/克鲜重)	原生质体平均百分比
OM	5.2	0.026	392.7	3.6
OM＋AC	11.6	0.044	532.2	7.0
[y] Singnificance	**	*	NS	NS

z 繁殖14天后100个原生质体的分化数目；
y 在4次重复实验中成对比较测试决定了显著性；
NS,*,**不显著和显著分别在 $p=0.05$ 或0.01水平。

图15-5 叶子和花

A. 普通番茄8611；B. 赭黄茄；C. 赭黄茄＋普通番茄8611体细胞杂交

(引自 Kobayashi R S,1996)

因而，要想实现用赭黄茄来实现对栽培种番茄进行遗传改良或创新这一美好愿望，有必要加深番茄中花粉受精、有丝分裂和减数分裂以及与赭黄茄体细胞杂交的研究，以此来解决两个种之间体细胞杂交不孕认及是否可以通过合适的受精经过筛选获得杂种细胞(Stommel 2001)。

15.2.5　赭黄茄的园艺学特征

赭黄茄作为番茄近缘野生种，其具有抗冷，抗黄瓜花叶病毒和马铃薯晚疫病等特性，受到番茄育种工作者的关注。Mieslerová 等(2000)通过对 154 份番茄材料进行白粉病菌(*Oidium lycopersici*)接种反应的实验，结果发现赭黄茄及胡桃叶茄等对番茄白粉病具有高度的抗性，如表 15-2 所示。

表 15-2　赭黄茄等茄属对番茄白粉病的反应变化

(引自 Mieslerová et al 2000)

茄属种	材　料	来　源	最大侵染等级百分数		表现超敏	应答类别
			平均值	标准差		
胡桃叶茄	LA 2134	TGRC	0	0	+	R
胡桃叶茄	LA 2788	TGRC	0	0	+	R
类番茄茄	LA 2386	TGRC	25	35	+	MR/MS
赭黄茄	LA 2166	TGRC	0	0	−	R
赭黄茄	LA 2682	TGRC	0	0	+	R

% max ID，最大侵染等级百分数；HR，超敏反应；R，高抗；MR，中抗；MS，中感。

最近，一种凤果花叶病毒(Pepino mosaic virus，PepMV)引起的番茄疾病在许多欧洲国家爆发而成为番茄生产中的一个严重问题。Soler-Aleixandre 等通过收集许多不同品种的番茄分别检测它们对 PepMV 的抗性程度以筛选获得抗性种质资源，尽管所有 *S. ochranthum* Dunal 均被感染，不过症状却比较轻且病毒积累量也比较低。

赭黄茄之所以作为研究茄科植物抗病和抗逆的材料，是因为赭黄茄的生长环境与番茄和马铃薯相似，可以作为病原菌的受体材料。研究赭黄茄与病原菌互作也反映厄瓜多尔安第斯山脉的茄科植物与病原体(*P. infestans*)互作用实际情形(Adler et al 2004)。

上述研究表明，赭黄茄有可能作为提高番茄抵抗昆虫、细菌、真菌和病毒的育种材料。

15.3　赭黄茄分子生物学的研究现状

截至目前(2010 年 1 月)，有 36 条核酸序列以赭黄茄为材料成功克隆，如表

15-3 所示。

表 15-3 核酸序列克隆自赭黄茄

序号	基因库序列号	分子类型	基 因	功 能	参考文献
1	HM156335.1	DNA(1 827 bp)	LeNCED1	抗旱	Xia et al. 2010
2	HM156334.1	DNA(1 827 bp)	LeNCED1	抗旱	Direct Submission
3	HM156273.1	DNA(1 107 bp)	PLC3015	抗旱和水逆境	Xia et al 2010
4	HM156272.1	DNA(1 107 bp)	PLC3015	抗旱和水逆境	Xia et al 2010
5	DQ019221.1	DNA(878 bp)	ochr524	抗 Pto	Rose et al 2005,2007
6	FJ599237.1	DNA(638 bp)	COSⅡ_At5g14320	未知	Rodriguez et al 2009
7	FJ599218.1	DNA(309 bp)	COSⅡ_At3g55800	未知	Rodriguez et al 2009
8	FJ599197.1	DNA(358 bp)	COSⅡ_At3g16150	未知	Rodriguez et al 2009
9	FJ599177.1	DNA(624 bp)	COSⅡ_At3g10920	未知	Rodriguez et al 2009
10	FJ599157.1	DNA(378 bp)	COSⅡ_At2g38020	未知	Rodriguez et al 2009
11	FJ599138.1	DNA(291 bp)	COSⅡ_At2g36930	未知	Rodriguez et al 2009
12	FJ599119.1	DNA(841 bp)	COSⅡ_At2g24270	未知	Rodriguez et al 2009
13	FJ599097.1	DNA(750 bp)	COSⅡ_At2g15890	未知	Rodriguez et al 2009
14	FJ599078.1	DNA(817 bp)	COSⅡ_At1g77470	未知	Rodriguez et al 2009
15	FJ599057.1	DNA(294 bp)	COSⅡ_At1g73180	未知	Rodriguez et al 2009
16	FJ599038.1	DNA(1 029 bp)	COSⅡ_At1g50020	未知	Rodriguez et al 2009
17	FJ599017.1	DNA(888 bp)	COSⅡ_At1g30580	未知	Rodriguez et al 2009
18	FJ598997.1	DNA(778 bp)	COSⅡ_At1g20050	未知	Rodriguez et al 2009
19	FJ598978.1	DNA(366 bp)	COSⅡ_At1g16210	未知	Rodriguez et al 2009
20	FJ598958.1	DNA(910 bp)	COSⅡ_At4g43700	未知	Rodriguez et al 2009
21	FJ598936.1	DNA(452 bp)	COSⅡ_At1g32130	未知	Rodriguez et al 2009
22	FJ598917.1	DNA(782 bp)	COSⅡ_At3g03100	未知	Rodriguez et al 2009
23	FJ598898.1	DNA(680 bp)	COSⅡ_At1g13380	未知	Rodriguez et al 2009
24	EU077613.1	DNA(1 145 bp)	CT208	乙醇脱氢酶	Arunyawat et al 2007
25	DQ104647.1	DNA(1 543 bp)	CT189	40 核糖体蛋白 S19	Roselius et al 2005
26	DQ103476.1	DNA(773 bp)	CT198	淹水诱导蛋白 2	Roselius et al 2005

(续表)

序号	基因库序列号	分子类型	基 因	功 能	参考文献
27	DQ103455.1	DNA(973 bp)	CT179	δ型液泡膜固有蛋白	Roselius et al 2005
28	DQ103436.1	DNA(2 577 bp)	CT166	铁氧化还原蛋白 NADP 还原酶	Roselius et al 2005
29	DQ103375.1	DNA(1 272 bp)	CT099	未知	Roselius et al 2005
30	DQ103333.1	DNA(1 334 bp)	CT066	arginine decarboxylase	Roselius et al 2005
31	AY875567.1	DNA(1 115 bp)	waxy	精氨酸脱羧酶	Peralta et al 2001
32	AY875566.1	DNA(1 115 bp)	waxy	精氨酸脱羧酶	Peralta et al 2001
33	AJ409162.1	DNA(5 345 bp)	ure	尿素水解	Witte et al 2001
34	DQ103501.1	DNA(1 656 bp)	sucr	液泡转化酶	Roselius et al 2005
35	DQ103498.1	DNA(1 703 bp)	CT251	推测的 At5g37260	Roselius et al 2005
36	DQ103497.1	DNA(1 876 bp)	CT143	C-14 固醇还原酶	Roselius et al 2005

目前从赭黄茄中成功地克隆了抗病、抗逆和许多功能不详的基因或 DNA 片段,不过对了解赭黄茄基因组信息和对赭黄茄展开进一步的研究提供了重要遗传信息。

15.4 赭黄茄在番茄遗传改良中的应用

赭黄茄与番茄在遗传和形态学上非常相似,但二者存在生殖隔离。赭黄茄×胡桃叶茄杂交获得 66 个 F_2 子代,用此前研究番茄的方法,即用包括 CAPs,RFLPs 和 SSRs 共 132 个标记绘制了遗传连锁图。根据与其对应的番茄染色体,获得 12 个连锁群,仅有 2 个例外,其中染色体 1 形成了 2 个连锁群,而染色体 8 和 12 却融合成一个大的连锁群,暗示了这种相互易位很可能是由于亲本基因组的差异所致。整个连锁图谱长 790 cM,参照番茄的基准图,重组率减少了 42%。12 个染色体中有 9 个存在假定的 13 个推测的 TRD 位点,传递比偏差影响三分之一的基因组。大部分区域与番茄基准图呈线性关系,其中包括和其他 2 种番茄近缘野生种类番茄茄和里基茄染色体相反的长臂 10 号染色体。这些结果均支持了赭黄茄和胡桃叶茄是番茄最近的家族,并显示了它们比此前所预测的杂交关系更接近栽培番茄。因此,该结果对以后利用赭黄茄通过杂交育种改良栽培番茄和优良基因渐渐渗到栽培番茄的尝试有了更广阔的应用前景(Albrecht & Chetelat 2009)。

赭黄茄×胡桃叶茄杂交所绘制群体图。从 66 个 F_2 子代植株中获得了大约 130 个 RFLPs 和以 PCR 为基础(CAPS 和 SSRs)的标记,只有从番茄标准图所获得的遗传标记被利用于决定基因间的线性关系。标记包括番茄微卫星标记、建立在番茄遗传序列的标记、COS 标记和 COSⅡ标记。所得到的连锁群结果在很大程度上与番茄基因组呈线性关系。

赭黄茄的不同类型或 2 个具有不同遗传基础的品系杂交后代比它们的双亲更具有强大的生长势、抗性、适应性和生产能力。在生产上利用杂种优势,可以显著地提高产量和改进产品质量。番茄杂种优势主要表现为早熟性、丰产性、抗性强、生长势强、果实整齐度高以及品质改善等方面。番茄育种研究目前已取得了显著的发展,似乎番茄遗传资源匮乏问题已经得到了解决,然而事实并非如此,在番茄中很难找到对低温、弱光、干旱、潮湿和 CMV 等的抗原,尤其是当前番茄育种的两大难题——番茄抗黄瓜花叶病毒育种和耐低温育种,这些问题之所以未能解决,主要是缺乏可利用的遗传资源。番茄属近缘野生种类番茄茄因其具有栽培番茄所不具备的特殊优良性状(尤其是耐低温和抗黄瓜花叶病毒)而备受关注。

科技人员为了将番茄类似物——茄属在大棚种植已努力了很多年。赭黄茄在大棚中可以稳定地开花,但当它生长到很高时就很难控制,即使通过小心浇水、使用杀虫剂及专门的混合土壤控制所取得的效果也很小。因此,在早春对赭黄茄进行嫁接,等到 7 月,几乎所有植株都会开花。与未嫁接的相比,嫁接的植株更易于培养,能够全年开花,通过授粉可以得到大量的果实。

赭黄茄和其他与番茄与野生种胡桃叶茄,类番茄茄和里基茄对昆虫、细菌、真菌、病毒(Rick,1979,1986;Rick et al 1990)以及马铃薯晚疫病菌(*Phytophthora infestans*)等均具有较好的抗性。它们拥有丰富的遗传资源,存在着尚未发掘的资源,而且几乎是取之不竭。因此,用通过基因工程等方法对番茄品种进行改良具有巨大潜力。到目前为止,赭黄茄还没有得到有效的利用来改进番茄,主要是因为其与栽培番茄存在生殖隔离,其基因独立于马铃薯基因组(Rick et al 1990)。

马铃薯晚疫病菌(*Phytophthora infestans*)会使植物生长后期枯萎,是一种常见的导致番茄严重致病的病原体。培育具有抗枯萎病的番茄已有 45 年的时间,马铃薯晚疫病菌抗性基因已在许多作物中被发现,但具有较高抗性水平的栽培番茄的研究却较迟,而对赭黄茄与霉菌之间潜在的复杂动态关系的阐明对改善番茄抗病性是非常重要的。从厄瓜多尔热带高原生长在野外赭黄茄中分离获得了 39 种马铃薯晚疫病菌,并用分子标记、表现型和致病性予以区别。根据它们的基因型以及导致不同宿主致病的差异可将它们分成 3 组,让它们再次侵染从原宿主上分离的叶片,结果所有病原菌均能再次成功侵染。因此,在自然界中存在很多能够侵染番茄和马铃薯的病原体，而赭黄茄则很有可能是这些病原体潜在的受体。不同于生长于厄瓜多尔的番茄只能被另一类专门的病原体所侵染，赭黄茄则至少蕴藏有3类不同基因组成的病原体。Rick 在 1986 年提出赭黄茄可以作为抵御多种真菌疾病的抗原，因此它作为一种可以抵御枯萎病的抗原所起的作用是不可估量的，因而有必要投入更多精力去研究赭黄茄，它将对今后番茄的遗传改良具有很大的作用(Chacón et al 2006)。

参考文献

[1] Adler N E, Erselius L J, Chacón G M, et al. Genetic diversity of *Phytophthora* infestans sensu lato in Ecuador provides new insight into the origin of this important plant pathogen [J]. Phytopathology, 2004, 94(2): 154-162.

[2] Albrecht E, Chetelat R T. Comparative genetic linkage map of *Solanum sect. Juglandifolia*: evidence of chromosomal rearrangements and overall synteny with the tomatoes and related nightshades [J]. Theor Appl Genet, 2009, 118: 831-847.

[3] Chacón M G, Adler N E, et al. Genetic Structure of the Population of *Phytophthora* infestans Attacking *Solanum ochranthum* in the Highlands of Ecuador [J]. European Journal of Plant Pathology, 2006, 115: 235-245.

[4] Kobayashi R S, Stommel J R, Sinden S L Somatic hybridization between *Solanum ochranhum* and *Lycopersicon esculentum* [J]. Plant Cell Tissue and Organ Culture. 1996, 45: 1, 73-78.

[5] Lerfrancois C, Chupeau Y. Sexual and somatic hybridization in genus *Lycopersicon* [J]. Theor Appl Genet, 1993, 86: 533-546.

[6] Rick C M. Germplasm resources in the wild tomato species [J]. Acta Horticulturae 1986, 190: 39-47.

[7] Rick CM, DeVema JW, Chetelat RT Experimental introgression to the cultivated tomato from related wild nightshades. In: *Bennett AB* and *O' Neill SD* (eds), Horticultural Biotechnology [M]. Wiley-Liss, New York, 1990: 19-30.

[8] Rick C M. Hybrids between *lycopeisicon esculentum Mill.* and *Solanum lycopersicoide Dun.* Genetics, 1951, 37: 741-745.

[9] Smith S D, Peralta I E. Ecogeographic Surveys as Tools for Analyzing Potential Reproductive Isola-ting Mechanisms: An Example Using *Solanum juglandifolium Dunal*, *S. ochranthum Dunal*, *S. lycopersicoides Dunal*, and *S. sitiens I. M.* Johnston [J]. Taxon 2002, 51(2): 341-349.

[10] Stommel JR. Barriers for introgression of *Solanum ochranthum* into tomato via somatic hybrids. Journal of the American Society for Horticultural-Science. 2001, 126: 5, 587-592.

附 录

1 番茄野生种学名

编号	中文名	拉丁文(现用名)	拉丁文(曾用名)
1	细叶番茄	*Solanum pimpinellifolium*	*Lycopersicon pimpinellifolium*
2	秘鲁番茄	*Solanum peruvianum*	*Lycopersicon peruvianum*
3	多毛番茄	*Solanum habrochaites*	*Lycopersicon hirsutum*
4	潘那利番茄	*Solanum pennellii*	*Lycopersicon pennellii*
5	克梅留斯基番茄	*Solanum chmielewskii*	*Lycopersicum chmielewskii*
6	小花番茄	*Solanum neorickii*	*Lycopersicon parviflorum*
7	里基茄	*Solanum sitiens*	*Solanum rickii*
8	智利番茄	*Solanum chilense*	*Lycopersicon chilense*
9	樱桃番茄	*Solanum lycopersicum* var. *cerasiforme*	*Lycopersicon esculentum* var. *cerasiforme*
10	契斯曼尼番茄	*Solanum cheesmaniae*	*Lycopersicon cheesmaniae*
11	多腺番茄	*Solanum corneliomuelleri*	*Lycopersicon glandulosum*
12	类番茄茄	*Solanum lycopersicoides*	*Solanum lycopersicoides*
13	胡桃叶茄	*Solanum Juglandifolium*	*Solanum Juglandifolium*
14	赭黄茄	*Solanum ochranthum*	*Solanum ochranthum*

2 相关链接

2.1 遗传资源

1) TGRC—http://tgrc.ucdavis.edu/

2）CGN—Centre for Genetic Resources，The Netherlands

3）GRIN—Germplasm Resources Information Network，USDA-ARS

4）HRI—Horticulture Research International Genebank

5）IPK—Genebank at Gatersleben，Germany

6）IPGRI—International Plant Genetic Resources Institute and Tomato Crop Descriptor（file for download）

7）PGRDEU—Database in Plant Genetic Resources in Germany

8）VIR—Vavilov Institute，Russia

9）BAZ—Federal Centre for Breeding Research on Cultivated Plants

10）Seed Savers—Seed Savers Exchange

11）AVRDC（The World Vegetable Center）

2.2 植物地点

1）Botanical Garden of Nijmegen—A Collection of Solanceae

2）International Potato Center（CIP）—Lima，Peru

3）Virtual Crops—Tomato Anatomy by UC Davis Plant Biology 105

4）Solanaceae Source—A global taxonomic resource for the nightshade family

2.3 遗传学和基因组

1）SolGenes—Genome database for Solanceous crop

2）SGN—Solanaceae Genome Network（Cornell Univ.）

3）Genes that Make Tomatoes—mutant database

4）Gene search：http://solgenomics.net/search/direct_search.pl?search=loci

5）Phenotype search：http://solgenomics.net/search/direct_search.pl?search=phenotypes

6）TGC—Tomato Genetics Cooperative（University of Florida）

7）UK CropNet—The UK Crop Plant Bioinformatics Network

8）ECPGR—Working Group on Solanaceae，European Cooperative Programme for Plant Genetic Resources

9）Morgan2McClintock Translator—（genetic to physical distance converter）

10）SolCAP—Solanaceae Coordinated Agricultural Project

11）Ohio State Tomato Breeding and Genetics program

12）EU-SOL-The European Union-Solanaceae project

13）LycoTill-Tomato Mutant Database

2.4 产品和植物园

1) California Fresh Tomatoes—California Tomato Commission
2) Online Tomato Vine—An Encyclopedia of Interesting Facts on Tomatoes
3) processingtomato. com—News，events，and data on processing tomatoes
4) SeedQuest Vegetables—News，events，jobs，etc. in vegetable seeds industry
5) Tomato Net—California Tomato Research Institute
6) Vegetable Crops Department—UC Davis
7) VRIC—Vegetable Research and Information Center，UC Davis